U0192819

正交压缩采样雷达

Quadrature Compressive Sampling Radar

刘　中　陈胜垚　著

科学出版社

北　京

内 容 简 介

正交压缩采样雷达是基于正交压缩采样理论发展起来的欠采样雷达，可采用低速模数转换器实现雷达回波信号的欠采样，并在欠采样域进行雷达目标估计。本书系统地介绍了雷达回波的正交压缩采样及其处理方法与技术，内容包括：雷达信号采样与处理，压缩采样基础，正交压缩采样理论，网格上目标的脉冲多普勒处理方法以及非网格上目标信息估计技术等。本书是作者近年来部分研究成果的总结和提炼，在内容选取上侧重于正交压缩采样雷达的信号采集，目标信息估计原理、方法和技术，性能分析，并辅以性能仿真。

本书可作为高等院校电子信息相关专业的高年级本科生和研究生的教材，也可作为从事相关领域研究的科学技术人员的参考资料。

图书在版编目（CIP）数据

正交压缩采样雷达 / 刘中，陈胜垚著. —北京：科学出版社，2022.3

ISBN 978-7-03-071828-0

Ⅰ. ①正…　Ⅱ. ①刘…　②陈…　Ⅲ. ①正交－压缩－采样－雷达信号处理－研究　Ⅳ. ①TN957.51

中国版本图书馆 CIP 数据核字（2022）第 043214 号

责任编辑：李涪汁　高慧元 / 责任校对：任苗苗
责任印制：张　伟 / 封面设计：许　瑞

科学出版社 出版
北京东黄城根北街 16 号
邮政编码：100717
http://www.sciencep.com
北京九州迅驰传媒文化有限公司 印刷
科学出版社发行　各地新华书店经销
*
2022 年 3 月第　一　版　开本：720 × 1000　1/16
2024 年 1 月第二次印刷　印张：11 1/4
字数：222 000

定价：99.00 元

（如有印装质量问题，我社负责调换）

前　言

雷达目标回波信号的采样和处理是现代雷达的基本组成模块。采样信号的处理是实现雷达功能的根本，而回波信号的采样是实现其数字处理不可或缺的环节。

在现代雷达系统中，目标回波的采样通常通过模数转换（analog-to-digital conversion，ADC）系统实现。就射频雷达系统而言，目标信息包含在射频回波信号的幅度和/或相位的调制项（即复基带信号或同相分量信号和正交分量信号）中，因此，雷达回波的采样实际上是获取目标回波同相分量信号和正交分量信号的离散表示。基带信号采样和正交采样是两种常用的采样形式。基带信号采样首先将射频回波信号下变频到两路正交的基带信号；然后根据奈奎斯特采样定理设置采样频率，采用两个 ADC 获取同相分量和正交分量的采样。与基带信号采样不同，正交采样是直接对射频回波信号采样或将射频回波信号下变频到合适的中频回波信号的采样。正交采样根据正交采样定理设置采样频率，采用一个 ADC 和数字解调方式获取同相分量信号和正交分量信号的采样。正交采样不仅减少了 ADC 数量，同时也有效地解决了基带信号采样中两路下变频处理的非平衡性问题，提高了信号的采样质量。

应当注意，无论基带信号采样还是正交采样都是以奈奎斯特采样定理为基础的，其采样频率与雷达信号带宽密切相关，不得低于雷达信号带宽的两倍。但是，对宽带/超宽带信号雷达而言，当前 ADC 满足不了应用的需要，这是因为受制于集成电路发展水平，难以实现信号的高速率和高量化精度采样。尽管可以通过多个 ADC 拼接等形式实现大宽带信号的采样，但是采样获得的大数据量为信号存储、传输和处理带来了新的问题。

近年来发展的压缩采样理论为宽带/超宽带信号的采样提供了新的手段。压缩采样理论以有限长稀疏信号为对象，将高维稀疏信号随机投影到低维空间，实现高维信号的低维表示。基于压缩采样理论发展的模信转换（analog-to-information conversion，AIC）或模拟信号压缩采样，采用随机预处理系统和低速 ADC，可实现稀疏模拟信号的低速采样或欠采样。AIC 采样速率与信号的稀疏度相关，可以以远低于奈奎斯特采样频率的采样速率进行采样；当 AIC 采样系统满足一定条件时，能够采用稀疏重构技术不失真地恢复原信号。因此，AIC采样获取的离散信号速率低、数据量小，可有效地进行宽带/超宽带信号的采样、存储和传输。

经过十多年的研究和发展，人们提出了不同的AIC采样系统。平行于奈奎斯特采样理论，这些系统可简单地划分为面向低通信号的AIC和面向带通信号的AIC。低通信号采样的AIC可获取基带信号的压缩采样，而带通信号采样的AIC可获取射频信号的同相分量信号和正交分量信号的采样。

AIC采样信号是低速采样信号，不同于奈奎斯特采样信号，传统的信号处理方法不能直接应用于AIC采样信号处理。就AIC采样信号而言，由于其与AIC采样系统密切相关，不同AIC采样系统可能也需要不同的信号处理方法。在雷达信号处理方面，人们根据雷达系统使用的AIC，发展了相应的连续波雷达信号处理技术、脉冲多普勒处理技术、合成孔径雷达成像技术、雷达抗干扰技术等。业已发展的理论表明，采用AIC的雷达系统，在一定的信噪比环境下，达到奈奎斯特采样雷达的性能；同时还可以拓展雷达的功能。

本书根据压缩采样理论和雷达信号处理的发展，系统论述了正交压缩采样理论和相应的稀疏目标信息估计方法和技术。正交压缩采样属于带通信号采样的AIC；它架构于正交采样理论和压缩采样理论，以射频回波信号或中频信号为对象，实现同相分量信号和正交分量信号的低速采样。因此，正交压缩采样既具有正交采样实现上的技术优势，又兼具压缩采样的低速采样特点，非常适宜于雷达信号的采样。在有关雷达的文献中，基于AIC采样系统的雷达统称为欠采样雷达。有鉴于此，本书把基于正交压缩采样的雷达称为正交压缩采样雷达。

本书以脉冲多普勒雷达信号的正交压缩采样与处理为主线，主要讨论雷达回波的正交压缩采样理论（第3章）和稀疏目标估计方法与技术（第4章和第5章）。为了便于读者阅读，本书在第1章和第2章分别介绍了脉冲多普勒雷达和压缩采样的基础知识。

本书的内容是作者近年来部分研究成果的总结和提炼，主要取自于作者在*IEEE T-SP*、*IEEE T-AES*、*IEEE T-GRS*、*Signal Processing*、*Science China*和《中国科学》等期刊上发表的系列学术论文，以及没有发表的研究报告。作者在从事相关研究和本书写作过程中得到许多同行的帮助和支持，特别地，书中的许多成果是作者和合作者共同完成的，在此表示衷心的感谢！

欠采样雷达是一个快速发展的领域，期望本书能够为开展相关工作的研究人员提供有价值的参考。

由于作者水平有限，书中难免存在疏漏之处，恳请广大读者批评指正。有关本书的任何建议或评论，可通过 Email（eezliu@njust.edu.cn，chenshengyao@njust.edu.cn）或写信（南京理工大学电子工程系，南京 210094）的方式直接反馈给作者。

作　者

2021 年 6 月

目　录

中英文名词对照表

A

埃克斯采样	Xampling

B

巴克码	Barker codes
贝叶斯信息判据	Bayesian information criterion
波达方向估计	direction-of-arrival estimation，DOA
波束空间	beamsapce
波形匹配字典	waveform-matched dictionary

C

参数扰动正交匹配追踪	parameter-perturbed orthogonal matching pursuit， PPOMP
测度集中不等式	concentration of measure， COM inequality
测量矩阵	measurement matrix
成功重构概率	probability of successful reconstruction
赤池信息判据	Akaike information criterion

D

单位范数紧致框架	unit-norm tight frame， UTF
多重信号分类	multiple signal classification，MUSIC
多普勒频率	Doppler frequency
多普勒频移	Doppler shift
多项式复杂程度的非确定性	non-deterministic polynomial

F

范德蒙德矩阵	Vandermonde matrix
非网格上目标	off-grid targets
非网格上目标多普勒-时延序贯估计	sequential Doppler-delay estimation for off-grid targets， OffSeDoD
非网格上目标时延-多普勒的同时估计	simultaneous delay-Doppler estimation

	for off-grid targets，OffSiDeD
非网格上目标时延-多普勒序贯估计	sequential delay-Doppler estimation for off-grid targets，OffSeRD
非相干解调	non-coherent demodulation
费希尔信息矩阵	Fisher information matrix，FIM
峰值发射功率	peak transmitted power
傅里叶矩阵	Fourier matrix

G

感知矩阵	sensing matrix
高斯分布	Gaussian distribution
格拉姆矩阵	Gram matrix

H

恒虚警处理	constant false-alarm processing

J

基带信号采样	baseband signal sampling
基底矩阵	basis matrix
基准估计法	oracle estimator
接收机工作特性	receiver operating characteristic，ROC
静止目标	stationary targets or objects
矩阵束	matrix pencil
距离分辨率	range resolution
距离门或距离单元	range cell
距离模糊	range ambiguity
均方根误差	root-mean-squared error，RMSE

K

可重构性	reconstructability
可压缩信号	compressible signals
克拉默-拉奥下界	Cramer-Rao low bound，CRLB
空间平滑技术	spatial smoothing technique
快时采样	fast-time samples
快速傅里叶变换	fast Fourier transform，FFT
宽带回波模型	wideband echo model

L

l_1 优化	l_1-optimization

莱斯分布	Rice distribution
零空间	null space
漏警目标	missing-alarm target
M	
脉冲重复间隔	pulse repetition interval，PRI
脉冲重复频率	pulse repetition frequency，PRF
慢时采样	slow-time samples
命中率	hit rate
模拟数字转换，模数转换	analog-to-digital conversion，ADC
模拟信息转换，模信转换	analog-to-information conversion，AIC
穆尔-彭罗斯伪逆	Moore-Penrose pseudo-inverse
N	
奈曼-皮尔逊准则	Neyman-Pearson criterion
P	
匹配滤波器	matched filter
匹配追踪	matching pursuit，MP
平均发射功率	average transmitted power
R	
瑞利分布	Rayleigh distribution
S	
时宽带宽积	time-bandwidth product
数字多普勒频率	digital Doppler frequency
速度分辨率	speed resolution
速度模糊	speed ambiguity
随机采样	random sampling
随机解调	random demodulation
随机滤波	random filtering
随机调制预积分	random modulation pre-integrator，RMPI
T	
贪婪算法	greedy algorithm
调制宽带转换器	modulated wideband converter，MWC
停跳假设	stop-and-hop assumption
同相支路信号	in-phase signal component，I

W

网格上目标	on-grid targets
网格上目标多普勒-时延序贯估计	sequential Doppler-delay estimation for on-grid targets，OnSeDoD
网格上目标时延-多普勒同时估计	simultaneous delay-Doppler estimation for on-grid targets，OnSiDeD
网格上目标时延-多普勒序贯估计	sequential delay-Doppler estimation for on-grid targets，OnSeDeD

X

稀疏目标	sparse target
稀疏数	sparse number
稀疏位置	sparse positions
稀疏系数	sparse coefficients
稀疏向量	sparse vector
稀疏信号	sparse signal
线谱估计	linear spectrum estimation
线性调频信号	linear frequency modulation signal
相对均方根误差	relative root-mean-squared error，rRMSE
相干处理间隔	coherent processing interval，CPI
相干解调	coherent demodulation
相干脉冲	coherent pulses
相干脉冲积累	coherent pulse integration
相干性	coherence
相位编码信号	phase-coded signal
信号参数估计旋转不变技术	estimating signal parameters via rotational invariance technique，ESPRIT
信号处理增益	signal processing gain
信号基底	signal basis
信号框架	signal frame
信号字典	signal dictionary
虚警目标	false-alarm target
虚拟距离门	virtual range gate
序贯处理	sequential processing

Y

压缩采样	compressed sampling
压缩采样脉冲-多普勒处理	compressive sampling pulse-Doppler processing，CoSaPD
压缩测量	compressive measurement
压缩带通信号	compressive bandpass signal
压缩感知	compressed sensing
压缩匹配滤波器	compressive matched filter
湮没滤波器	annihilating filter
约束等距常数	restricted isometry constant
约束等距特性	restricted isometry property

Z

噪声折叠	noise folding
窄带回波模型	narrowband echo model
占空比	duty cycle
正交采样	quadrature sampling
正交模信转换	quadrature analog-to-information conversion
正交匹配追踪	orthogonal matching pursuit，OMP
正交压缩采样	quadrature compressive sampling，QuadCS
正交支路信号	quadrature signal component，Q
支撑集（合）	support set
中频采样	intermediate frequency sampling
组合优化	combinational optimization

第1章　雷达信号采样与处理

雷达的原始要义是无线电探测和测距（radio detection and ranging，radar）。但是，随着研究的深入和应用的驱动，雷达功能已从传统的目标定位发展到目标跟踪、成像、识别和分类等范畴。雷达是通过处理目标反射的电磁波信号实现上述功能的，因此，目标反射信号的采样和处理是雷达信号处理的基本内容。特别是现代信号处理方法和数字技术的发展，极大地推动了雷达信号处理方法和技术的进步，现代雷达系统设计越来越强化对雷达信号处理的要求。

雷达信号的采样分为距离维信号采样、速度维信号采样和空间维信号采样三个主要方面。其中，空间维信号采样与雷达天线系统密切相关；对于给定的雷达系统，距离维和速度维信号采样是雷达目标信息获取的关键。雷达信号处理是实现雷达功能的核心，不同的应用领域采用不同的处理方法。但是，目标距离和速度的测量是雷达信号处理的根本，也是进一步实现其他功能的基础。

雷达可根据应用背景或实现频段等分成不同类型，最基本的可以从雷达信号波形形式将雷达分为连续波雷达和脉冲雷达。连续波雷达连续地发射电磁信号，采用收发分置天线实现雷达信号的接收和发射。相反地，脉冲雷达发射脉冲串信号，利用脉冲发射间隙通过选择开关，采用一个天线实现雷达信号的发射和接收。本章以脉冲雷达为例，简要地阐述雷达信号回波模型、信号采样和目标距离/速度估计等基本知识，为后续稀疏雷达信号采样和目标估计的研究打下基础。同时，本章适时地将雷达基本原理和常用术语贯穿于相关介绍之中，有关具体内容可参考文献[1]～[3]。

1.1　雷达回波模型

本节首先以没有调制的矩形脉冲波形为例，阐述雷达目标的回波特征，然后引入一般回波模型，最后介绍常用的窄带回波模型。

1.1.1　一般回波模型

图 1.1 给出了一个简化的脉冲雷达系统框图。时间控制模块产生雷达系统

的同步信号。波形产生器产生根据雷达功能要求设计的雷达波形。雷达波形经发射机调制放大等处理，通过天线照射雷达探测区域。双工器模块是一个选择开关，控制雷达天线处于发射或接收模式。雷达天线接收的信号，经接收机解调滤波等处理输入信号处理器。信号处理器实现雷达目标信息提取等任务。

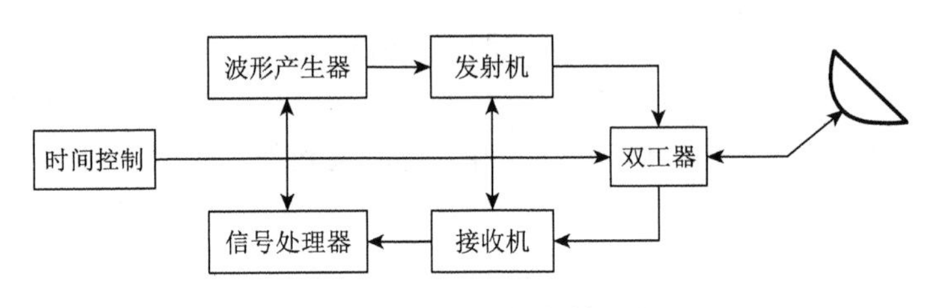

图 1.1　脉冲雷达系统框图

矩形脉冲串雷达波形如图 1.2 所示，其中 T 是脉冲重复间隔（pulse repetition interval，PRI），T_b 是脉冲宽度。宽度为 T_b 的脉冲信号带宽[①]为 $B=1/T_b$。脉冲重复间隔的倒数称为脉冲重复频率 F_r（pulse repetition frequency，PRF），$F_r=1/T$。在每个周期内，雷达发射信号 T_b 秒，其余时间用于接收目标的回波信号；脉冲宽度与脉冲重复间隔的比称为脉冲雷达占空比（duty cycle），记为 d_t，$d_t=T_b/T$。雷达平均发射功率（average transmitted power）为

$$P_{av}=P_t\frac{T_b}{T}=P_t\frac{1}{BT} \tag{1.1}$$

其中，P_t 是雷达峰值发射功率（peak transmitted power）。雷达脉冲能量为 $E_b=P_tT_b=P_{av}T=P_{av}/F_r$。

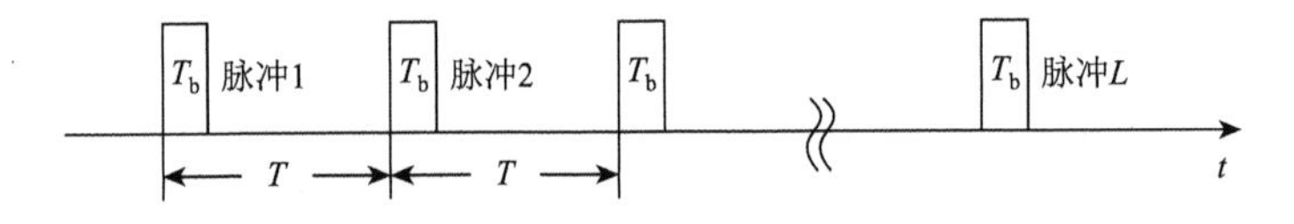

图 1.2　矩形脉冲串雷达波形示意图

考虑简单的雷达场景。假设雷达目标相对于雷达视线距离为 R_0，如图 1.3 所示，则对静止目标（stationary targets or objects），雷达发射信号首先传播 R_0 的

① 信号带宽是一个重要的概念，不同应用领域具有不同的定义形式。在有关雷达的文献中，通常采用信号幅度谱的−3dB 测度或半功率宽度来定义信号带宽。但是，对于矩形脉冲信号，其频谱为 sinc 函数，习惯上把峰值到第一个零点的宽度（脉宽的倒数）定义为矩形脉冲信号的带宽，也称为瑞利带宽。这个带宽等同于−4dB 测度带宽。

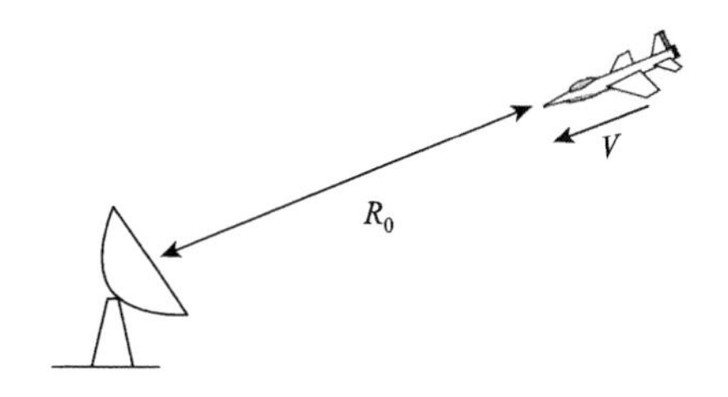

图 1.3　雷达与视线运动目标关系示意图

距离到达目标，然后经目标反射再传播 R_0 的距离到达雷达接收端。因此，雷达接收的目标回波信号相对于发射信号将延迟时间

$$\tau_0 = \frac{2R_0}{c} \tag{1.2}$$

其中，c 是电磁波在雷达工作介质中的传播速度。对于大气环境，c 为光速，$c \approx 3\times10^8\,\mathrm{m/s}$。因此，对在 $t=0$ 时刻发射的信号 $x(t)$，目标的回波信号 $r(t)$ 可表示为

$$r(t) = \rho x(t-\tau_0),\quad T_\mathrm{b} < t < T \tag{1.3}$$

其中，ρ 是综合考虑天线波束增益、电磁波传播损失和目标散射强度引起的回波幅度因子。为了方便讨论，在有关雷达的文献中，通常假设天线增益等于 1，传播损失等于 0。

当雷达目标在雷达视线方向以速度 V 朝着（$V>0$）或远离（$V<0$）雷达方向匀速运动时，假设 $t=0$ 时刻目标的距离为 R_0，目标相对于雷达在时刻 t 的距离为

$$R(t) = R_0 - Vt \tag{1.4}$$

因此，运动目标的回波可表示为

$$\begin{aligned} r(t) &= \rho x\left(t - \frac{2(R_0 - Vt)}{c}\right) \\ &= \rho x\left(\left(1+\frac{2V}{c}\right)t - \tau_0\right),\quad T_\mathrm{b} < t < T \end{aligned} \tag{1.5}$$

定义尺度因子 γ 为

$$\gamma = 1 + \frac{2V}{c} \tag{1.6}$$

则回波信号（1.5）可改写为

$$r(t) = \rho x(\gamma t - \tau_0),\quad T_\mathrm{b} < t < T \tag{1.7}$$

式（1.7）是静止目标（$V=0$）回波信号的时间压缩或延展波形。根据傅

里叶变换性质，动目标回波频谱将相对于静止目标回波频谱在频率维上延展了 γ 因子。静止目标回波模型（1.3）是（1.7）的一种特殊情形。

在实际中，运动目标不一定是在雷达视线方向上运动，如图 1.4 所示。在这种情况下，式（1.4）或式（1.6）的目标速度 V 是指目标真实运行速度 V' 在视线方向的投影，即 $V = V'\cos\theta$，其中 θ 是目标运行方向与视线方向的夹角。当目标运行方向与视线方向垂直（$\theta = 90°$）时，目标视线方向的速度 $V = 0$；当目标运行方向与视线方向一致（$\theta = 0°$）时，目标视线方向的速度 $V = V'$。在以后的讨论中，目标的速度都是指视线方向的速度。

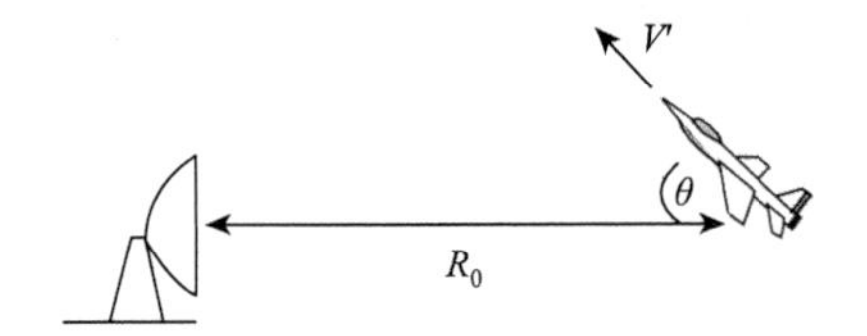

图 1.4　雷达与一般运动目标关系示意图

对于多目标情形，根据线性叠加原理，雷达接收的回波信号为多个目标回波的线性叠加：

$$r(t) = \sum_{k=1}^{K} \rho_k x(\gamma_k t - \tau_k), \quad T_b < t < T \tag{1.8}$$

其中，K 是目标的数量，ρ_k、γ_k 和 τ_k 分别是第 k 个目标的回波幅度因子、尺度因子和 $t = 0$ 时刻对应的目标时延。

矩形脉冲波形雷达的距离分辨率①（range resolution）受到脉冲宽度的限制，不利于实际应用。假设雷达在 $t = 0$ 时刻发射脉宽为 T_b、载波频率为 F_{RF} 的单频脉冲波形 $x(t) = A\cos(2\pi F_{RF} t)$，则距离为 R_1 和 R_2 的两个目标，如图 1.5（a）所示，在相同的幅度因子情况下产生的回波信号可表示为

$$r(t) = x(t - \tau_1) + x(t - \tau_2) \tag{1.9}$$

其中，$\tau_1 = 2R_1 / c$，$\tau_2 = 2R_2 / c$，分别对应目标回波的延迟。根据 R_2 相对于 R_1 的距离差，图 1.5（b）～（d）给出了三种典型的回波波形。从图 1.5（b）可以看到当 $R_2 > R_1 + cT_b / 2$ 时，两个目标回波是分离的，完全可以分辨。当 $R_2 = R_1 + cT_b / 2$ 时（图 1.5（c）），目标的回波在 $\tau_2 = \tau_1 + cT_b / 2$ 时刻重叠，但是两个目标回波仍然是可分离的。然而，当 $R_1 < R_2 < R_1 + cT_b / 2$ 时（图 1.5（d）），两个回波波形重叠在一起，无法进行分辨。因此，两个相近的目标，只有在距离差不

① 分辨率是雷达一个重要的性能指标，我们将在 1.6.2 节中进行深入的讨论。

小于 $cT_b/2$ 时才能够被分辨出来。我们将 $cT_b/2$ 定义为矩形脉冲信号雷达的距离分辨率，它正比于雷达脉冲宽度。矩形脉冲信号瑞利带宽 $B=1/T_b$，因此距离分辨率 $cT_b/2$ 也等于 $c/(2B)$。与瑞利带宽相对应，矩形脉冲波形的距离分辨率也称为瑞利距离分辨率。

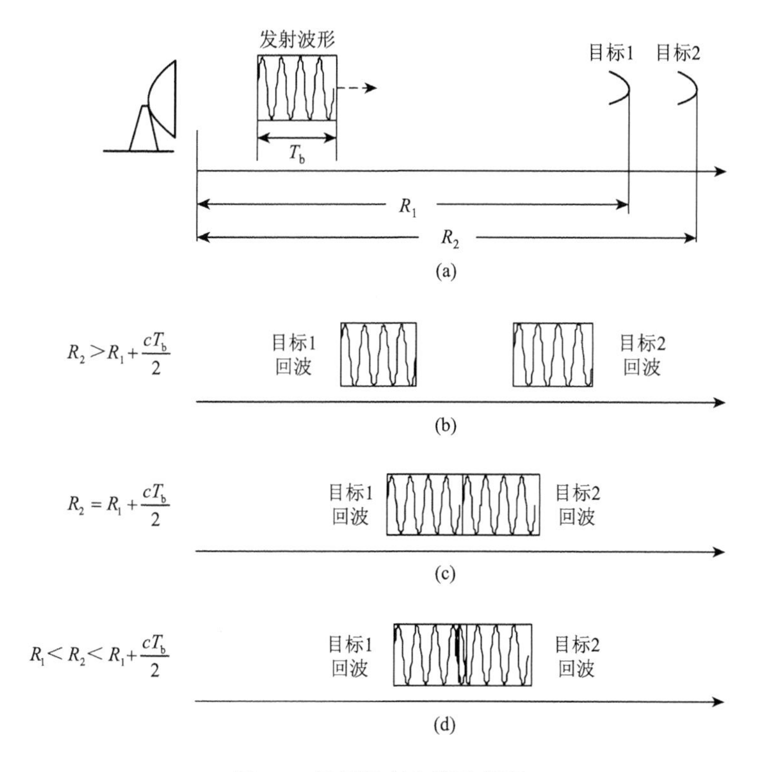

图 1.5　目标距离分辨示意图

（a）雷达与目标关系；（b）$R_2>R_1+cT_b/2$ 情形；（c）$R_2=R_1+cT_b/2$ 情形；（d）$R_1<R_2<R_1+cT_b/2$ 情形

在雷达系统设计时，一般说来，期望雷达具有高的距离分辨率，以提高雷达目标的分辨能力。从上述分析可以看出，较高的距离分辨率意味着要发射脉宽较窄的脉冲波形。但是，从式（1.1）又可以看到，这样的波形降低了雷达平均发射功率，增加了雷达带宽，因此，也增加了目标检测的难度。这就要求雷达波形设计时，在保持脉冲发射功率的同时，具有高的距离分辨率。我们通常把具有这种特性的雷达波形称为脉冲压缩波形。

脉内调制是实现脉冲压缩波形的有效方式之一。正如 1.5 节分析的，这种波形可实现雷达发射功率与距离分辨率有效的解耦，在保持脉冲发射功率的同时，具有高的距离分辨率。脉内调制波形具有不同的形式，可以在射频端通过调频、调相或调幅的方式实现。雷达在一个发射周期的调制波形通常表述为

$$x_{\mathrm{RF}}(t)=\begin{cases}a(t)\cos(2\pi F_{\mathrm{RF}}t+\theta(t)), & 0\leqslant t\leqslant T_{\mathrm{b}}\\ 0, & T_{\mathrm{b}}<t<T\end{cases} \tag{1.10}$$

其中，F_{RF}为雷达载波频率；$a(t)$为脉冲幅度调制信号；$\theta(t)$为脉冲相位调制信号；$a(t)$和$\theta(t)$的频率成分远小于载波频率F_{RF}。在具体实现中，通常假设$a(t)$是幅度为A、脉宽为T_{b}的理想矩形脉冲波形；因此，雷达发射信号的瞬时功率可计算为$P_{\mathrm{s}}=A^2/2$。

式（1.10）描述的发射信号是带通信号，频谱结构如图 1.6 所示。附录 A 介绍了典型的脉冲压缩波形——线性调频（linear frequency modulation，LFM）信号和相位编码（phase-coded）信号。

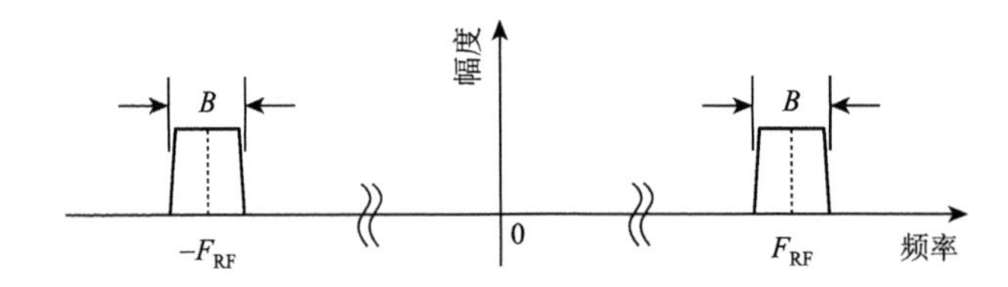

图 1.6　雷达发射信号频谱结构示意图

对式（1.10）的发射波形，目标回波可表示为①

$$r_{\mathrm{RF}}(t)=\rho a(\gamma t-\tau_0)\cos(2\pi F_{\mathrm{RF}}(\gamma t-\tau_0)+\theta(\gamma t-\tau_0)+\phi) \tag{1.11}$$

其中，ϕ是目标引起的随机相位偏移。因此，对给定的发射波形，雷达目标完全由回波幅度因子ρ、目标起始时刻τ_0和尺度因子γ等参数描述。这些参量可以用来估计目标的散射强度、距离和速度等信息。

雷达信号处理方法与雷达回波模型密切相关。本书假设雷达目标的散射过程是确定的，影响着雷达回波的幅度、频率、相位等参数。当然了，对简单的散射目标，采用确定性模型足以描述目标特征，但是，对复杂的实际目标，需要借助于目标散射的统计描述[1]。

1.1.2　窄带回波模型与多普勒频率

将式（1.6）代入式（1.11）射频项并进行展开，式（1.11）可改写为

① 为了简化表述，在后续的模型描述中，将不再表明时间范围。除非特殊说明，一般指第一个脉冲对应的时间范围。

$$r_{\mathrm{RF}}(t)=\rho a(\gamma t-\tau_0)\cos\left(2\pi F_{\mathrm{RF}}(t-\tau_0)+2\pi F_{\mathrm{RF}}\frac{2V}{c}t+\theta(\gamma t-\tau_0)+\phi\right) \tag{1.12}$$

对一般运动目标而言，目标速度$V \ll c$，$\gamma\approx 1$，式（1.12）可近似为

$$r_{\mathrm{RF}}(t)\approx\rho a(t-\tau_0)\cos\left(2\pi F_{\mathrm{RF}}(t-\tau_0)+2\pi F_{\mathrm{RF}}\frac{2V}{c}t+\theta(t-\tau_0)+\phi\right) \tag{1.13}$$

应当注意，在上述近似过程中，我们不能够在射频项采用$\gamma\approx 1$的近似，这是因为尽管V/c是一个很小的量，但是，$F_{\mathrm{RF}}V$是不可忽略的。例如，对附录 B 中的雷达参数，目标非模糊测速范围为$\pm 150\,\mathrm{m/s}$（见 1.7.1 节），则$|F_{\mathrm{RF}}V|\leqslant 10\times 10^9\times 150=15\times 10^{11}$。式（1.13）可解释为在$t=0$时刻的目标，运行时间$t$后，在距离$R(t)=R_0-Vt$或$t$时刻产生的回波信号。

在雷达回波建模理论中，模型（1.11）是采用确定性语言描述的一般回波模型，也称为宽带回波模型（wideband echo model）。模型（1.13）是模型（1.11）的窄带近似，称为窄带回波模型（narrowband echo model）。当雷达信号满足窄带条件假设[4]，即$2V/c \ll 1/(TB)$（TB为雷达信号的时宽带宽积）时，模型（1.11）简化成窄带模型（1.13）。在一般的雷达应用中，模型（1.13）比较准确地描述了目标的回波特征，本书将根据这一基本模型研究雷达回波的采样与处理。

考察式（1.13），可以发现，与静止目标相比，运动目标引入新的相位项$2\pi F_{\mathrm{RF}}(2V/c)t$，使得回波信号射频频率偏移发射信号射频频率。我们将这个偏移量称为多普勒频移（Doppler shift），记为

$$\nu=F_{\mathrm{RF}}\frac{2V}{c} \tag{1.14}$$

多普勒频移又称为多普勒频率（Doppler frequency）。多普勒频率也使用波长λ来表示：

$$\nu=\frac{2V}{\lambda} \tag{1.15}$$

其中，$\lambda=c/F_{\mathrm{RF}}$，它刻画了电磁波在一个射频周期内传播的距离。

多普勒频率是雷达的一个重要概念。根据多普勒频率，可以测量目标的视线速度，也可区分运动目标和静止目标或雷达杂波。多普勒频率描述的是雷达接收回波的中心频率由目标运动引起的相对于发射波形中心频率的偏移量，可以是正的也可以是负的。当目标朝着雷达方向运动时，多普勒频率为正的；否则，多普勒频率为负的。图 1.7 给出了多普勒频率相对于发射信号中心频率的关系。

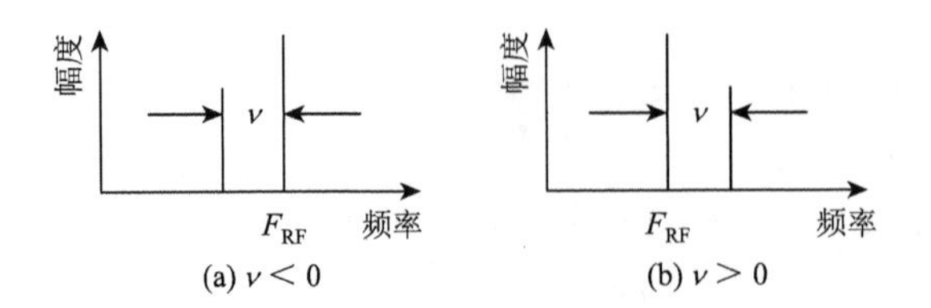

图 1.7　载波频率与多普勒频率的关系

在相关雷达的文献中，为了简化表述，常常使用解析信号或复信号来描述雷达信号[5]。对式（1.10）描述的信号，其解析信号为

$$\tilde{x}_{RF}(t)=\tilde{g}(t)e^{j2\pi F_{RF}t} \tag{1.16}$$

其中，$\tilde{g}(t)=a(t)e^{j\theta(t)}$ 称为 $\tilde{x}_{RF}(t)$ 的复基带信号。式（1.10）的信号是解析信号 $\tilde{x}_{RF}(t)$ 的实数部分：

$$x_{RF}(t)=\mathrm{Re}(\tilde{x}_{RF}(t)) \tag{1.17}$$

展开 $\tilde{g}(t)$ 可有如下表达式：

$$\begin{aligned}\tilde{g}(t)&=a(t)\cos(\theta(t))+\mathrm{j}a(t)\sin(\theta(t))\\&=x_I(t)+\mathrm{j}x_Q(t)\end{aligned} \tag{1.18}$$

其中，$x_I(t)=a(t)\cos(\theta(t))$，$x_Q(t)=a(t)\sin(\theta(t))$，分别称为 $\tilde{x}(t)$ 的同相（in-phase，I）支路信号和正交（quadrature，Q）支路信号。

采用解析信号表示方式，式（1.13）的回波信号复基带信号可表达为

$$\tilde{r}(t)\approx\tilde{\rho}\tilde{g}(t-\tau_0)e^{j2\pi vt} \tag{1.19}$$

其中，$\tilde{\rho}=\rho e^{j(-2\pi F_{RF}\tau_0+\phi)}$。一般说来，$\tilde{\rho}$ 是一个复随机变量；为了讨论方便，在后续阐述中，假设 $\tilde{\rho}$ 是一个确定的复常量。接收信号的同相支路信号和正交支路信号分别为

$$r_I(t)\approx\rho a(t-\tau_0)\cos(2\pi vt+\theta(t-\tau_0)-2\pi F_{RF}\tau_0+\phi) \tag{1.20}$$

和

$$r_Q(t)\approx\rho a(t-\tau_0)\sin(2\pi vt+\theta(t-\tau_0)-2\pi F_{RF}\tau_0+\phi) \tag{1.21}$$

1.2　回波信号的采样

从式（1.19）可以看到，雷达目标信息完全包含在回波信号的复基带信号 $\tilde{r}(t)$ 中。因此，雷达接收系统的根本任务就是获取复基带信号 $\tilde{r}(t)$，而回波信号的采样在数学上就是采用离散方式表示信号 $\tilde{r}(t)$ 并且不丢失包含在 $\tilde{r}(t)$ 中的目标信息。

图 1.8 给出了两种典型的雷达接收机和相应的信号采集系统。在这两种系

统中，天线接收的信号经过低噪声放大器（LNA）放大、下变频解调处理和中频放大等预处理，产生合适的中频（F_{IF}）信号。针对图 1.8（a）中的信号采样，中频信号进一步下变频到两路基带信号，通过基带信号采样获取离散的复基带信号。图 1.8（b）中的采样是在信号中频段进行的，通过数字解调方式产生离散的复基带信号。我们通常把图 1.8（a）中的信号采样称为基带信号采样（baseband signal sampling），而图 1.8（b）中的采样称为正交采样（quadrature sampling）[6]，其相关采样原理将在 1.4 节讨论。

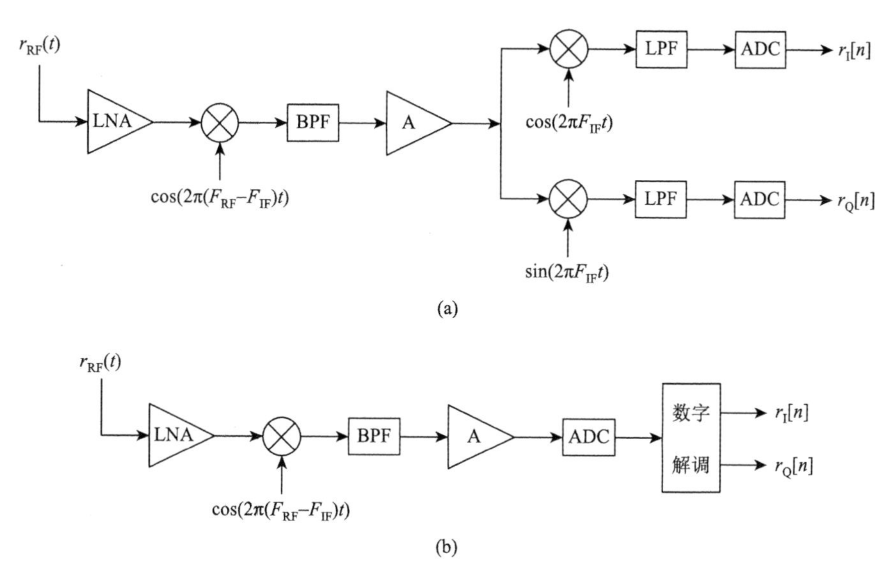

图 1.8　目标回波接收与采样

（a）基带信号采样；（b）正交采样

应当注意，采样之前的预处理对优质的雷达接收机是极其重要的，其原因在于一是雷达天线接收的信号强度低，多级放大可有效提升信号强度，二是可避免有源器件引入的闪烁噪声对信号采样的影响，再者中频滤波放大处理等实现方便。图 1.8 的下变频解调不仅保留了雷达回波相对于发射脉冲的幅度信息而且也保留了其相位信息，因此，这种解调称为相干解调（coherent demodulation）。与此相对应的，当雷达接收系统在信号下变频处理时，只保留射频或中频信号的幅度包络信息，这样的解调称为非相干解调（non-coherent demodulation）。

当对目标回波进行采样时，我们需要根据雷达测距范围决定采样的起始时刻和终了时刻。对目标距离在 R_1 和 R_2 之间的雷达系统，采样的起始和终了时刻

可分别设置为 $2R_1/c$ 和 $2R_2/c$，采样距离范围 R_2-R_1 称为雷达距离场景或距离窗。当以采样间隔 T_s 对目标回波进行采样时，在距离窗内可获得 N 个回波采样值，$N=\lfloor 2(R_2-R_1)/cT_s \rfloor$，其中，"$\lfloor \cdot \rfloor$" 表示下取整运算，采样间隔 T_s 由脉冲信号带宽决定。将脉冲的回波在距离 R_1 到 R_2 范围内的采样值记录在一个数字存储器中，可形成一维采样向量，如图 1.9（a）所示。

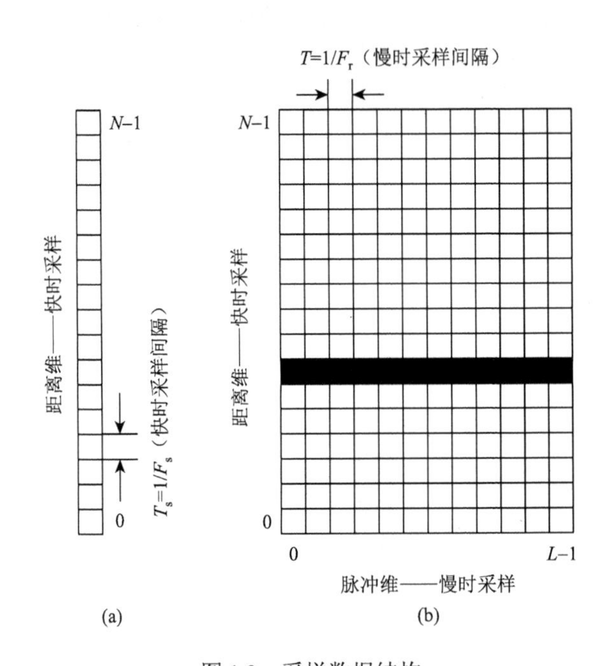

图 1.9　采样数据结构

（a）一个脉冲快时采样数据结构；（b）一个相干间隔内快慢时采样数据结构

距离范围 R_1 和 R_2 通常由雷达设计目标决定。但是，R_1 和 R_2 的设定受到雷达脉冲参数的限制。最大的 R_2 可设置为 $R_{max}=cT/2$（见 1.6.1 节的讨论）。这种设置相当于连续采样回波直至下一个脉冲的发射。在单基地雷达中，在一个脉冲重复间隔内，雷达要关闭 T_b 秒，以便高的发射功率不会泄漏到接收系统，因此，可以设置最小的距离 $R_{min}=cT_b/2$。在本书的讨论中，假设雷达实行全程回波信号采样，即在雷达发射脉冲后一个重复间隔 T 内进行采样。

脉冲雷达通过发射一系列相干脉冲[①]（coherent pulse）照射目标，同时逐个

① 正如在 1.5 节讨论的，现代脉冲雷达通常采用多脉冲技术实现目标多普勒测量。在这种情况下，雷达发射脉冲之间需要保持确定的相位关系，以便相干解调系统能够获取由于目标运动在不同脉冲回波产生的相位差。我们把脉冲之间具有确定相位关系的脉冲串称为相干脉冲串。

接收每个脉冲的回波，并根据所有接收到的回波来实现目标信息的提取①。如果相干脉冲数为 L，则雷达需要 LT 秒接收雷达回波。我们将 LT 称为相干处理间隔（coherent processing interval，CPI）。将上述采样过程重复 L 次，可以获得如 1.9（a）所示的 L 个一维向量。如果进一步将 L 个向量并排放在一起，可以获取一个维数为 $N\times L$ 的二维数据矩阵，如图 1.9（b）所示。这个数据矩阵完整地记录了雷达在一个相干处理间隔内目标的所有回波信息。

在数据矩阵中，列向量对应每个脉冲在目标距离范围 R_1 和 R_2 内的采样，我们通常把距离维的采样称为快时采样（fast-time samples），快时采样频率 $F_s = 1/T_s$，采样时刻称为距离门或距离单元（range cell）。矩阵数据中的行向量是由 L 个回波脉冲采样排列产生的，它记录了不同脉冲对同一个距离门的采样，是相干处理间隔内回波的采样。我们把这种采样称为脉冲维采样，其采样间隔远大于快时采样间隔，因此，脉冲维采样又称为慢时采样（slow-time samples），慢时采样频率等于脉冲重复频率 $F_r = 1/T$。与快时采样不同，慢时采样不需要设置单独的硬件系统。假设天线视角在脉冲与脉冲之间移动相当小，慢时采样数据代表了雷达在一个相干处理间隔内脉冲对具有相同距离和角度的目标回波的以脉冲间隔为采样间隔的采样值，如图 1.9（b）黑色区域所示。

1.3　停跳假设与雷达回波的慢时采样

假设在一个相干处理间隔内雷达发射 L 个脉宽为 T_b 的脉冲信号，每个脉冲发射的起始时刻为 $t_l = lT$，$l = 0,1,2,\cdots,L-1$，则第 l 个发射脉冲信号可表示为

$$x_{\mathrm{RF}}^{l}(t) = \begin{cases} a(t-lT)\cos(2\pi F_{\mathrm{RF}}t + \theta(t-lT)), & lT \leqslant t < lT + T_b \\ 0, & lT + T_b \leqslant t < (l+1)T \end{cases} \tag{1.22}$$

在相干处理间隔时间内，目标回波的复基带信号为

$$\tilde{r}(t) = \sum_{l=0}^{L-1} \tilde{\rho}\tilde{g}(t - lT - \tau_0)\exp(\mathrm{j}(2\pi\nu t)), \quad 0 \leqslant t < LT \tag{1.23}$$

从式（1.23）可以看到，在窄带模型下，雷达回波的包络信息与目标的运

① 从式（1.19）可以看到，目标距离对应于回波包络相对于发射信号包络的延迟，目标速度对应于正弦信号频率。因此，理论上可以根据式（1.19）采用参数估计技术实现目标的距离和速度估计。但是，由于噪声的影响，只有在足够长的观测数据或宽脉冲情况下，才能实现有效的估计，这是因为长的观测数据可提升信噪比，继而提高参数估计精度[7]。正如 1.5 节讨论的，目标的距离估计可以通过匹配滤波处理实现。然而，对于速度估计，一个脉冲内的数据难以实现频率估计需求的信噪比。文献[1]对这一问题进行了分析，对 1kHz 的多普勒频率，在信噪比为 20dB 时，需要发射脉宽为 10ms 的波形才能实现有效的估计。一般雷达脉宽通常小于 100μs，而且宽脉冲又将影响雷达的其他相关性能。因此，脉冲雷达一般不通过单脉冲的回波实现速度估计。多脉冲相干雷达解决了宽脉冲的问题，通过相干积累（见 1.7.2 节）可极大地提升信噪比。

动无关。因此，在一个雷达发射周期内，目标好像“停止”运动，这就是所谓的“停”的假设。注意到式（1.23）求和项中的每一项是雷达在lT时刻发射信号产生的相当于在距离为$R(lT)$目标的回波。因此，对在$(l+1)T$时刻发射的信号，目标产生的回波对应于目标距离$R((l+1)T)$。这就是说，对接续发射的脉冲，雷达目标从距离$R(lT)$“跳”到距离$R((l+1)T)$，而非连续变化。这两种现象结合在一起，就是在常规脉冲多普勒雷达体制下的所谓“停跳假设”（stop-and-hop assumption）或“停跳现象”。停跳假设在脉冲多普勒雷达中是一个极其重要的概念，这一假设可以实现目标距离和速度的解耦处理，如1.5节所述。

现对距离为R_s的目标进行慢时采样，采样在第l个脉冲传输后的$lT+2R_s/c$时刻进行。雷达在目标距离R_s时的第l个采样可表示为

$$\begin{aligned}\tilde{r}[l] &= \tilde{r}(t)|_{t=lT+2R_s/c} \\ &= \sum_{l=0}^{L-1}\tilde{\rho}\tilde{g}\left(lT+\frac{2R_s}{c}-lT-\tau_0\right)\exp\left(\mathrm{j}\left(2\pi\nu\left(lT+\frac{2R_s}{c}\right)\right)\right) \\ &= \sum_{l=0}^{L-1}\tilde{\rho}\tilde{g}\left(\frac{2R_s}{c}-\tau_0\right)\exp\left(\mathrm{j}\left(2\pi\nu lT+2\pi\nu\left(\frac{2R_s}{c}\right)\right)\right) \\ &\approx \sum_{l=0}^{L-1}\tilde{\rho}\tilde{g}\left(\frac{2R_s}{c}-\tau_0\right)\exp(\mathrm{j}(2\pi\nu lT))\end{aligned} \tag{1.24}$$

在进行慢时采样时，假设在慢时采样间隔T时间内，目标保持在同一距离门；也就是说对单个脉冲而言，假设目标移动距离在$[R_s-c\tau,R_s]$范围内。这是因为，如果目标移动超出这个范围，就不可能获得给定距离门的目标信息。这就要求在LT测量时间内，距离R_s的目标移动应在$[R_s-cT_b,R_s]$范围内，也就是说，$VLT\leqslant cT_b$或$V\leqslant cT_b/(LT)$。在一般应用场合，这一条件通常是容易满足的。

式（1.24）在脉冲多普勒雷达信号处理中是极其重要的。它除了幅度包络外，包含两个指数项，第一个指数项是随机相位（包含在$\tilde{\rho}$中），对第二个相位项只引起相位的随机变化；第二个指数项是随时间变化而变化的，这种变化是由一系列脉冲作用下目标运动引起的。目标的多普勒完全反映在多个脉冲产生的慢时采样信号相位中，因此，这种多普勒效应也称为慢时多普勒频率（Doppler frequency）；其意义在于对给定的目标距离单元，多普勒频率是由一系列脉冲作用下回波相位的变化产生的。

式（1.24）也清楚地说明了，在一个相干处理间隔内获取的L个慢时采样，等同于对频率为ν的复正弦信号以脉冲重复间隔T为采样间隔的采样。在一个相干处理间隔，采样关系实数部分如图1.10所示，这为采用线谱估计技术实现目标多普勒估计提供了理论基础。

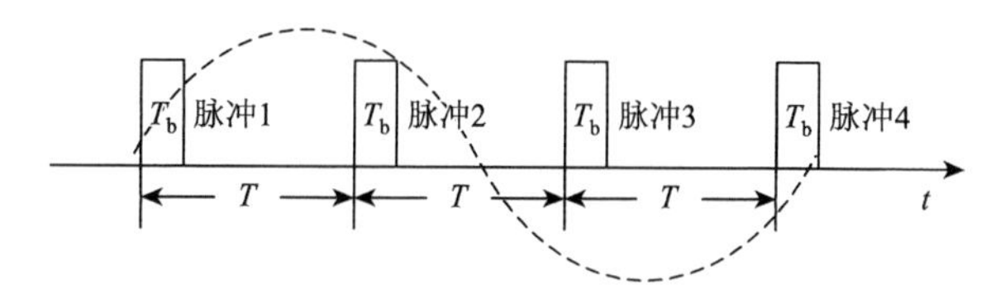

图1.10　多普勒信号采样示意图

1.4　雷达回波的快时采样

从1.2节讨论可以看到，目标回波的快时采样和慢时采样是实现雷达信息采样的关键。与快时采样不同，慢时采样是通过快时采样数据排列产生的，因此，快时采样是雷达信号采样的根本。本节根据图1.8所示的雷达接收机和相应的采样方式，分别介绍了信号的基带信号采样和正交采样。此外，为了理论分析方便，对复信号采样概念也进行了简要的论述。

1.4.1　基带信号采样

雷达信号基带信号采样结构如图1.8（a）所示，它由正交解调模块和采样模块组成。正交解调模块将雷达信号分解成同相支路信号和正交支路信号，并将它们通过各自的模数转换器获取相应支路的采样信号。同相和正交支路信号都是带宽为 $B/2$ 的低通信号，因此可以通过低通信号采样实现基带信号的采样[8]。

低通信号 $x(t)$ 的频谱 $\tilde{X}(f)$ 定义为

$$\tilde{X}(f)=\frac{1}{2\pi}\int_{-\infty}^{\infty}x(t)\mathrm{e}^{-\mathrm{j}2\pi ft}\mathrm{d}t \tag{1.25}$$

如图1.11所示，在频率范围 $(-B/2,B/2)$ 内存在。根据奈奎斯特采样定理[8]，当以不大于 $1/B$ 的采样间隔 T_s（$T_s\leqslant 1/B$）或以采样速率 $F_s=1/T_s$ 对 $x(t)$ 进行采样时，即 $x[n]=x(t)|_{t=nT_s}$，$x[n]$ 不丢失 $x(t)$ 的信息，并能够从采样信号 $x[n]$ 无

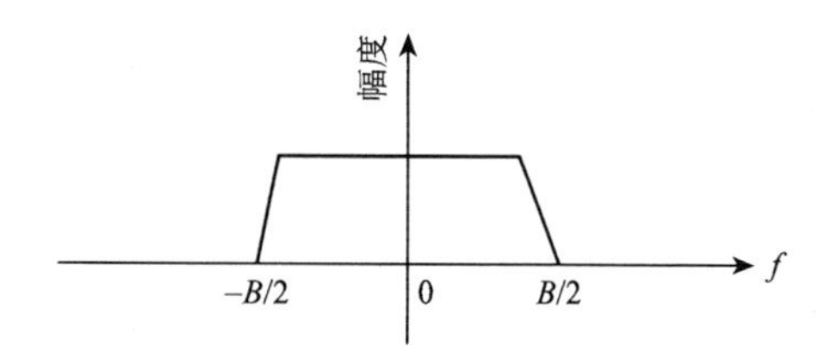

图1.11　低通信号频谱示意图

失真地重构原信号 $x(t)$ 。当 $T_s = 1/B$ 时，T_s 为奈奎斯特采样间隔，相应的 T_s 的倒数称为奈奎斯特采样频率。信号 $x(t)$ 重构原理如图 1.12 所示，在时域上可表示为

$$x(t) = \sum_{n=-\infty}^{+\infty} x[n] \frac{\sin(\pi(t - nT_s)/T_s)}{\pi(t - nT_s)/T_s} \tag{1.26}$$

在图 1.12 中，$\tilde{H}_{LP}(f)$ 是带宽为 $B_{LP}/2$ 的低通滤波器，$B < B_{LP} < F_s - B$，它起到从信号 $x(nT_s)$ 频谱提取信号 $x(t)$ 的频谱 $\tilde{X}(f)$ 的作用。时域重构关系（1.26）从另一个角度说明了我们可以将低通信号在 sinc 函数基底下进行展开，其展开系数为信号的采样值。

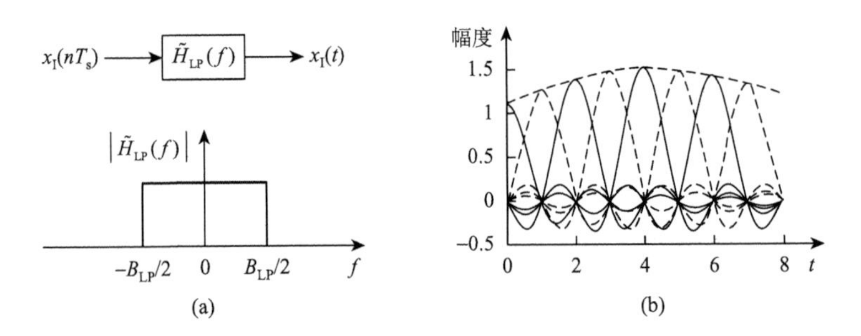

图 1.12　信号重构原理

（a）频域重构原理；（b）时域重构

根据低通信号采样原理，复基带信号的采样可表示为

$$\tilde{x}[n] = \tilde{x}(t)|_{t=nT_s} = x_I[n] + jx_Q[n] \tag{1.27}$$

1.4.2　正交采样

基带信号采样结构在实现过程中要求在雷达频带内，同相支路和正交支路的延迟和增益完全匹配，没有直流偏置，同时两个参考振荡器应准确地偏移 90° 相位。这些要求对采样系统的实现带来了技术上的困难。因此，在早期的正交接收系统中，常常采用校正技术修正同相支路和正交支路的非平衡性问题及直流偏置效应。

为了克服基带信号采样结构在实现上的困难，人们提出了直接在射频段或中频段进行采样，然后采用数字处理方法获取同相支路和正交支路的采样信号，即正交采样[6]。这种采样只需要一个模数转换器，没有同相支路和正交支路平衡性的要求，有效地克服了基带信号采样实现上的困难。

为了简化符号表示，我们采用发射信号模型（1.10）表示接收的射频信号。将信号（1.10）下变频到合适的中频（F_{IF}），可获得中频信号：

$$x_{\mathrm{IF}}(t)=a(t)\cos(2\pi F_{\mathrm{IF}}t+\theta(t)) \tag{1.28}$$

其中，$x_{\mathrm{IF}}(t)$是一个中心频率为F_{IF}的带通信号，如图1.13所示，其中F_{L}和F_{H}分别是中频信号$x_{\mathrm{IF}}(t)$的下边带频率和上边带频率，雷达信号带宽为$B=F_{\mathrm{H}}-F_{\mathrm{L}}\leqslant F_{\mathrm{L}}$。根据正交采样理论[6]，当采样频率设置为

$$F_{\mathrm{s}}=\frac{4F_{\mathrm{L}}+2B}{4l+1}=\frac{4F_{\mathrm{IF}}}{4l+1} \tag{1.29}$$

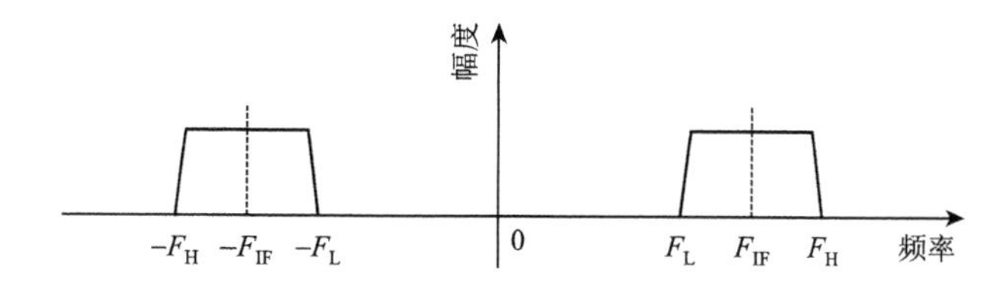

图1.13　中频信号频谱结构示意图

时，采样信号$x_{\mathrm{IF}}[n]=x_{\mathrm{IF}}(t)|_{t=nT_{\mathrm{s}}}$包含了$x_{\mathrm{IF}}(t)$基带信号的所有信息，其中$l$是满足$l\leqslant\lceil F_{\mathrm{L}}/2B\rceil$的正整数，$T_{\mathrm{s}}=1/F_{\mathrm{s}}$。正交支路和同相支路的采样信号可通过数字解调的方式获取，避免了将信号（1.28）下变频到基带和低通滤波的处理过程。式（1.29）可分解为

$$F_{\mathrm{s}}=2B+\frac{4(F_{\mathrm{L}}-2Bl)}{4l+1} \tag{1.30}$$

式（1.30）说明了正交采样频率应不小于信号带宽的2倍。因此，正交采样系统的ADC采样速率应至少是基带信号采样系统ADC的2倍。

根据图1.13和式(1.30)，可以将中频频率$F_{\mathrm{IF}}=F_{\mathrm{L}}+B/2$分解为$F_{\mathrm{IF}}=lF_{\mathrm{s}}+\varDelta+B/2$，其中$\varDelta=(F_{\mathrm{L}}-2Bl)/(4l+1)$。因此，$x_{\mathrm{IF}}(t)$的采样信号可展开为

$$\begin{aligned}x_{\mathrm{IF}}[n]=x_{\mathrm{IF}}(t)|_{t=nT_{\mathrm{s}}}&=a(nT_{\mathrm{s}})\cos(2\pi F_{\mathrm{IF}}nT_{\mathrm{s}}+\theta(nT_{\mathrm{s}}))\\&=a(nT_{\mathrm{s}})\cos\left(2\pi n\left(l+\frac{1}{4}\right)+\theta(nT_{\mathrm{s}})\right)\\&=x_{\mathrm{I}}[n]\cos\left(\frac{\pi n}{2}\right)-x_{\mathrm{Q}}[n]\sin\left(\frac{\pi n}{2}\right)\end{aligned} \tag{1.31}$$

其中，$x_{\mathrm{I}}[n]=a(nT_{\mathrm{s}})\cos(\theta(nT_{\mathrm{s}}))$；$x_{\mathrm{Q}}[n]=a(nT_{\mathrm{s}})\sin(\theta(nT_{\mathrm{s}}))$。式（1.31）表明正

交支路和同相支路信号的采样，可以通过对 $x_{\text{IF}}[n]$ 按照数字解调的方式实现，如图 1.14 所示。在同相支路中，数字下变频输出信号为

$$\begin{aligned} x_{\text{I}}'[n] &= 2\cos(n\pi/2)x_{\text{IF}}[n] \\ &= x_{\text{I}}[n] + x_{\text{I}}[n]\cos(n\pi) - x_{\text{Q}}[n]\sin(n\pi) \end{aligned} \tag{1.32}$$

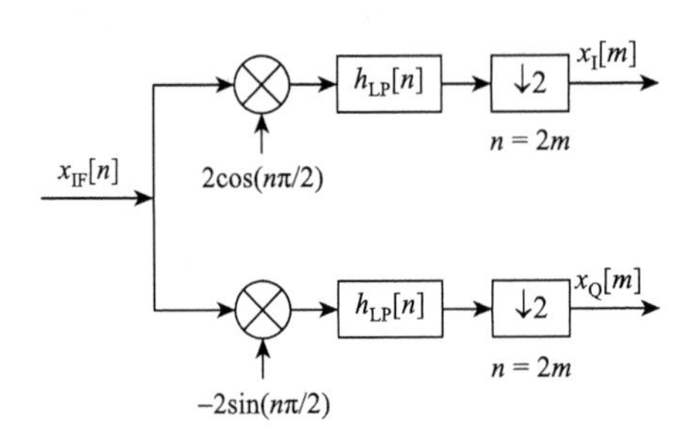

图 1.14　数字正交解调系统

信号 $x_{\text{I}}'[n]$ 由同相支路信号 $x_{\text{I}}[n]$ 和信号 $x_{\text{I}}[n]\cos(n\pi)$ 以及 $x_{\text{Q}}[n]\sin(n\pi)$ 组成。后两项是高频分量，因此，通过低通滤波 $h_{\text{LP}}[n]$ 处理即可获取信号 $x_{\text{I}}[n]$。类似地，可以获取正交支路信号 $x_{\text{Q}}[n]$。应当注意正交和同相支路信号带宽为 $B/2$，因此，可以对低通滤波输出进行 2 倍降采样而不丢失其信息。对理想低通滤波器而言，降采样产生的同相和正交支路采样信号为 $x_{\text{I}}[m]$ 和 $x_{\text{Q}}[m]$，其速率是信号 $x_{\text{IF}}[n]$ 速率的一半。

从式（1.30）可以看到，当 $F_{\text{L}}=2Bl$ 时，$F_{\text{s}}=2B$，这是实现正交采样的最小采样频率。$F_{\text{L}}=2Bl$ 意味着 $F_{\text{IF}}=(2l+1/2)B$，因此，可以通过设置合适的中频频率实现最小频率采样。

中频信号（1.28）属于带通信号，因此可以从带通信号采样理论阐述正交采样，这里不再赘述，可参考相关文献[9]。

1.4.3　复信号采样

复信号采样是为了信号分析方便建立的。考虑式（1.16）描述的雷达解析信号，我们可以将 $\tilde{x}_{\text{RF}}(t)$ 下变频到基带或中频段，采用基带或正交采样，获取复基带信号 $\tilde{g}(t)=a(t)\mathrm{e}^{\mathrm{j}\theta(t)}$ 的采样。但是，不同于信号 $x_{\text{RF}}(t)$，信号 $\tilde{x}_{\text{RF}}(t)$ 是中心频率为 F_{RF}、带宽为 B 的单边带信号，因此，只要采样速率 $F_{\text{s}}\geqslant B$，或采样间隔 $T_{\text{s}}=1/F_{\text{s}}\leqslant 1/B$，即可获取 $\tilde{g}(t)$ 的采样 $\tilde{g}[n]=\tilde{g}(t)|_{t=nT_{\text{s}}}$，同时不丢失 $\tilde{x}_{\text{RF}}(t)$ 的信息[10]。

1.5　雷达回波离散化模型

根据前面的讨论，在多目标的情况下，对第 l 个发射波形（1.22），雷达接收的中频信号可表示为

$$r_{\mathrm{IF}}^{l}(t)=\sum_{k=1}^{K}\rho_k a(t-lT-\tau_k)\cos(2\pi F_{\mathrm{IF}}t+2\pi\nu_k lT+\theta(t-lT-\tau_k)+\phi_k)+w_{\mathrm{IF}}^{l}(t)$$
$$t\in[lT,(l+1)T],\quad l=0,1,\cdots,L-1 \tag{1.33}$$

其中，K 是目标数量；L 为相干脉冲数；ρ_k、τ_k、ν_k 和 ϕ_k 分别是第 k 个目标的回波强度、时延、多普勒频率和随机相位。在实际中，雷达接收的信号不可避免地还将受到背景噪声、杂波和干扰信号等的影响。为了简化讨论，本书假设目标回波只受到高斯背景噪声的影响。对中频接收而言，式（1.33）中的 $w_{\mathrm{IF}}^{l}(t)$ 表示中心频率为 F_{RF}、带宽为 B、功率谱密度为 $N_w/2$ 的双边带高斯白噪声信号。

假设雷达发射信号的能量为 $E_{\mathrm{b}}=\int_0^{T_{\mathrm{b}}}|x_{\mathrm{RF}}(t)|^2\,\mathrm{d}t$，则第 k 个目标回波信号的能量为 $|\rho_k|^2E_{\mathrm{b}}$，峰值功率为 $|\rho_k|^2E_{\mathrm{b}}/T_{\mathrm{b}}$；相应地，第 k 个目标的信噪比为

$$\mathrm{SNR}_{\mathrm{IN}}^{k}=\frac{|\rho_k|^2E_{\mathrm{b}}/T_{\mathrm{b}}}{BN_w}=\frac{|\rho_k|^2E_{\mathrm{b}}}{T_{\mathrm{b}}BN_w},\quad k=1,2,\cdots,K \tag{1.34}$$

其中，BN_w 为信号 $r_{\mathrm{IF}}^{l}(t)$ 带宽内噪声总功率。

中频回波信号（1.33）可以采用正交采样方式进行采样，抑或将中频信号下变频到基带，采用基带信号采样方式进行采样，其采样信号可描述为

$$\begin{aligned}\tilde{r}^{l}[n]&=\sum_{k=1}^{K}\tilde{\rho}_k\tilde{g}[n-n_k]\exp(\mathrm{j}[2\pi\nu_k lT])+\tilde{w}^{l}[n]\\&=\sum_{k=1}^{K}\tilde{\rho}_k\tilde{g}[n-n_k]\exp(\mathrm{j}[2\pi\nu_k^{\mathrm{d}}l])+\tilde{w}^{l}[n]\end{aligned} \tag{1.35}$$

其中，$n=0,1,\cdots,N-1$，$n=t/T_{\mathrm{s}}$ 为快时采样时刻（T_{s} 是快时采样间隔）；l 为慢时采样时刻；$\tilde{\rho}_k=\rho_k\mathrm{e}^{\mathrm{j}\phi_k}$ 为第 k 个目标的复回波强度；$\nu_k^{\mathrm{d}}=\nu_kT$ 为第 k 个目标的数字多普勒频率（digital Doppler frequency）；$n_k=(2R_{0k}/c)/T_{\mathrm{s}}$ 为第 k 个目标在 $t=0$ 时刻的时延；$\tilde{g}[n]$ 是复基带发射信号 $\tilde{g}(t)$ 的采样。

式（1.35）的第一项是目标回波信号的采样，第二项是噪声信号的采样。应当注意，尽管我们假设雷达接收的噪声信号是白噪声，但是由于带通滤波等处理，输入 ADC 采样的噪声信号不再是白噪声。为了保证噪声采样 $\tilde{w}^{l}[n]$ 的白噪声特性，在后面的讨论中，假设回波基带信号 $\tilde{r}^{l}[n]$ 是按照奈奎斯特采样间隔

获取的[10]，即 $T_s=1/B$。因此，噪声信号 $\tilde{w}^l[n]$ 是独立同分布的复高斯序列，其均值为 0，单位带宽方差为 N_w；或者，噪声信号 $\tilde{w}^l[n]$ 是独立同分布的均值为 0、方差为 BN_w 的复高斯序列。类似地，第 k 个目标采样信号的单位带宽功率为 $(|\rho_k|^2 E_b/T_b)/B$，或采样信号的功率为 $|\rho_k|^2 E_b/T_b$。相应的采样信号能量为 $(|\rho_k|^2 E_b/T_b)M$，其中 $M=T_b/T_s$ 为采样信号长度。注意 $M=T_bB$，因此采样信号能量又可表示为 $(|\rho_k|^2 E_b/T_b)(T_bB)$。能量和功率的变化关系对于开展雷达信号处理性能分析是很有帮助的。

1.6　雷达目标信息估计

雷达信号处理的根本任务就是在噪声干扰存在的情况下有效地估计目标参数 n_k、ν_k^{d} 和 $\tilde{\rho}_k$；并根据估计的 n_k 和 ν_k^{d} 决定目标的距离和速度，即 $R_{0k}=cT_sn_k/2$ 和 $V_k=\nu_k^{\mathrm{d}}\lambda/(2T)$。雷达回波采样数据（1.35）可以排成图 1.9（b）所示的快慢时二维数据结构，因此，目标参数估计就是在距离维和速度维二维平面上决定目标的位置和对应的强度。根据回波的采样方式，可以按照快时采样间隔和慢时采样频率将二维平面进行网格化处理，划分为距离单元和速度单元，如图 1.15 所示①。这样，在雷达测距和测速范围内，共有 $N\times L$ 个网格。我们将在网格上的目标称为网格上目标（on-grid targets）；否则，称为非网格上目标（off-grid

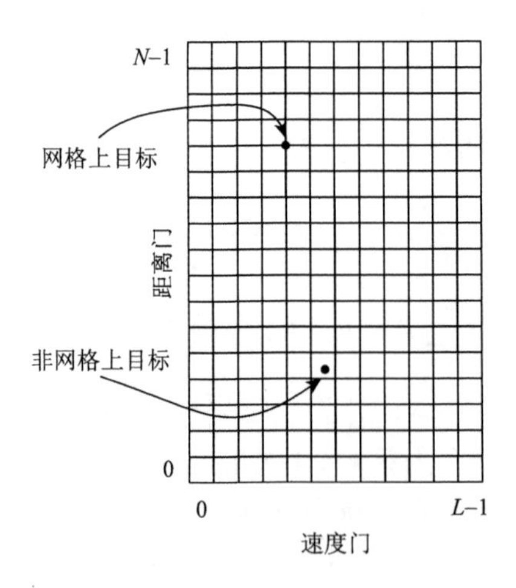

图 1.15　距离-速度平面网格化示意图

① 距离速度平面网格在一些文献中按照系统采用的采样间隔进行划分。这样的划分方式不利于将距离单元和速度单元与目标的分辨率直接关联起来。为了方便，本章按照奈奎斯特采样间隔进行网格化处理。

targets)；第 (k,m) 个网格上目标又称为第 k 个距离门和第 m 个速度门上的目标。相对于式（1.35），网格上目标的一般回波模型可表示为

$$\tilde{r}^l[n]=\sum_{k=0}^{N-1}\sum_{m=0}^{L-1}\tilde{\rho}_{k,m}\tilde{g}[n-k]\exp\left(\mathrm{j}2\pi l\frac{m-(L-1)/2}{L}\right)+\tilde{w}^l[n] \tag{1.36}$$

其中，$n=0,1,\cdots,N-1$；$l=0,1,\cdots,L-1$；$\tilde{\rho}_{k,m}$ 是第 (k,m) 个网格上目标的反射强度，当 $|\tilde{\rho}_{k,m}|\neq 0$ 时表示第 (k,m) 个网格上有目标。第 k 个距离门和第 m 个速度门对应的目标距离和速度分别为 $cT_sk/2$ 和 $\lambda(m-(L-1)/2)/(2LT)$。

对非网格上目标而言，采用式（1.36）描述目标回波将引入误差。但是，正如 1.5.3 节的讨论，可以按照式（1.36）进行目标估计，通过内插的方法获得非网格上的目标信息。

本节将按照网格上目标和非网格上目标分别讨论相应目标信息估计方法。

1.6.1　匹配滤波处理

目标信息提取的过程其实就是设计处理系统最大限度地抑制干扰和噪声，增强目标信号成分，使得处理输出信噪比最大化。输出信噪比最大化是极其重要的，不仅有利于目标检测同时也能够提升目标跟踪等性能。匹配滤波就是这类处理系统，本小节介绍其基本原理。

从雷达回波采样模型（1.36），可以看到目标参数估计是一个二维信号处理问题。但是，在停跳假设下，目标距离和速度完全包含在两个独立的描述项 $\tilde{g}[n-k]$ 和 $\exp(\mathrm{j}2\pi l(m-(L-1)/2)/L)$。因此，可以首先进行距离估计，然后估计目标的速度，反之亦然。这就是所谓的目标距离和速度的解耦处理，将二维处理问题转化为两个一维处理问题。

考虑长度为 N_0 的观测信号：

$$\tilde{r}[n]=\tilde{x}[n]+\tilde{w}[n],\quad n=0,1,2,\cdots,N_0-1 \tag{1.37}$$

其中，$\tilde{x}[n]$ 为有用信号；$\tilde{w}[n]$ 是均值为 0、方差为 $\sigma_{\tilde{w}}^2$ 的观测白噪声；$\tilde{x}[n]$ 和 $\tilde{w}[n]$ 之间相互独立。设滤波器冲激响应为 $\tilde{h}[n]$（$n=0,1,2,\cdots,N_0-1$），则对输入信号 $\tilde{r}[n]$，$\tilde{h}[n]$ 的输出信号为

$$\begin{aligned}\tilde{z}[n]&=\tilde{r}[n]\otimes\tilde{h}[n]\\&=\tilde{x}[n]\otimes\tilde{h}[n]+\tilde{w}[n]\otimes\tilde{h}[n]\end{aligned} \tag{1.38}$$

其中，$\otimes$ 表示卷积运算。$\tilde{z}[n]$ 在 N_0-1 时刻的采样为

$$\tilde{z}[N_0-1]=\sum_{m=0}^{N_0-1}\tilde{h}[m]\tilde{x}[N_0-1-m]+\sum_{m=0}^{N_0-1}\tilde{h}[m]\tilde{w}[N_0-1-m] \tag{1.39}$$

定义 $\tilde{\boldsymbol{h}}=[\tilde{h}[0],\tilde{h}[1],\cdots,\tilde{h}[N_0-1]]^{\mathrm{T}}$，$\tilde{\boldsymbol{x}}=[\tilde{x}[N_0-1],\tilde{x}[N_0-2],\cdots,\tilde{x}[0]]^{\mathrm{T}}$ 和 $\tilde{\boldsymbol{w}}=[\tilde{w}[N_0-$

$1], \tilde{w}[N_0-2], \cdots, \tilde{w}[0]]^{\mathrm{T}}$ 分别为滤波器权向量、有用信号向量和噪声信号向量。采用向量表示，式（1.39）可简化为

$$\tilde{z}[N_0-1] = \tilde{\boldsymbol{h}}^{\mathrm{T}} \tilde{\boldsymbol{x}} + \tilde{\boldsymbol{h}}^{\mathrm{T}} \tilde{\boldsymbol{w}} \tag{1.40}$$

因此，可以计算出滤波器在 $n = N_0-1$ 时刻的输出信号功率为

$$P_{\mathrm{OUT}}^{\tilde{x}} = (\tilde{\boldsymbol{h}}^{\mathrm{T}} \tilde{\boldsymbol{x}})^* (\tilde{\boldsymbol{h}}^{\mathrm{T}} \tilde{\boldsymbol{x}}) = (\tilde{\boldsymbol{h}}^{\mathrm{T}} \tilde{\boldsymbol{x}})^* (\tilde{\boldsymbol{x}}^{\mathrm{T}} \tilde{\boldsymbol{h}}) = |\tilde{\boldsymbol{h}}^{\mathrm{H}} \tilde{\boldsymbol{x}}^*|^2 \tag{1.41}$$

其中，上标 H 表示共轭转置运算。同样地，可计算输出噪声功率为

$$P_{\mathrm{OUT}}^{\tilde{w}} = \mathbb{E}((\tilde{\boldsymbol{h}}^{\mathrm{T}} \tilde{\boldsymbol{w}})^* (\tilde{\boldsymbol{h}}^{\mathrm{T}} \tilde{\boldsymbol{w}})) = \tilde{\boldsymbol{h}}^{\mathrm{H}} \mathbb{E}(\tilde{\boldsymbol{w}}^* \tilde{\boldsymbol{w}}^{\mathrm{T}}) \tilde{\boldsymbol{h}} = \sigma_{\tilde{w}}^2 \tilde{\boldsymbol{h}}^{\mathrm{H}} \tilde{\boldsymbol{h}} \tag{1.42}$$

$\tilde{z}[n]$ 在 N_0-1 时刻的信噪比为

$$\mathrm{SNR}_{\mathrm{OUT}}^{\tilde{z}} = \frac{P_{\mathrm{OUT}}^{\tilde{x}}}{P_{\mathrm{OUT}}^{\tilde{w}}} = \frac{|\tilde{\boldsymbol{h}}^{\mathrm{H}} \tilde{\boldsymbol{x}}^*|^2}{\sigma_{\tilde{w}}^2 \tilde{\boldsymbol{h}}^{\mathrm{H}} \tilde{\boldsymbol{h}}} \tag{1.43}$$

匹配滤波就是使得信噪比 $\mathrm{SNR}_{\mathrm{OUT}}^{\tilde{z}}$ 最大化的滤波器。根据施瓦茨不等式 $|\tilde{\boldsymbol{h}}^{\mathrm{H}} \tilde{\boldsymbol{x}}^*|^2 \leqslant \|\tilde{\boldsymbol{h}}\|^2 \|\tilde{\boldsymbol{x}}\|^2$，则 $\mathrm{SNR}_{\mathrm{OUT}}^{\tilde{z}}$ 满足

$$\mathrm{SNR}_{\mathrm{OUT}}^{\tilde{z}} \leqslant \frac{\|\tilde{\boldsymbol{h}}\|^2 \|\tilde{\boldsymbol{x}}\|^2}{\sigma_{\tilde{w}}^2 \tilde{\boldsymbol{h}}^{\mathrm{H}} \tilde{\boldsymbol{h}}} = \frac{\|\tilde{\boldsymbol{x}}\|^2}{\sigma_{\tilde{w}}^2} \tag{1.44}$$

式（1.44）的等号只有在 $\tilde{\boldsymbol{h}} = k\tilde{\boldsymbol{x}}^*$ 的情况下才成立，其中 k 是常数。因此，当滤波器冲激响应为

$$\tilde{h}[n] = k\tilde{x}^*[N_0-1-n], \quad n = 0,1,2,\cdots,N_0-1 \tag{1.45}$$

时，滤波器输出最大信噪比。在进行理论分析时，常常假设 $k=1$。

式（1.45）给出的匹配滤波器冲激响应是有用信号的时间翻转并滞后 N_0-1 时刻的复共轭。N_0-1 是匹配滤波输出可能产生最大幅度的时刻。因此，我们将这样的滤波器称为匹配滤波器（matched filter）。记有用信号能量为 E，即

$$E = \|\tilde{\boldsymbol{x}}\|^2 = \sum_{n=0}^{N_0-1} |\tilde{x}[n]|^2 \tag{1.46}$$

从式（1.44）可以得出匹配滤波器输出的信噪比为

$$\mathrm{SNR}_{\mathrm{OUT}}^{\tilde{z}} = \frac{E}{\sigma_{\tilde{w}}^2} \tag{1.47}$$

根据式（1.38）和式（1.45），可以给出有用信号的匹配滤波输出为

$$\begin{aligned} \tilde{r}[n] \otimes \tilde{h}[n] &= \tilde{x}[n] \otimes \tilde{h}[n] \\ &= \tilde{x}[n] \otimes \tilde{x}^*[N_0-1-n] \\ &= \tilde{r}_{\tilde{x}\tilde{x}}[N_0-1-n] \end{aligned} \tag{1.48}$$

其中，$\tilde{r}_{\tilde{x}\tilde{x}}[n]$ 是信号 $\tilde{x}[n]$ 的自相关函数：

$$\tilde{r}_{\tilde{x}\tilde{x}}[n] = \sum_{p=0}^{N-1} \tilde{x}[p] \tilde{x}^*[p-n] \tag{1.49}$$

因此，匹配滤波处理可以通过自相关函数运算实现。

上述匹配滤波是从离散时间信号给出的，类似过程可以拓展到连续时间信号。对连续时间信号 $\tilde{x}(t)$，匹配滤波器冲激响应为 $\tilde{h}(t)=\tilde{x}^*(T_{\mathrm{M}}-t)$，最大输出信噪比同式（1.47）一致。延迟时间 T_{M} 必须保证 $\tilde{h}(t)$ 是因果系统。对宽度为 T_{b} 的脉冲信号而言，可取 $T_{\mathrm{M}}=T_{\mathrm{b}}$。

1.6.2　网格上目标的估计

为了简化符号和描述公式，暂时假设噪声不存在，噪声对处理性能的影响将在 1.7 节讨论。首先讨论只有一个网格上目标的情形。假设这个目标位于网格 (n_0,m_0)，对应采集数据 $\tilde{r}^l[n]$ 为

$$\tilde{r}^l[n]=\tilde{\rho}\tilde{g}[n-n_0]\exp\left(\mathrm{j}2\pi l\frac{m_0-(L-1)/2}{L}\right) \tag{1.50}$$

在实际中，目标所处网格上的位置是不知道的，同时，对全程观测数据，快时维观测长度 N 远大于 $\tilde{g}[n]$ 的宽度 N_0。因此，可将快时维匹配滤波定义为

$$\tilde{h}_1[n]=\tilde{g}^*[N_0-1-n],\quad n=0,1,\cdots,N_0-1 \tag{1.51}$$

对输入信号 $\tilde{r}^l[n]$（$n=0,1,\cdots,N-1$），快时维匹配滤波产生长度为 $N+N_0-1$ 的匹配滤波输出：

$$\begin{aligned}\tilde{z}^l[n]&=\sum_{p=0}^{N-1}\tilde{r}^l[p]\tilde{h}_1[n-p]\\&=\sum_{p=0}^{N-1}\tilde{\rho}\tilde{g}[p-n_0]\exp\left(\mathrm{j}2\pi l\frac{m_0-(L-1)/2}{L}\right)\tilde{g}^*[N_0-1-n+p]\\&=\tilde{\rho}\tilde{r}_{\tilde{g}\tilde{g}}[N_0-1-n+n_0]\exp\left(\mathrm{j}2\pi l\frac{m_0-(L-1)/2}{L}\right)\end{aligned} \tag{1.52}$$

其中，$\tilde{r}_{\tilde{g}\tilde{g}}$ 是雷达波形的自相关函数：

$$\tilde{r}_{\tilde{g}\tilde{g}}[n]=\sum_{p=0}^{N_0-1}\tilde{g}[p]\tilde{g}^*[p-n] \tag{1.53}$$

通过在距离门 n（$n=N_0-1,N_0,\cdots,N-1$）上的采样，获取 $N-N_0+1$ 个输出，在最大信噪比输出的采样时刻即获得目标距离估计。当 $n_0=0$ 时，匹配滤波在 N_0-1 时刻输出最大信噪比；当 $n_0\neq 0$ 时，匹配滤波在 $n=N_0-1+n_0$ 时刻输出最大信噪比。因此，实际目标距离对应的时刻等于最大信噪比时刻 n 减去 N_0-1。

类似地，可将第 m 个速度门的慢时维匹配滤波定义为

$$\tilde{h}_2[l]=\exp\left(-\mathrm{j}2\pi(L-1-l)\frac{m-(L-1)/2}{L}\right),\quad l=0,1,\cdots,L-1 \tag{1.54}$$

在输入信号（1.52）作用下，慢时维匹配滤波输出为

$$\begin{aligned}\tilde{z}^l[n,m]&=\sum_{q=0}^{L-1}\tilde{z}^q[n]\exp\left(-\mathrm{j}2\pi(L-1-l+q)\frac{m-(L-1)/2}{L}\right)\\&=\sum_{q=0}^{L-1}\tilde{\rho}\tilde{r}_{\tilde{g}\tilde{g}}[N_0-1-n+n_0]\exp\left(\mathrm{j}2\pi q\frac{m_0-(L-1)/2}{L}\right)\\&\quad\times\exp\left(-\mathrm{j}2\pi(L-1-l+q)\frac{m-(L-1)/2}{L}\right)\end{aligned}\tag{1.55}$$

在 $L-1$ 慢时刻，慢时维匹配滤波输出的采样为

$$\begin{aligned}\tilde{z}^{L-1}[n,m]&=\tilde{\rho}\tilde{r}_{\tilde{g}\tilde{g}}[N_0-1-n+n_0]\sum_{q=0}^{L-1}\exp\left(\mathrm{j}\frac{2\pi(m_0-m)q}{L}\right)\\&=\tilde{\rho}\tilde{r}_{\tilde{g}\tilde{g}}[N_0-1-n+n_0]\frac{\sin(\pi(m_0-m))}{\sin(\pi(m_0-m)/L)}\\&\quad\times\exp\left(\mathrm{j}\frac{-\pi(L-1)(m_0-m)}{L}\right)\end{aligned}\tag{1.56}$$

当 $m=m_0$ 时，在 $L-1$ 慢时刻的采样获得最大信噪比输出。

式（1.56）的模值可计算为

$$|\tilde{z}^{L-1}[n,m]|=|\tilde{\rho}||\tilde{r}_{\tilde{g}\tilde{g}}[N_0-1-n+n_0]|\left|\frac{\sin(\pi(m_0-m))}{\sin(\pi(m_0-m)/L)}\right|\tag{1.57}$$

式（1.57）的第一项是常数项，影响 $|\tilde{z}^{L-1}[n,m]|$ 对应的所有距离和速度的相对幅度；第二项是雷达波形的自相关函数，当 $n=N_0-1+n_0$ 时，取最大值①；第三项是一个类 sinc 函数，只有当 $m=m_0$ 时，取最大值（不为 0）。因此，只有当 $n=N_0-1+n_0$ 和 $m=m_0$ 时，$|\tilde{z}^{L-1}[n,m]|$ 才能取最大值。这样，我们可以在距离-速度平面上，通过检测匹配滤波输出最大值的方法，获得目标距离和速度的估计。

如果深入分析式（1.56）的计算过程，我们不难发现慢时维匹配滤波其实就是对快时维匹配滤波输出进行 L 维离散傅里叶变换。因此，基于快时-慢时匹配滤波的目标估计可表述为首先对每个脉冲回波进行快时维匹配滤波，然后对匹配滤波输出的距离门数据进行离散傅里叶变换，最后在距离-速度平面进行最大值检测，如图 1.16 所示。

图 1.16 的目标估计流程是两个匹配滤波的级联，我们把这种处理称为序贯处理（sequential processing），以区别目标距离速度联合估计方法（见第 5 章）。应注意到，图 1.16 的处理流程是一个线性过程。因此，我们也可以首先进行慢

① 对常用的雷达波形，如附录 A 中的线性调频信号，在大时带宽积的情况下，其自相关函数可近似为 sinc 函数，因此，$|\tilde{r}_{\tilde{g}\tilde{g}}[N_0-1-n+n_0]|$ 在 $n\neq N_0-1+n_0$ 时近似等于 0。对于相位编码信号，当 $n\neq N_0-1+n_0$ 时，其自相关函数 $|\tilde{r}_{\tilde{g}\tilde{g}}[N_0-1-n+n_0]|=0$ 。

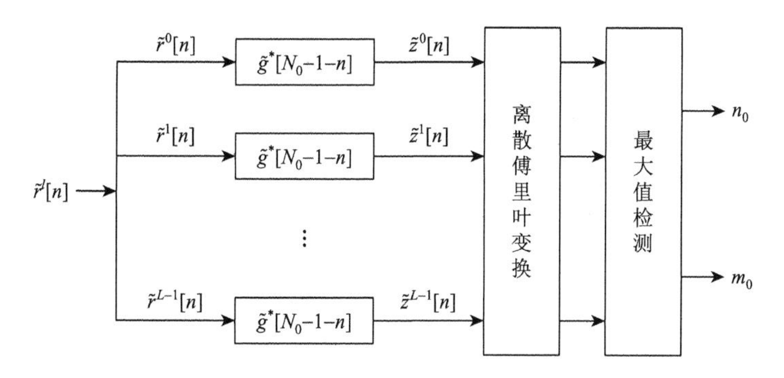

图 1.16　快时-慢时匹配滤波处理框图

时维上的匹配滤波，然后再做快时维上的匹配滤波。类似前面的推理，慢时维的匹配滤波处理等同于对每个距离门的 L 个脉冲回波采样数据的离散傅里叶变换，快时维匹配滤波输入信号为慢时维的匹配滤波的输出。因此，我们有如图 1.17 所示的慢时-快时匹配滤波处理流程。

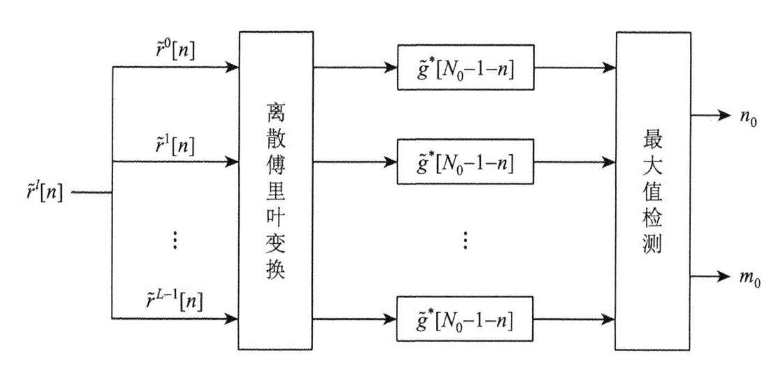

图 1.17　慢时-快时匹配滤波处理框图

图 1.16 和图 1.17 给出的两种基于匹配滤波的目标信息估计方法具有相同的计算量和估计性能。但是，在目标信息输出延迟时间方面，图 1.16 的处理方法优于图 1.17 的方法。这是因为图 1.16 的每个快时维匹配滤波可在获得相应的脉冲回波快时采样后实现，而图 1.17 的处理必须在获取相干处理间隔内所有脉冲回波后才能进行。

图 1.16 和图 1.17 中的慢时维匹配滤波可采用快速傅里叶变换（fast Fourier transform，FFT）计算，为快速实现带来了方便。其实，离散傅里叶变换将不同脉冲回波同一距离门数据在基带积累在一起，形成一个新的距离门数据。正如 1.6.3 节分析的，这种累加将信噪比提升 L 倍，因此，慢时维匹配滤波也称为相干脉冲积累（coherent pulse integration）。

在多目标存在的场合，根据线性叠加原理，多目标回波的处理输出等于多个单目标输出的线性叠加。因此，在距离-速度平面上，多目标将出现多个峰值，每个峰值对应于一个目标，如图 1.18 所示。

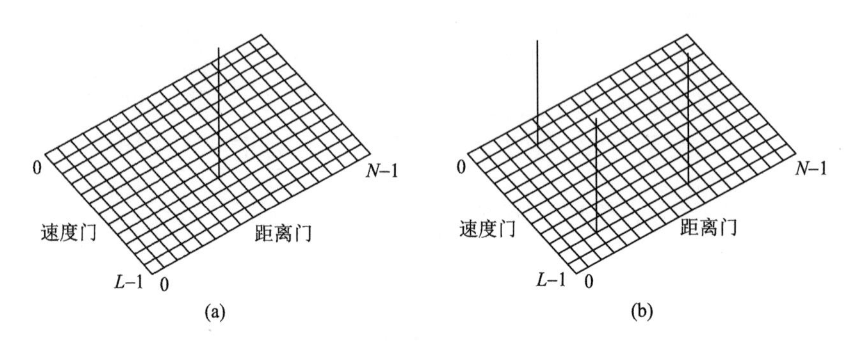

图 1.18　目标在距离-速度平面估计示意图

（a）单目标情形；（b）多目标情形

当获得目标的距离和速度估计后，我们可以采用最小二乘原理实现目标强度的估计：

$$\min_{\tilde{\rho}}\sum_{n=0}^{N-1}\sum_{l=0}^{L-1}\left|\tilde{r}^{l}[n]-\sum_{k=0}^{N-1}\sum_{m=-(L-1)/2}^{(L-1)/2}\tilde{\rho}_{k,m}\tilde{g}[n-k]\exp(\mathrm{j}(2\pi\nu_{m}^{\mathrm{d}}l))\right|^{2} \tag{1.58}$$

其中，$\tilde{\boldsymbol{\rho}}=[\tilde{\rho}_{0,0},\tilde{\rho}_{0,1},\cdots,\tilde{\rho}_{0,L-1},\cdots,\tilde{\rho}_{N-1,0},\tilde{\rho}_{N-1,1},\cdots,\tilde{\rho}_{N-1,L-1}]^{\mathrm{T}}$ 为目标强度向量。

1.6.3　非网格上目标的估计

在实际中，雷达目标不一定位于网格上。在这种情况下，采用式（1.57）进行目标检测获得的距离和速度信息与目标真实距离和速度就存在偏差，而且还有可能出现虚假目标。这是因为对非网格上的目标，快时维和慢时维上的匹配滤波都是失配的，一个目标可能出现在多个距离门和速度门上。图 1.19 给出了目标偏离网格时的距离-速度平面估计示意图。图中假设存在 3 个目标，分别位于网格（2，8）、（15，6.5）和（9.5，3）上。因此，目标 2 的速度偏离速度网格，目标 3 的距离偏离距离网格。由图可见，由于匹配滤波的失配效应，采用图 1.18 的简单峰值估计，将获得 3 个以上的目标。对偏离距离或速度网格上的目标，不能够获得目标的真实信息。

对非网格上目标，可根据图 1.18 网格目标的估计结果，采用插值技术或参数化估计方法提高目标参数估计精度[1]。插值技术，首先将非网格上目标表示

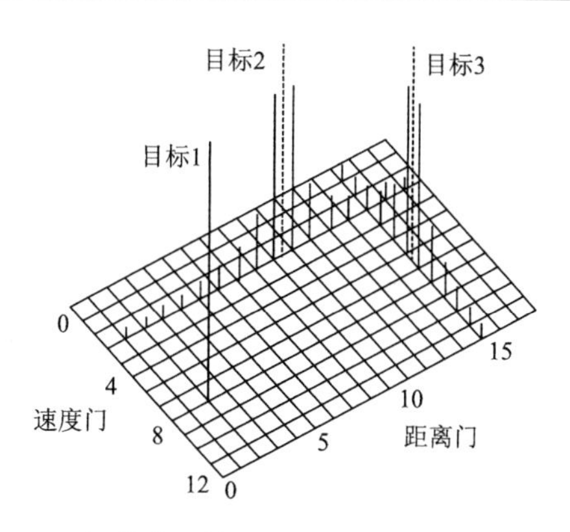

图 1.19　目标偏离网格时的距离-速度平面估计示意图

为网格上目标的线性组合，把非网格上目标的估计问题转化为网格上目标的估计问题；然后通过对网格上目标估计结果进行插值获取非网格上目标的估计。插值技术是基于函数插值逼近原理，因此，不可避免地引入内插误差，影响非网格上目标的估计精度。关于插值技术在目标精细化估计的应用和性能分析，可参考文献[1]，这里不再赘述。参数化估计方法直接根据描述目标回波的参数化模型，采用参数估计方法获得目标估计，具有估计精度高的特点。我们将在第 5 章详细讨论参数化估计方法。

1.6.4　目标检测

目标检测是雷达信号处理的根本任务之一，只有被检测到的目标，其估计参数和后续处理才有实际意义。目标检测可以直接从雷达回波中进行；但是，更一般情况是在回波信号处理后或在多脉冲回波联合处理后展开。这是因为回波强度通常非常弱，经回波处理后可显著提高目标信噪比，继而提高目标检测性能。根据应用背景和目标信息的先验知识不同，目标检测具有不同的形式[7]。本章将根据目标参数估计的需要，简述适应于图 1.16 和图 1.17 的目标检测理论。

图 1.16 和图 1.17 给出的目标处理框图是在多脉冲回波经二维匹配滤波后开展目标检测的。对给定的距离门和速度门，二维匹配处理后的观测数据可简化为

$$\tilde{r} = A\mathrm{e}^{\mathrm{j}\theta} + \tilde{w} \tag{1.59}$$

其中，A 是复幅度；θ 是随机相位；$\tilde{w}$ 为均值为 0 方差为 σ^2 的高斯随机变量。目标检测问题可表述为根据处理数据（1.59）推断目标存在（$\tilde{r} = A\mathrm{e}^{\mathrm{j}\theta} + \tilde{w}$）或目标不存在（$\tilde{r} = \tilde{w}$）。在检测理论中，这一问题通常形象地表述为二元假设检验问题：

$$\begin{cases} H_0 : \tilde{r} = \tilde{w} \\ H_1 : \tilde{r} = A\mathrm{e}^{\mathrm{j}\theta} + \tilde{w} \end{cases} \tag{1.60}$$

即根据数据（1.59），推断 H_0 假设成立，目标不存在；或 H_1 假设成立，目标存在。如果目标不存在，而推断 H_1 假设成立，则检测目标为虚警目标（false-alarm target）；反之，检测目标为漏警目标（missing-alarm target）。

在信号检测理论中，人们提出了多种不同的目标检测策略（贝叶斯（Bayes）准则、最小最大化准则、奈曼-皮尔逊（Neyman-Pearson）准则等[7]）。雷达目标检测中，奈曼-皮尔逊准则是常用的准则。奈曼-皮尔逊准则在保持虚警概率 P_{FA} 不变的情况下，对给定的信噪比，设置合理的检测门限，通过门限检测办法可使得目标检测概率 P_{D} 最大化。

为了设置合理的门限，首先要决定 H_0 假设和 H_1 假设下的观测数据 $\tilde{r}$ 的概率密度函数 $p_{\tilde{r}}(\tilde{r}\,|\,H_0)$ 和 $p_{\tilde{r}}(\tilde{r}\,|\,H_1)$。在这里直接给出结果，详细的推导可参考文献[1]和[3]。对复高斯随机数据，在 H_0 假设下，条件概率密度函数服从概率分布：

$$p_{\tilde{r}}(\tilde{r}\,|\,H_0) = \frac{1}{\pi\sigma^2}\exp\left(-\frac{|\tilde{r}|^2}{\sigma^2}\right) \tag{1.61}$$

在 H_1 假设下，对非散射雷达目标情形，概率密度函数只与观测数据幅度相关。如文献[7]所述，概率密度函数服从概率分布

$$p_{\tilde{r}}(\tilde{r}\,|\,H_0) = \frac{1}{\pi\sigma^2}\exp\left(-\frac{|\tilde{r}|^2 + A^2}{\sigma^2}\right)I_0\left(\frac{2A|\tilde{r}|}{\sigma^2}\right) \tag{1.62}$$

其中，$I_0(\cdot)$ 是第一类修正贝塞尔函数。

在奈曼-皮尔逊准则下，可以得到对数似然比为

$$\ln\Lambda = \ln\left(\frac{p_{\tilde{r}}(\tilde{r}\,|\,H_1)}{p_{\tilde{r}}(\tilde{r}\,|\,H_0)}\right) = \ln\left(I_0\left(\frac{2A|\tilde{r}|}{\sigma^2}\right)\right) - \frac{A^2}{\sigma^2} \underset{H_0}{\overset{H_1}{\gtrless}} \ln T_\Lambda \tag{1.63}$$

其中，T_Λ 为检测门限。将 A^2/σ^2 移到式（1.63）右端，可以获得在检测统计量 $\ln(I_0(2A|\tilde{r}|/\sigma^2))$ 下的改进检测门限 T'_Λ：

$$\ln\left(I_0\left(\frac{2A|\tilde{r}|}{\sigma^2}\right)\right) \underset{H_0}{\overset{H_1}{\gtrless}} \ln T_\Lambda + \frac{A^2}{\sigma^2} \equiv T'_\Lambda \tag{1.64}$$

从式（1.63）和式（1.64）可以看到，对观测数据（1.59），首先计算观测数据的幅度 $|\tilde{r}|$，经尺度运算得到新的观测量 $2A|\tilde{r}|/\sigma^2$，然后将该观测量通过非线性处理 $I_0(\cdot)$，获得检测统计量，最后将统计量与检测门限比较即得到最终检测结果。

应当注意函数 $\ln(I_0(\cdot))$ 是单调递增函数，因此，基于式（1.64）的门限检

测等同于基于 $2A|\tilde{r}|/\sigma^2$ 的门限检测。这就是说，式（1.64）的目标检测可简化为

$$|\tilde{r}| \underset{H_0}{\overset{H_1}{\gtrless}} T \tag{1.65}$$

基于式（1.65）的门限检测称为线性检测器（linear detector），以区别平方率检测器（square-law detector）。

现在的问题是要确定检测门限 T 。为此，需要计算虚警概率。定义变量 $z = |\tilde{r}|$，在 H_0 假设下，随机变量 z 服从瑞利分布（Rayleigh distribution）

$$p_z(z|H_0) = \begin{cases} \dfrac{2z}{\sigma^2}\exp\left(-\dfrac{z^2}{\sigma^2}\right), & z \geqslant 0 \\ 0, & z < 0 \end{cases} \tag{1.66}$$

虚警概率等于

$$P_{\text{FA}} = \int_T^{\infty} p_z(z|H_0)\text{d}z = \exp\left(-\frac{T^2}{\sigma^2}\right) \tag{1.67}$$

用虚警概率表示检测门限，式（1.67）转化为

$$T = \sigma\sqrt{-\ln P_{\text{FA}}} \tag{1.68}$$

式（1.68）表明，根据期望的虚警概率，在观测噪声方差已知的情况下，可以计算出期望的检测门限。

图 1.20 给出了结合图 1.16 和图 1.17 处理流程的目标门限检测结构图。对给定目标距离门和速度门的匹配滤波输出，首先计算其模值，然后进行门限比较，最后输出检测结果，继而决定目标的距离和速度。

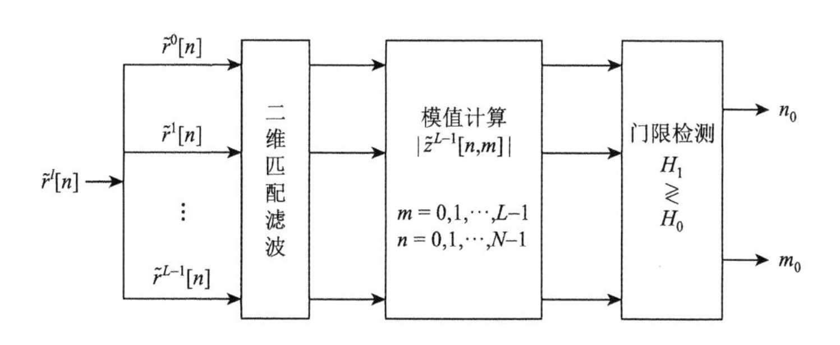

图 1.20　目标门限检测原理框图

为了分析检测性能，可进一步计算目标的检测概率。在 H_1 假设下，随机变量 z 服从莱斯分布（Rice distribution）：

$$p_z(\tilde{r}\mid H_0)=\begin{cases}\dfrac{2z}{\sigma^2}\exp\left(-\dfrac{z^2+A^2}{\sigma^2}\right)I_0\left(\dfrac{2A^2z}{\sigma^2}\right), & z\geqslant 0\\ 0, & z<0\end{cases} \tag{1.69}$$

检测概率等于

$$P_{\mathrm{D}}=\int_T^{\infty}p_z(\tilde{r}\mid H_1)\mathrm{d}z \tag{1.70}$$

由于积分计算的复杂性，人们还没有能够给出检测概率的闭式解。但是，在检测概率计算上通常采用 Marcum Q 函数来表示检测概率。Marcum Q 函数定义为

$$Q_M(\alpha,t)=\int_T^{\infty}t\exp\left(-\frac{1}{2}(t^2+\alpha^2)\right)I_0(\alpha t)\mathrm{d}t \tag{1.71}$$

因此，检测概率可表示为

$$P_{\mathrm{D}}=Q_M\left(\sqrt{\frac{2A^2}{\sigma^2}},\sqrt{\frac{2T^2}{\sigma^2}}\right) \tag{1.72}$$

应当注意 A^2/σ^2 是二维匹配滤波输出的信噪比（见 1.6.2 节讨论），即 $\mathrm{SNR}_{\mathrm{OUT}}=A^2/\sigma^2$。结合式（1.68），式（1.72）又可表示为

$$P_{\mathrm{D}}=Q_M(\sqrt{2\mathrm{SNR}_{\mathrm{OUT}}},\sqrt{-2\ln P_{\mathrm{FA}}}) \tag{1.73}$$

图 1.21 给出了检测概率和虚警概率关系图。图 1.21 表明，在同样的虚警概率下，信噪比越高，检测概率越大。

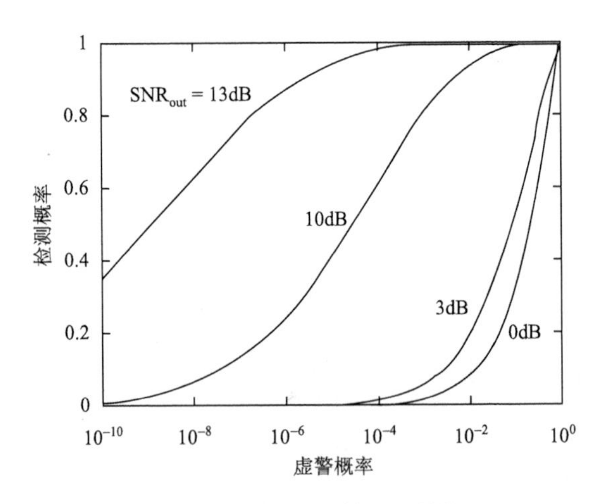

图 1.21　线性门限检测器性能

尽管上述分析是根据图 1.16 和图 1.17 的检测需要对网格上目标展开的，但是，考虑观测模型（1.59）的通用性，式（1.67）的虚警概率和式（1.73）的检

测概率也适应于非网格上的目标。正如 1.6.2 节分析的，非网格上目标将产生信噪比损失，因此，在同样的虚警概率下，非网格上目标的检测概率将低于网格上目标的检测概率。

式（1.68）检测门限是在观测噪声已知情况下获得的，但是，在实际中，噪声参数是未知的。特别地，在一些环境中，描述噪声的参数有可能是时变的（本书没有讨论）。在这种情况下，我们期望目标检测门限能够随着环境的变化而变化，以保持恒定的虚警概率。这就是所谓的恒虚警检测。

对图 1.20 所示的检测应用，可以根据二维匹配滤波输出设计检测窗，用于估计噪声方差，继而决定检测门限。图 1.22 给出了检测窗示意图。图中，“D”表示检测单元，“G”表示保护单元或网格，有可能含有目标。检测单元的噪声方差估计量可计算为

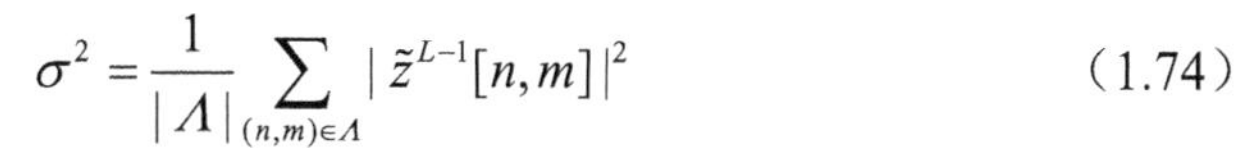

$$\sigma^2 = \frac{1}{|\Lambda|}\sum_{(n,m)\in\Lambda} |\tilde{z}^{L-1}[n,m]|^2 \qquad (1.74)$$

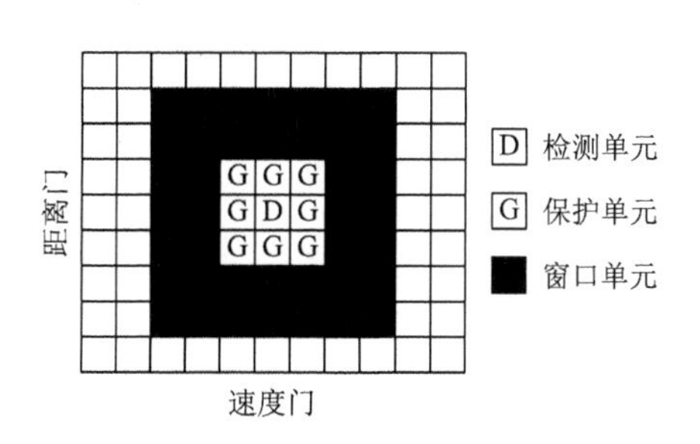

图 1.22　检测窗示意图

其中，Λ 是检测窗内不包含“D”和“G”的单元集合。可以证明，对平稳噪声环境，当检测窗足够大时，式（1.74）可以获得较准确的噪声方差估计。然而，在实际中，由于多目标的存在以及边缘目标检测的需要，可能要采用更加复杂的噪声方差估计方法，如序统计法[1]等。

式（1.74）的噪声方差估计方法是雷达信号处理中常用的方法，称为单元平均法，在稀少目标环境，该方法简单有效，具有恒虚警性能[1, 3]。

1.7　雷达目标处理能力和性能

本章前面几节论述了目标回波模型、回波信号的采样和回波信息的提取。特别地，当采样信号中含有目标信息且当其强度足够大时，目标信息可以被提取出来。但是，在实际中，由于雷达发射功率、脉冲宽度/带宽和脉冲积累数的

影响，提取的目标信息可能不是目标的真实信息。另外，由于噪声的影响，提取的目标信息（特别是非网格上的目标）与目标真实信息存在偏差。本节从目标处理能力和性能角度，阐述这些方面的问题。

1.7.1　模糊目标

模糊目标是脉冲多普勒雷达不可避免的问题，即存在不确定的目标距离或速度或目标距离和速度。考虑图 1.23 所示的雷达发射波形和目标回波示意图。假设目标真实距离为 R_1，相对于雷达发射脉冲延迟时间 Δt。在 0 时刻，雷达发射第 1 个脉冲，该脉冲传播距离 $R_1 = c\Delta t / 2$ 后产生回波 1。在 T 时刻，雷达发射第 2 个脉冲。同样地，第 2 个发射脉冲传播 R_1 后产生回波 2。但是，回波 2 也可能是第 1 个发射脉冲传播 $R_2 = c(T + \Delta t) / 2$ 后的回波。因此，根据第 2 个脉冲发射后接收的回波不能够唯一确定目标是在距离 R_1 或距离 R_2，这就是距离模糊（range ambiguity）问题。为了不产生距离模糊目标问题，对脉冲重复间隔为 T 的雷达波形，雷达目标的最大距离①应满足

$$R_{\max} = c\frac{T}{2} = \frac{c}{2F_{\mathrm{r}}} \tag{1.75}$$

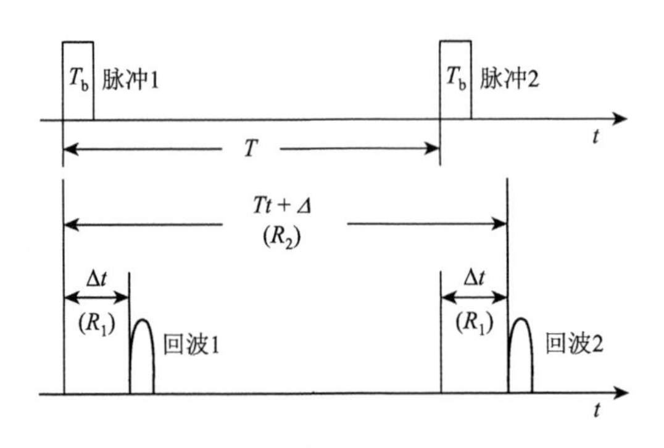

图 1.23　目标距离模糊示意图

关于速度模糊问题，可以根据图 1.10 来进行分析。对于运动目标，不同脉冲产生的回波相当于引入一个频率为 v 的正弦幅度调制信号，而 L 个慢时采样

---

① 根据非模糊距离，也可以得出目标速度的范围。由式（1.4）和式（1.75），可知 $R_0 - VT \leqslant cT/2$，因此 $-(c/2 - R_0/T) \leqslant |V| \leqslant (c/2 - R_0/T)$。一般来说，$R_0/T$ □ $c/2$，这样速度范围可定义为 $-c/2 \leqslant |V| \leqslant c/2$。就一般应用而言，目标的速度是满足这一条件的。但是，这样大的目标速度范围将引起速度模糊，如上面的讨论。

等同于以脉冲重复间隔 T 为采样间隔对这个正弦信号的采样。根据采样定理，采样间隔为 T 的采样信号频率范围为 $[-1/(2T),1/(2T)]$。当目标的实际多普勒频率不在这一范围内时，同距离模糊一样，根据慢时采样获得的目标速度，存在目标速度模糊问题。因此，最大多普勒频率为 $|\nu_{\max}|=1/(2T)$，对应可估计最大目标速度 $V_{\max}$ 为

$$|V_{\max}|=\frac{\lambda}{2}F_{\mathrm{r}}=\frac{\lambda}{2T}(\mathrm{m/s}) \tag{1.76}$$

我们将速度范围 $[-V_{\max},V_{\max}]$ 称为目标的非模糊速度范围。式（1.75）与式（1.76）共同构成了脉冲多普勒雷达非模糊估计范围。例如，对于附录 B 中的雷达参数，雷达最大测距和最大测速分别为 15km 和 150m/s。

目标存在距离或速度模糊为雷达参数选择提供了挑战。从式（1.75）可以看到，为了增大目标测量距离，需要大的脉冲重复间隔 T；但是，从式（1.76）又看到，大的脉冲重复间隔 T 降低了雷达的测速范围。这就要求根据雷达目标距离和运动特性合理地配置雷达参数。本书讨论的目标估计都是指非模糊范围内的目标①。

1.7.2　雷达分辨率

分辨率是雷达的一个重要性能指标，它用来刻画雷达分辨两个相近目标的能力。对两个相同反射强度的雷达目标，如果在雷达接收端产生可分离的两个回波信号，我们认为这两个目标是可分辨的。雷达分辨率具有多种不同形式，如距离分辨率、速度分辨率、空间分辨率等。在这些分辨率中，空间分辨率是由雷达天线决定的。下面讨论目标的距离分辨率和速度分辨率。

对距离分辨率，考虑目标多普勒频率等于 0 的情形。假设雷达两个目标分别位于 R_1 和 R_2，对应的基带回波分别为

$$\begin{cases}\tilde{r}_1(t)=\tilde{\rho}\tilde{x}(t-\tau_1)\\ \tilde{r}_2(t)=\tilde{\rho}\tilde{x}(t-\tau_2)\end{cases} \tag{1.77}$$

其中，$\tau_1=2R_1/c$；$\tau_2=2R_2/c$。正如在 1.1 节讨论的，雷达距离分辨率就是当 R_1 和 R_2 相距多远或 τ_1 和 τ_2 相距多大时，雷达才能区分雷达两个目标的回波。也就是说，对可分辨的目标，其目标的回波差异性要尽可能得大。我们常常采用两个回波的幅度差信号能量来作为差异性判据。在数学上，这种判据表示为

① 我们可以通过交错或随机脉冲重复频率的方式发射雷达信号，以进一步拓展非模糊目标的范围。有兴趣的读者可参考文献[1]。

$$
\begin{aligned}
|\varepsilon|^2 &= \int_0^T |\tilde{r}_1(t) - \tilde{r}_2(t)|^2 \, \mathrm{d}t \\
&= \int_0^T |\tilde{\rho}\tilde{x}(t-\tau_1) - \tilde{\rho}\tilde{x}(t-\tau_2)|^2 \, \mathrm{d}t
\end{aligned} \tag{1.78}
$$

其中，$|\varepsilon|^2$ 是 τ_1 和 τ_2 的二维函数；对可分辨目标而言，$|\varepsilon|^2$ 在目标位置（时延）应具有局部最大值。直接求解式（1.78）存在数学上的困难，但是，可以将式（1.78）转化为 τ_1 和 τ_2 时间差 $\tau = \tau_1 - \tau_2$ 的单变量函数。这是因为通过化简式（1.78）可以得到

$$
|\varepsilon|^2 = 2|\rho|^2 (E_{\tilde{x}} - \mathrm{Re}(R_{\tilde{x}\tilde{x}}(\tau))) \tag{1.79}
$$

其中，$E_{\tilde{x}}$ 和 $R_{\tilde{x}\tilde{x}}(\tau)$ 分别为雷达波形能量和自相关函数：

$$
E_{\tilde{x}} = \int_0^T |\tilde{x}(t)|^2 \, \mathrm{d}t \tag{1.80}
$$

$$
R_{\tilde{x}\tilde{x}}(\tau) = \int_0^T \tilde{x}(t)\tilde{x}^*(t+\tau)\mathrm{d}t \tag{1.81}
$$

式（1.79）表明自相关函数是刻画雷达分辨率的重要函数①。对于给定的 τ，$|\varepsilon|^2$ 越大，雷达距离分辨率越高。为了透彻分析分辨率与自相关函数的关系，采用幅度和相位函数表示 $R_{\tilde{x}\tilde{x}}(\tau)$。这样式（1.79）又可表示为

$$
|\varepsilon|^2 = 2|\tilde{\rho}|^2 (E_{\tilde{x}} - |R_{\tilde{x}\tilde{x}}(\tau)|\cos(\theta_{\tilde{x}\tilde{x}}(\tau))) \tag{1.82}
$$

其中，$\theta_{\tilde{x}\tilde{x}}(\tau)$ 为 $R_{\tilde{x}\tilde{x}}(\tau)$ 的相位；$E_{\tilde{x}}$ 为常数。因此，$|\varepsilon|^2$ 意味着式（1.82）的第二项取小值。这就要求对所有的 $\tau \neq 0$，$|R_{\tilde{x}\tilde{x}}(\tau)|$ 取小值。

从式（1.82）的分析可以看到，如果对所有的 $\tau \neq 0$，$|R_{\tilde{x}\tilde{x}}(\tau)| = 0$，任意两个距离不等的目标都是可以分辨的。这种自相关函数呈倒丁字形，要求雷达波形为冲激函数。但是，冲激雷达波形是不可实现的。在实际雷达中，通常发射脉冲压缩波形。正如在附录 A 中讨论的，这类波形自相关函数 $|R_{\tilde{x}\tilde{x}}(\tau)|$ 在 $\tau = 0$ 时，具有大的能量；在 $\tau = 0$ 附近，呈现幅度衰减一定宽度的主瓣；在 $\tau \neq 0$ 的其他位置，具有低的旁瓣。

自相关函数主瓣的影响和旁瓣的存在，使得雷达不可能实现区分任意两个距离不等的目标。为了刻画任意雷达波形的距离分辨率，人们提出时延分辨常数 τ_{res} 的概念[2]。根据时延分辨常数 τ_{res}，定义一个具有矩形结构的自相关函数，使其与雷达波形的自相关函数 $|R_{\tilde{x}\tilde{x}}(\tau)|$ 具有相同的能量，即

$$
\tau_{\mathrm{res}} |R_{\tilde{x}\tilde{x}}(0)|^2 = \int |R_{\tilde{x}\tilde{x}}(0)|^2 \, \mathrm{d}\tau \tag{1.83}
$$

或

① 本小节讨论的距离分辨率是从两个目标回波信号的差异性角度给出的。式（1.79）清楚地表明雷达信号的自相关函数决定了目标的距离分辨性能。从 1.5 节的讨论，我们看到匹配滤波输出等同于雷达信号的自相关运算，因此，也可以从回波匹配滤波输出研究距离分辨率。

$$\tau_{\text{res}} = \frac{\int |R_{\tilde{x}\tilde{x}}(\tau)|^2 \, \mathrm{d}\tau}{|R_{\tilde{x}\tilde{x}}(0)|^2} \tag{1.84}$$

图 1.24 给出了等效矩形自相关函数关系示意图。根据傅里叶变换性质和帕塞瓦尔定理，可以证明式（1.84）等同于

$$\tau_{\text{res}} = \frac{\int |\tilde{X}(f)|^4 \, \mathrm{d}f}{\left(\int |\tilde{X}(f)|^2 \, \mathrm{d}f\right)^2} \tag{1.85}$$

式（1.85）是时延分辨常数的频域表示。一般说来，τ_{res} 小意味着距离分辨率高，相应的距离分辨率定义为 $\delta R = c\tau_{\text{res}}/2$。时延分辨常数的倒数称为信号的有效带宽[①] B_{eff}：

$$B_{\text{eff}} = \frac{\left(\int |\tilde{X}(f)|^2 \, \mathrm{d}f\right)^2}{\int |\tilde{X}(f)|^4 \, \mathrm{d}f} \tag{1.86}$$

因此，距离分辨率可定义为

$$\delta R = \frac{c}{2B_{\text{eff}}} \tag{1.87}$$

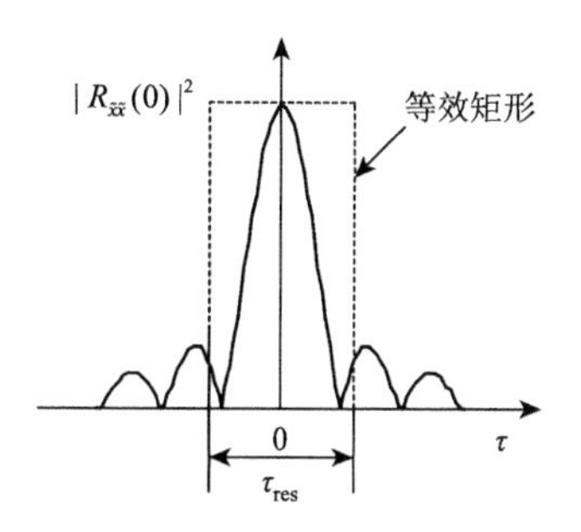

图 1.24　自相关函数等效关系示意图

应当注意式（1.87）给出的是距离分辨率的定义，它只是定性地描述了距离分辨能力。当两个目标间距小于 δR 时，两个目标难以分辨；反之，当两个目标间距大于 δR 时，目标容易分辨。

① 有效带宽是从距离分辨能力给出的，它反映了雷达信号自相关函数频谱的能量分布范围。对一般雷达信号而言，有效带宽正比于一般意义下的信号带宽。类似有效带宽的定义，我们也可定义信号的有效时宽：

$$\tau_{\text{eff}} = \frac{\left(\int |\tilde{x}(t)|^2 \, \mathrm{d}t\right)^2}{\int |\tilde{x}(t)|^4 \, \mathrm{d}t}$$

对雷达信号而言，有效时宽等同于脉冲宽度，它反映了雷达信号与脉冲信号的等效程度。

在实际中，δR 不一定是最小可分辨距离。例如，对于 1.1 节讨论的矩形脉冲信号，其有效带宽等于$1.5/T_b$，大于瑞利带宽；式（1.87）给出的距离分辨率小于瑞利分辨率。理论上，可以根据式（1.79）或式（1.82），计算出最小可分辨距离，但是，它是与雷达波形密切相关的复杂函数，难以给出闭式解析表达式。因此，在工程和实际应用中，我们通常把雷达距离分辨率表示为

$$\delta R = \alpha \frac{c}{B} \tag{1.88}$$

其中，B 是雷达信号带宽；α 是取值在 1～2 的常数因子（$1<\alpha<2$），与雷达波形密切相关。因此，增加信号带宽可以提高目标的距离分辨率。

关于目标的速度分辨率，可以按照同距离分辨率同样的思路进行分析。但是，应当注意到，与目标距离分辨能力不同，采用单脉冲回波，无论从脉冲回波还是匹配滤波输出，都难以实现目标速度分辨。1.5 节分析表明多脉冲回波相干处理有效地提高了目标速度分辨能力。对一个相干处理间隔为 L 个脉冲的情形，采用时域匹配滤波输出离散傅里叶变换的方式计算多普勒频谱。根据傅里叶变换性质，我们知道多普勒分辨率可定义为$\delta D = 1/(LT)$。同式（1.88）一样，在实际中，我们通常把雷达多普勒分辨率表示为

$$\delta D = \alpha \frac{1}{LT} \tag{1.89}$$

因此，为了提升目标多普勒分辨率或速度分辨率，可增加相干积累间隔内的脉冲数量。

1.7.3　信号处理增益

信号处理增益（signal processing gain）是雷达信号处理的一个极其重要的指标，它直接影响了雷达目标检测和后续数据处理。考虑式（1.35）的回波信号，假设只有一个目标存在，其回波信号的信噪比为$\mathrm{SNR}_{\mathrm{IN}}$，经二维匹配滤波处理产生输出峰值信噪比$\mathrm{SNR}_{\mathrm{OUT}}$，信号处理增益定义为

$$G = \frac{\mathrm{SNR}_{\mathrm{OUT}}}{\mathrm{SNR}_{\mathrm{IN}}} \tag{1.90}$$

根据前面的讨论，可以看到，在停跳的假设下，二维匹配滤波处理转化为两个匹配滤波处理的级联。因此，针对图 1.16 所示的快时-慢时匹配序贯处理，假设快时匹配滤波输出的峰值信噪比为$\mathrm{SNR}_{\mathrm{MF}}^{\mathrm{NYQ}}$，则信号处理增益等价于

$$G_{\text{NYQ}} = \frac{\text{SNR}_{\text{MF}}^{\text{NYQ}}}{\text{SNR}_{\text{IN}}} \times \frac{\text{SNR}_{\text{OUT}}}{\text{SNR}_{\text{MF}}^{\text{NYQ}}} = G_{\text{MF}}^{\text{NYQ}} \times G_{\text{DMF}}^{\text{NYQ}} \tag{1.91}$$

其中，$G_{\text{MF}}^{\text{NYQ}} = \text{SNR}_{\text{MF}}^{\text{NYQ}} / \text{SNR}_{\text{IN}}$；$G_{\text{DMF}}^{\text{NYQ}} = \text{SNR}_{\text{OUT}} / \text{SNR}_{\text{MF}}^{\text{NYQ}}$，分别表示快时匹配滤波处理增益和慢时（多普勒域）匹配滤波处理增益。图 1.17 所示的慢时-快时匹配序贯处理具有相同的结果。为了区别于第 4 章讨论压缩域处理增益，我们采用“NYQ”表示相关量是在奈奎斯特采样速率下定义的。

首先讨论网格上目标的处理增益。对于网格上的目标，匹配滤波处理实现完全匹配处理，即没有失配现象。雷达中频信号如式（1.33）所示，假设只有一个强度为ρ的目标，则该目标信噪比为式（1.34），也可表示为

$$\text{SNR}_{\text{IN}} = \frac{|\rho|^2 E_{\text{b}}}{T_{\text{b}} B N_w} \tag{1.92}$$

根据式（1.47）和 1.5 节的分析，可以得出快时匹配滤波输出的信噪比为

$$\text{SNR}_{\text{MF}}^{\text{NYQ}} = \frac{(|\rho_k|^2 E_{\text{b}} / T_{\text{b}}) / (T_{\text{b}} B)}{B N_w} \tag{1.93}$$

结合式（1.92）和式（1.93），快时匹配滤波处理增益为

$$G_{\text{MF}}^{\text{NYQ}} = \frac{\text{SNR}_{\text{MF}}^{\text{NYQ}}}{\text{SNR}_{\text{IN}}} = T_{\text{b}} B \tag{1.94}$$

即等于信号时宽带宽积（time-bandwidth product）。

慢时维匹配滤波处理增益也可以按照式（1.94）的推理进行计算。但是，从式（1.55）可以看到，慢时维匹配滤波处理等同于采用离散傅里叶变换进行线谱估计。众所周知，对长度为L离散频率点上的线谱信号，其离散傅里叶变换产生L倍的增益[8]。因此，对图 1.16 或图 1.17 的慢时处理，其处理增益为

$$G_{\text{DMF}}^{\text{NYQ}} = \frac{\text{SNR}_{\text{OUT}}}{\text{SNR}_{\text{MF}}^{\text{NYQ}}} = L \tag{1.95}$$

结合式（1.94）和式（1.95），网格上目标估计的信号处理增益为

$$G_{\text{NYQ}} = G_{\text{MF}}^{\text{NYQ}} \times G_{\text{DMF}}^{\text{NYQ}} = LBT_{\text{b}} \tag{1.96}$$

式（1.96）表明，可以通过增加信号时宽带宽积和相干处理脉冲数提升信号处理增益。对简单脉冲而言，时宽带宽积近似等于 1；这也进一步说明了，采用脉内调制波形可增加信号处理增益。

对于非网格上目标，正如 1.5.2 节讨论的，快时和慢时匹配滤波都将失配。在这种情况下，信号处理增益达不到网格上目标的处理增益，将产生信号处理

增益损失。在雷达信号处理中，这种损失称为跨骑损失。有关信噪比损失的讨论可参考文献[1]、[3]。

1.8 本 章 小 结

本章介绍了脉冲多普勒雷达基础知识，主要包括雷达信号模型、回波信号采样、目标检测和估计、雷达性能等内容。本章论述的内容是为后续章节服务的，所讨论内容不甚全面和深入，更详尽的讨论可参考文献[1]～[4]。

第 2 章　压缩采样概述

根据第 1 章的讨论，我们认识到信号采样在现代雷达中是极其重要的，它是后续雷达信号数字处理的基础。现行雷达回波采样基本上都是以奈奎斯特采样定理为基础的，其采样速率不低于信号带宽的两倍。对宽带/超宽带雷达而言，奈奎斯特采样意味着高的采样速率和大的采样数据量。数据量大不仅为信号存储和处理带来了困难，而且在组网雷达、星载雷达等应用场合，增加了信号传输的负担。特别地，受制于集成电路的发展水平，当前可用的 ADC 还满足不了宽带/超宽带雷达发展的需要。

近年来发展的压缩采样（compressive sampling，CS）理论以远低于奈奎斯特采样速率的速率采样信号，为宽带雷达信号的发展注入了新的生机。压缩采样，又称为压缩感知（compressed sensing，CS），是过去十多年来信号处理领域快速发展的新的信号采样理论。这一理论可分为离散信号压缩采样和模拟信号压缩采样两部分。前者就是通常所说的压缩采样理论；后者，一般称为模拟信息转换（analog-to-information conversion），简记为模信转换（AIC）。

离散信号压缩采样理论以有限长（有限维）稀疏信号为对象，实现离散信号的降维或压缩表示。所谓的稀疏信号是指其在某基底下展开表示中只有少数表示系数不为 0。通过压缩采样，最大限度地压缩稀疏信号中的冗余量，保留不为 0 系数所表示的信号信息。模信转换是离散信号压缩采样理论在模拟信号采样中的应用，它以稀疏模拟信号为对象，采用低速 ADC 实现模拟信号的欠采样。

压缩采样理论可追溯到 18 世纪关于复指数信号参数估计算法[11]和 20 世纪的 K 个正弦信号最少采样数的证明[12]，这些工作隐喻了压缩采样的思想。特别地，20 世纪 90 年代发展的稀疏信号表示理论[13]和多分量信号的低速采样理论[14]，以及 21 世纪初发展的有限新息率信号采样理论[15]，极大地推动了压缩采样理论的发展。压缩采样理论重要进展归功于文献[16]～[18]的奠基性工作，从理论上严格地证明了稀疏信号可以通过线性、非自适应测量实现低维表示，并能够准确地从低维表示中重构原信号。

压缩采样是一个快速发展的研究领域，准确刻画和描述其基础理论涉及随机场、概率论、优化技术和信号空间理论等知识。完整阐述压缩采样理论超出本书的范围，本章从应用角度，以物理概念介绍为主阐述压缩采样理论基本内容，一些定理和结论的证明可参考相关文献。

2.1 压缩采样一般原理

本节简述压缩采样原理，包括信号稀疏性描述和压缩采样基本流程等内容。

2.1.1 稀疏信号和可压缩信号

稀疏信号和可压缩信号属于信号表示理论研究内容[19]，其基本内涵是通过信号基底或框架①的少数元素的线性组合有效地表示原信号。当这种表示准确时，我们称这类信号为稀疏信号（sparse signals）；可有效近似表示的信号称为可压缩信号（compressible signals）。

首先讨论离散信号稀疏表示，有关模拟信号的稀疏表示将在 2.5 节阐述。考虑由长度为 N 的离散信号组成的信号空间 $\mathbb{C}^N$ 。假设 $\{\tilde{\boldsymbol{\psi}}_k\}_{k=0}^{N-1}$ 构成 $\mathbb{C}^N$ 空间一组基底，这就是说对任意的有限维信号 $\tilde{\boldsymbol{x}}\in\mathbb{C}^N$，可以通过基底向量 $\{\tilde{\boldsymbol{\psi}}_k\}_{k=0}^{N-1}$ 线性组合的方式唯一地表示：

$$\tilde{\boldsymbol{x}}=\sum_{k=0}^{N-1}\tilde{\rho}_k\tilde{\boldsymbol{\psi}}_k \tag{2.1}$$

其中，$\{\tilde{\rho}_k\}_{k=0}^{N-1}$ 称为表示系数。定义矩阵 $\tilde{\boldsymbol{\Psi}}=[\tilde{\boldsymbol{\psi}}_0,\tilde{\boldsymbol{\psi}}_1,\cdots,\tilde{\boldsymbol{\psi}}_{N-1}]\in\mathbb{C}^{N\times N}$ 为 $N\times N$ 的基底矩阵，向量 $\tilde{\boldsymbol{\rho}}=[\tilde{\rho}_0,\tilde{\rho}_1,\cdots,\tilde{\rho}_{N-1}]^{\mathrm{T}}\in\mathbb{C}^N$ 为 N 维系数向量，则式（2.1）可表示为

$$\tilde{\boldsymbol{x}}=\tilde{\boldsymbol{\Psi}}\tilde{\boldsymbol{\rho}} \tag{2.2}$$

类似地，假设 $\tilde{\boldsymbol{\Psi}}\in\mathbb{C}^{N\times L}$ 是由 L（$L>N$）个单位范数列向量组成的信号空间框架，则对任意的 $\boldsymbol{x}\in\check{\mathbb{C}}$，将存在无穷多个 $\tilde{\boldsymbol{\rho}}\in\mathbb{C}^L$ 满足 $\tilde{\boldsymbol{x}}=\tilde{\boldsymbol{\Psi}}\tilde{\boldsymbol{\rho}}$ 。在信号表示理论中，如果系数向量 $\tilde{\rho}$ 满足 $\|\tilde{\boldsymbol{\rho}}\|_0=K\ll N$ ，我们称信号 $\tilde{\boldsymbol{x}}$ 为 K -稀疏信号，向量 $\tilde{\boldsymbol{\rho}}$ 为 K -稀疏向量（sparse vector），其中 $\|\bullet\|_0$ 是 l_0 范数，用于度量向量 $\tilde{\boldsymbol{\rho}}$ 中非零元素的个数。K 也称为信号稀疏数（sparse number），稀疏数 K 越小，稀疏度越大或越高。另外，将 $\tilde{\boldsymbol{\rho}}$ 的非零元素索引组成的集合定义为系数 $\tilde{\boldsymbol{\rho}}$ 的支撑集（support set），记为 $\Lambda\triangleq\mathrm{supp}(\tilde{\boldsymbol{\rho}})=\{k:\tilde{\rho}_k\neq 0\}$ ；记 Σ_K 为稀疏数不大于 K 的所有稀疏信号集合。

稀疏信号表示的是一个非线性分解模型，这是因为一个信号在一组字典下

① 在信号表示理论中，通常把信号空间基底或框架分别称为字典或过完备字典，字典元素称为原子。

是稀疏的，在另外一组字典下不一定是稀疏的。例如，Σ_K 中的信号 $\tilde{\boldsymbol{x}}$ 和 $\tilde{\boldsymbol{z}}$，其组合 $\tilde{\boldsymbol{x}}+\tilde{\boldsymbol{z}}$ 不一定属于 Σ_K；但是，$\tilde{\boldsymbol{x}}+\tilde{\boldsymbol{z}}$ 一定属于 Σ_{2K}。因此，K-稀疏信号的线性组合不一定是 K-稀疏的。

实际中的信号，除了特殊情况，一般说来都不是严格稀疏的，但是可以采用稀疏信号有效地近似表示。我们把这类信号称为可压缩信号。可压缩信号的典型特征是基底展开系数向量中只有少数元素具有大的幅度，而大部分元素的幅度接近于零或比较小。为了刻画近似表示的近似程度，人们定义 l_p 范数近似误差度量准则为

$$\sigma_K(\tilde{\boldsymbol{x}})_p = \min_{\hat{\boldsymbol{x}}\in\Sigma_K} \|\hat{\boldsymbol{x}}-\tilde{\boldsymbol{x}}\|_p \tag{2.3}$$

它反映了 $\tilde{\boldsymbol{x}}\in\mathbb{C}^N$ 与 K-稀疏信号 $\hat{\boldsymbol{x}}\in\mathbb{C}^N$ 的接近程度。因此，对于属于 Σ_K 的信号 $\tilde{\boldsymbol{x}}$，$\sigma_K(\boldsymbol{x})_p=0$。对于 l_p 范数误差 $\sigma_K(\tilde{\boldsymbol{x}})_p$ 小的信号 $\tilde{\boldsymbol{x}}$，可以简单地令小幅度元素为 0，将信号 $\tilde{\boldsymbol{x}}$ 近似为 K-稀疏的。实际上，可将可压缩信号分解为

$$\tilde{\boldsymbol{x}} = \hat{\boldsymbol{x}} + \tilde{\boldsymbol{e}} \tag{2.4}$$

其中，$\hat{\boldsymbol{x}}\in\Sigma_K$；$\tilde{\boldsymbol{e}}$ 表示误差信号。因此，可压缩信号又可理解为受观测噪声 $\tilde{\boldsymbol{e}}$ 污染的稀疏信号。这种解释使得我们可以在稀疏表示下，统一研究稀疏信号或可压缩信号的压缩采样。

我们以第 1 章讨论的雷达回波模型（式（1.49））为例，说明雷达回波的稀疏性。与第 1 章符号一致，假设 $\tilde{\boldsymbol{g}}\in\mathbb{C}^{N_0}$ 是雷达基带波形在一个脉宽内的采样向量，$\tilde{\boldsymbol{x}}\in\mathbb{C}^N$ 表示雷达回波在一个脉冲重复间隔内的采样。我们可以形成字典 $\tilde{\boldsymbol{\Psi}}=[\tilde{\boldsymbol{\psi}}_0,\tilde{\boldsymbol{\psi}}_1,\cdots,\tilde{\boldsymbol{\psi}}_{N-1}]\in\mathbb{C}^{N\times N}$，其中字典原子 $\tilde{\boldsymbol{\psi}}_k\in\mathbb{C}^N$ 定义为

$$\tilde{\boldsymbol{\psi}}_k = \begin{cases} [\underbrace{0,\cdots,0}_{k},\tilde{\boldsymbol{g}}^{\mathrm{T}},\underbrace{0,\cdots,0}_{N-N_0-k}]^{\mathrm{T}}, & 0\leqslant k\leqslant N-N_0 \\ [\underbrace{0,\cdots,0}_{k},\tilde{\boldsymbol{g}}_k^{\mathrm{T}}], & N-N_0<k\leqslant N-1 \end{cases} \tag{2.5}$$

式（2.5）中的 $\tilde{\boldsymbol{g}}_k$ 是抽取 $\tilde{\boldsymbol{g}}$ 前 $N-k$ 个元素形成的子向量。考虑网格上静止目标情形，则雷达回波信号 $\tilde{\boldsymbol{x}}$ 可用式（2.1）或式（2.2）表示，其中 $\tilde{\rho}_k$ 对应第 k 个目标的反射系数。在实际环境中，目标的个数远远小于距离门数，也就是说，相当多的 $\rho_k=0$，$\|\boldsymbol{\rho}\|_0 \ll N$，因此，可以认为雷达回波信号在字典 $\tilde{\boldsymbol{\Psi}}$ 下是稀疏的或目标是稀疏的。式（2.5）定义的雷达波形字典与雷达发射波形相一致，通常称为波形匹配字典（waveform-matched dictionary，见第 3 章）。

实际雷达接收的目标回波信号不仅包含可检测的目标，还包括许多小的不可检测目标，不可检测目标强度小于可检测目标强度，可检测目标回波构成了雷达接收回波信号的主要成分。在这种情况下，雷达回波可以理解为可压缩信号。

雷达回波的稀疏性或可压缩性为欠采样雷达的发展提供了重要的现实依据。

2.1.2 压缩采样流程

根据 2.1.1 节稀疏信号表示，我们可以看到长度为 N 的信号，其有用信息可以通过不为零的系数及其位置进行表示。那么，我们是否可以采用少的数据或低维信号表示稀疏信号？

我们还是从 2.1.1 节的雷达回波来解释这一问题。对在字典（2.5）下表示的目标回波，反射系数向量为

$$\tilde{\boldsymbol{\rho}} = \tilde{\boldsymbol{\Psi}}^{-1}\tilde{\boldsymbol{x}} \tag{2.6}$$

对稀疏目标情形，$\tilde{\boldsymbol{\rho}}$ 中只有 K 个元素不为 0。现假设知道不为 0 元素的位置，即 $\tilde{\boldsymbol{\rho}}$ 的稀疏位置或支撑集 $\varLambda$ 是已知的，则可以定义一个 $K \times N$ 的抽取矩阵 $\boldsymbol{H}$，用以提取 $\tilde{\boldsymbol{\rho}}$ 中不为 0 的目标。矩阵 $\boldsymbol{H}$ 的每行只有一个元素等于 1 而其他元素都等于 0，其中 $\boldsymbol{H}$ 中的第 1 行等于 1 的元素所在的列对应于 $\tilde{\boldsymbol{\rho}}$ 中第一个不为 0 的稀疏位置，第 2 行等于 1 的元素所在的列对应于 $\tilde{\boldsymbol{\rho}}$ 中第二个不为 0 的稀疏位置，其他依次类推。在 $\boldsymbol{H}$ 作用下，可以获得一个低维向量 $\tilde{\boldsymbol{y}} \in \mathbb{C}^K$：

$$\begin{aligned}\tilde{\boldsymbol{y}} &= \boldsymbol{H}\tilde{\boldsymbol{\rho}} \\ &= \boldsymbol{H}\tilde{\boldsymbol{\Psi}}^{-1}\tilde{\boldsymbol{x}}\end{aligned} \tag{2.7}$$

式（2.7）中的 $\boldsymbol{H}$ 运算相当于抽取矩阵 $\tilde{\boldsymbol{\Psi}}^{-1}$ 对应 $\tilde{\boldsymbol{\rho}}$ 中不为 0 目标所在的行向量。将 $\tilde{\boldsymbol{x}} = \tilde{\boldsymbol{\Psi}}\tilde{\boldsymbol{\rho}}$ 代入式（2.7），可得

$$\tilde{\boldsymbol{y}} = \boldsymbol{H}\tilde{\boldsymbol{\Psi}}^{-1}\tilde{\boldsymbol{\Psi}}\tilde{\boldsymbol{\rho}} \tag{2.8}$$

为了与压缩采样理论符号一致，定义 $\tilde{\boldsymbol{\Phi}} = \tilde{\boldsymbol{H}}\tilde{\boldsymbol{\Psi}}^{-1}$，式（2.8）转化为

$$\tilde{\boldsymbol{y}} = \tilde{\boldsymbol{\Phi}}\tilde{\boldsymbol{\Psi}}\tilde{\boldsymbol{\rho}} = \tilde{\boldsymbol{\Phi}}\tilde{\boldsymbol{x}} \tag{2.9}$$

在 $\tilde{\boldsymbol{\Phi}}$ 的作用下，式（2.9）实现了高维向量 $\tilde{\boldsymbol{x}}$ 到低维向量 $\tilde{\boldsymbol{y}}$ 的映射。

那么是否可以通过 $\tilde{\boldsymbol{y}}$ 重构或恢复 $\tilde{\boldsymbol{x}}$？为此，定义矩阵 $\tilde{\boldsymbol{A}} \triangleq \tilde{\boldsymbol{\Phi}}\tilde{\boldsymbol{\Psi}}$，并令矩阵 $\boldsymbol{A}_\varLambda$ 表示由支撑集 $\varLambda$ 对应的 $\boldsymbol{A}$ 中的列向量组成的子矩阵，向量 $\tilde{\boldsymbol{\rho}}_\varLambda$ 表示由支撑集 $\varLambda$ 对应的 $\tilde{\boldsymbol{\rho}}$ 中的元素形成的子向量，则式（2.9）可简化为

$$\tilde{\boldsymbol{y}} = \tilde{\boldsymbol{A}}_\varLambda\tilde{\boldsymbol{\rho}}_\varLambda \tag{2.10}$$

如果矩阵 $\tilde{\boldsymbol{A}}_\varLambda$ 是列满秩的，$\tilde{\boldsymbol{A}}_\varLambda$ 的左逆 $\tilde{\boldsymbol{A}}_\varLambda^\dagger$ 存在，即 $\tilde{\boldsymbol{A}}_\varLambda^\dagger = (\tilde{\boldsymbol{A}}_\varLambda^{\mathrm{H}}\tilde{\boldsymbol{A}}_\varLambda)^{-1}\tilde{\boldsymbol{A}}_\varLambda^{\mathrm{H}}$，则 $\tilde{\boldsymbol{\rho}}_\varLambda$ 可计算为

$$\tilde{\boldsymbol{\rho}}_\varLambda = \boldsymbol{A}_\varLambda^\dagger\boldsymbol{y} \tag{2.11}$$

因此，当知道 $\tilde{\boldsymbol{\rho}}$ 中不为0的元素位置，即知道 $\tilde{\boldsymbol{\rho}}$ 的支撑集 Λ，可以从 $\tilde{\boldsymbol{y}}$ 恢复 $\tilde{\boldsymbol{\rho}}$，继而从 $\tilde{\boldsymbol{\rho}}$ 按照式（2.2）计算原信号 $\tilde{\boldsymbol{x}}$。我们把已知稀疏位置时通过式（2.11）估计稀疏向量的方法称为基准估计法[20]①。

式（2.9）和式（2.11）表明低维信号 $\tilde{\boldsymbol{y}}$ 有效地表示了稀疏向量 $\tilde{\boldsymbol{\rho}}$ 或稀疏信号 $\tilde{\boldsymbol{x}}$，没有丢失信号 $\tilde{\boldsymbol{x}}$ 的任何信息。应该注意到，向量 $\tilde{\boldsymbol{y}}$ 的维数等于 $\tilde{\boldsymbol{x}}$ 的稀疏数 K，小于向量 $\tilde{\boldsymbol{\rho}}$ 或 $\tilde{\boldsymbol{x}}$ 的维数，因此，完全可以采用低维信号表示高维稀疏信号。特别地，当 $K \ll N$ 时，式（2.9）表明可以采用非常少的数据表示稀疏信号，实现信号的“压缩采样”。

然而，在实际中，向量 $\tilde{\boldsymbol{\rho}}$ 中不为0元素的位置和数量都是未知的。这就要求设计有效的矩阵 $\tilde{\boldsymbol{\Phi}} \in \mathbb{C}^{M \times N}$，确保向量 $\tilde{\boldsymbol{y}}$ 不丢失向量 $\tilde{\boldsymbol{\rho}}$ 的信息，以便 $\tilde{\boldsymbol{y}}$ 有效表示 $\tilde{\boldsymbol{\rho}}$，并同时能够从 $\tilde{\boldsymbol{y}}$ 恢复 $\tilde{\boldsymbol{\rho}}$ 或 $\tilde{\boldsymbol{x}}$。矩阵 $\tilde{\boldsymbol{\Phi}}$ 行数 M 应满足 $M \geqslant K$，这是因为 $\tilde{\boldsymbol{\rho}}$ 中包含了 K 个未知元素。

在压缩采样理论中，向量 $\tilde{\boldsymbol{y}}$ 称为压缩采样或压缩测量（compressive measurement），矩阵 $\tilde{\boldsymbol{\Phi}}$ 称为测量矩阵（measurement matrix），矩阵 $\tilde{\boldsymbol{\Psi}}$ 称为基底矩阵（basis matrix），矩阵 $\tilde{\boldsymbol{A}}$ 称为感知矩阵（sensing matrix）；式（2.9）称为压缩测量方程，又可表示为②

$$\tilde{\boldsymbol{y}} = \tilde{\boldsymbol{A}}\tilde{\boldsymbol{\rho}} \tag{2.12}$$

将上述原理推广到一般情形，可以将压缩采样流程表述如下：

（1）稀疏表示：对有限长信号 $\tilde{\boldsymbol{x}} \in \mathbb{C}^N$，在基底 $\tilde{\boldsymbol{\Psi}} \in \mathbb{C}^{N \times N}$ 下展开③；采用稀疏向量 $\tilde{\boldsymbol{\rho}} \in \mathbb{C}^N$，将信号 $\tilde{\boldsymbol{x}}$ 表示为 $\tilde{\boldsymbol{x}} = \tilde{\boldsymbol{\Psi}}\tilde{\boldsymbol{\rho}}$。

（2）压缩测量：设计测量矩阵 $\tilde{\boldsymbol{\Phi}} \in \mathbb{C}^{M \times N}$ 或感知矩阵 $\tilde{\boldsymbol{A}} \in \mathbb{C}^{M \times N}$，获得压缩测量 $\tilde{\boldsymbol{y}} = \tilde{\boldsymbol{\Phi}}\tilde{\boldsymbol{x}} = \tilde{\boldsymbol{A}}\tilde{\boldsymbol{\rho}}$。

（3）信号重构：根据压缩测量 $\tilde{\boldsymbol{y}}$、测量矩阵 $\tilde{\boldsymbol{\Phi}}$ 和基底矩阵 $\tilde{\boldsymbol{\Psi}}$，设计有效算法重构稀疏向量 $\tilde{\boldsymbol{\rho}}$ 或信号 $\tilde{\boldsymbol{x}}$。

在这三个基本过程中，信号稀疏表示是压缩采样的基础，压缩测量和信号重构是压缩采样的核心。

---

① 在英文文献中，基于式（2.11）的稀疏系数估计称为 oracle estimator。本书把它翻译成基准估计法，这是因为式（2.11）的估计实现了稀疏向量可能达到的最优估计。基准估计法是稀疏向量重构算法的重要组成部分（见2.3节）。

② 在压缩采样文献中，感知矩阵和测量矩阵、稀疏信号和稀疏向量通常交叉使用。为了避免混淆，本书把表示稀疏信号的向量称为稀疏向量，把面向稀疏向量测量的矩阵定义为感知矩阵，面向稀疏信号测量的矩阵定义为测量矩阵。

③ 当采用框架表示稀疏信号时，稀疏向量的维数将不小于稀疏信号的维数。

2.2 测量矩阵构造

高维信号的压缩采样是通过测量矩阵 $\tilde{\boldsymbol{\Phi}}$ 获得的，设计有效的 $\tilde{\boldsymbol{\Phi}}$ 以确保 $\tilde{\boldsymbol{y}}$ 不丢失 $\tilde{\boldsymbol{x}}$ 的信息是压缩采样的根本。但是，应该注意到，测量矩阵 $\tilde{\boldsymbol{\Phi}}$ 的设计与信号 $\tilde{\boldsymbol{x}}$ 的稀疏表示基底矩阵 $\tilde{\boldsymbol{\Psi}}$ 密切相关，这是因为同一个信号在不同字典下具有不同的稀疏性。因此，我们常常通过感知矩阵 $\tilde{\boldsymbol{A}}$ 研究稀疏向量 $\tilde{\boldsymbol{\rho}}$ 的可重构性(reconstructability)。另外，从应用的角度，最好能够提供感知矩阵的设计流程或算法，以使压缩测量 $\tilde{\boldsymbol{y}}$ 能够有效地表示信号 $\tilde{\boldsymbol{x}}$ 。然而，这样的感知矩阵设计是一个复杂的问题（见文献[21]中 6.1 节），当前还没有普遍可接受的有效的通用设计流程。人们只是揭示了感知矩阵 $\tilde{\boldsymbol{A}}$ 应满足的条件，并发现了一些满足相应条件的典型感知矩阵。鉴于压缩感知理论的当前发展，本节阐述感知矩阵应满足的条件（也称为可重构条件）、感知矩阵构造原理和常用的感知矩阵。

2.2.1 可重构条件

式（2.12）的测量方程是无噪声情况下的测量模型。在实际中，观测信号不可避免地受噪声影响，因此，一般的测量方程可表示为

$$\tilde{\boldsymbol{y}} = \tilde{\boldsymbol{A}}\tilde{\boldsymbol{\rho}} + \tilde{\boldsymbol{w}}_{\mathrm{cs}} \tag{2.13}$$

其中， $\tilde{\boldsymbol{w}}_{\mathrm{cs}} \in \mathbb{C}^M$ 为测量噪声。

感知矩阵设计的根本问题是实现尽可能少的测量（测量个数 M 尽可能地接近稀疏数 K ），同时确保式（2.12）或式（2.13）中的稀疏向量 $\tilde{\boldsymbol{\rho}}$ 具有唯一可辨识性。业已发展的可重构条件主要包括零空间（null space）条件、约束等距特性（restricted isometry property，RIP）和相干性（coherence）等。其中，零空间条件没有考虑观测噪声，而后两个条件具有普适性。考虑到本书论述的压缩测量，下面重点介绍后两个条件。

1. 约束等距特性[22]

约束等距特性是空间框架概念在子空间 Σ_K 的延伸。

定义 2.1 对于感知矩阵 $\tilde{\boldsymbol{A}}$ ，如果存在常数 $\delta_K \in (0,1)$ ，使所有的 $\tilde{\boldsymbol{\rho}} \in \Sigma_K$ 满足

$$(1-\delta_K)\|\tilde{\boldsymbol{\rho}}\|_2^2 \leqslant \|\tilde{\boldsymbol{A}}\tilde{\boldsymbol{\rho}}\|_2^2 \leqslant (1+\delta_K)\|\tilde{\boldsymbol{\rho}}\|_2^2 \tag{2.14}$$

则称矩阵 $\tilde{\boldsymbol{A}}$ 满足 K 阶约束等距特性（K-RIP），其中 δ_K 称为约束等距常数

(restricted isometry constant，RIC)。当 δ_K 取最小值时，$(1+\delta_K)$ 和 $(1-\delta_K)$ 为约束等距特性紧致上下界①。

考虑式 (2.1) 或式 (2.2) 在框架 $\tilde{\boldsymbol{\Psi}} \in \mathbb{C}^{N\times L}(N<L)$ 下表示的信号 $\tilde{\boldsymbol{x}}$，则

$$\lambda_{\min}\|\tilde{\boldsymbol{x}}\|_2^2 \leqslant \|\tilde{\boldsymbol{\Psi}}^{\mathrm{H}}\tilde{\boldsymbol{x}}\|_2^2 \leqslant \lambda_{\max}\|\tilde{\boldsymbol{x}}\|_2^2 \tag{2.15}$$

其中，$\lambda_{\max}$ 和 $\lambda_{\min}$ 分别是框架 $\tilde{\boldsymbol{\Psi}}$ 的上界和下界。框架描述了信号在框架展开后能量的近似不变性或称为保范性。类似地，RIP 刻画了稀疏向量 $\tilde{\boldsymbol{\rho}}$ 压缩测量后的保范性；特别地，如果矩阵 $\tilde{\boldsymbol{A}}$ 满足 K-RIP 且 $\delta_K \to 0$，矩阵 $\tilde{\boldsymbol{A}}$ 的所有 $M\times K$ 的子矩阵近似于等距映射，压缩测量不会降低 K-稀疏信号的能量。

例如，考虑 $K=1$ 的简单情形。假设 $\tilde{\boldsymbol{\rho}} \in \Sigma_1$，非零元素为 $\tilde{\rho}_k$，则其 1 阶 RIP 为

$$(1-\delta_1)|\tilde{\rho}_k|^2 \leqslant \|\tilde{\boldsymbol{a}}_k\|_2^2|\tilde{\rho}_k|^2 \leqslant (1+\delta_1)|\tilde{\rho}_k|^2,\quad 0\leqslant k\leqslant N-1 \tag{2.16}$$

其中，$\tilde{\boldsymbol{a}}_k$ 是 $\tilde{\boldsymbol{A}}$ 的第 k 列。式 (2.16) 等同于

$$1-\delta_1 \leqslant \|\tilde{\boldsymbol{a}}_k\|_2^2 \leqslant 1+\delta_1 \tag{2.17}$$

因此，当矩阵 $\tilde{\boldsymbol{A}}$ 列向量的 2 范数近似等于 1 时，矩阵 $\tilde{\boldsymbol{A}}$ 满足 1 阶 RIP。式 (2.16) 也表明了压缩测量后信号能量近似不变。但是，对于维数大的测量矩阵和稀疏度小的信号，直接计算 RIC 是相当困难的，这是因为需要遍历矩阵 $\tilde{\boldsymbol{A}}$ 的所有 $M\times K$ 的子矩阵，即 $\begin{bmatrix} N \\ K \end{bmatrix}$ 个子矩阵。

如果矩阵 $\tilde{\boldsymbol{A}}$ 满足 $2K$-RIP 且 δ_{2K} 较小，则任意两个 K-稀疏向量之间的距离在压缩测量后依然近似保持不变，这是因为 K-稀疏向量 $\tilde{\boldsymbol{\rho}}_1$ 和 $\tilde{\boldsymbol{\rho}}_2$ 的向量差 $\tilde{\boldsymbol{\rho}} = \tilde{\boldsymbol{\rho}}_1 - \tilde{\boldsymbol{\rho}}_2 \in \Sigma_{2K}$（稀疏数不超过 $2K$）。当矩阵 $\tilde{\boldsymbol{A}}$ 满足 RIC 为 δ_K 的 K-RIP 时，对任意 $K'<K$，矩阵 $\tilde{\boldsymbol{A}}$ 满足 RIC 为 $\delta_{K'} \leqslant \delta_K$ 的 K'-RIP。RIP 的这些性质为设计重构算法重构不同的 K-稀疏信号提供了条件保证。2.3 节的讨论将证明，当矩阵 $\tilde{\boldsymbol{A}}$ 满足 $2K$-RIP 时，大多数算法可以从噪声测量方程（式 (2.13)）中恢复 K-稀疏信号。也就是说，矩阵 $\tilde{\boldsymbol{A}}$ 满足 $2K$-RIP 是大多数稀疏信号恢复算法的充分条件。但是，矩阵 $\tilde{\boldsymbol{A}}$ 的 RIP 下界却是稀疏信号恢复的必要条件。这可从稳定性算法的概念来进行分析[20]。

定义 2.2　对压缩测量方程 (2.13)，假设 $\Delta: \mathbb{C}^M \to \mathbb{C}^N$ 是稀疏向量的重构算法，如果对任意 $\tilde{\boldsymbol{\rho}} \in \Sigma_K$ 和 $\tilde{\boldsymbol{w}}_{\mathrm{cs}}$，感知矩阵 $\tilde{\boldsymbol{A}}$ 满足

$$\|\Delta(\tilde{\boldsymbol{A}}\tilde{\boldsymbol{\rho}}+\tilde{\boldsymbol{w}}_{\mathrm{cs}})-\tilde{\boldsymbol{\rho}}\|_2 \leqslant C\|\tilde{\boldsymbol{w}}_{\mathrm{cs}}\|_2 \tag{2.18}$$

---

① 在一些文献中，不等式 (2.14) 常常定义成 $\alpha\|\tilde{\boldsymbol{\rho}}\|_2^2 \leqslant \|\tilde{\boldsymbol{A}}\tilde{\boldsymbol{\rho}}\|_2^2 \leqslant \beta\|\tilde{\boldsymbol{\rho}}\|_2^2$，其中 $0<\alpha\leqslant\beta<\infty$。如果将矩阵 $\tilde{\boldsymbol{A}}$ 按照系数 $\sqrt{2/(\beta+\alpha)}$ 缩放成矩阵 $\bar{\boldsymbol{A}}$，可以证明当 $\delta_k=(\beta-\alpha)/(\beta+\alpha)$ 时，矩阵 $\bar{\boldsymbol{A}}$ 满足式 (2.14) 的 RIP 不等式。本书采用式 (2.14) 定义的 RIP 不等式。

则称 $(\tilde{\boldsymbol{A}},C)$ 是 C-稳定的。

$(\tilde{\boldsymbol{A}},C)$ 是 C-稳定的意味着当压缩测量含有弱噪声时，重构信号中的噪声能量正比于测量噪声能量。下面定理证明了矩阵 $\tilde{\boldsymbol{A}}$ 的 RIP 下界是任何稀疏重构算法的必要条件。

定理 2.1 如果 $(\tilde{\boldsymbol{A}},C)$ 是 C-稳定的，则对所有的 $\tilde{\boldsymbol{\rho}}\in\Sigma_{2K}$，有

$$\frac{1}{C}\|\tilde{\boldsymbol{\rho}}\|_2\leqslant\|\tilde{\boldsymbol{A}}\tilde{\boldsymbol{\rho}}\|_2 \tag{2.19}$$

证明 设 $\tilde{\boldsymbol{u}}$ 和 $\tilde{\boldsymbol{v}}$ 是稀疏数不大于 K 的向量，即 $\tilde{\boldsymbol{u}}\in\Sigma_K$，$\tilde{\boldsymbol{v}}\in\Sigma_K$。定义向量 $\tilde{\boldsymbol{e}}_u=\tilde{\boldsymbol{A}}(\tilde{\boldsymbol{v}}-\tilde{\boldsymbol{u}})/2$，$\tilde{\boldsymbol{e}}_v=\tilde{\boldsymbol{A}}(\tilde{\boldsymbol{u}}-\tilde{\boldsymbol{v}})/2$，则 $\tilde{\boldsymbol{e}}_u\in\Sigma_{2K}$，$\tilde{\boldsymbol{e}}_v\in\Sigma_{2K}$，且关系式 $\tilde{\boldsymbol{A}}\tilde{\boldsymbol{u}}+\tilde{\boldsymbol{e}}_v=\tilde{\boldsymbol{A}}\tilde{\boldsymbol{v}}+\tilde{\boldsymbol{e}}_u$ 成立。因此，$\Delta(\tilde{\boldsymbol{A}}\tilde{\boldsymbol{u}}+\tilde{\boldsymbol{e}}_v)=\Delta(\tilde{\boldsymbol{A}}\tilde{\boldsymbol{v}}+\tilde{\boldsymbol{e}}_u)$。令 $\tilde{\boldsymbol{\rho}}=\tilde{\boldsymbol{u}}-\tilde{\boldsymbol{v}}$，则根据定义 2.2 和三角不等式原理：

$$\begin{aligned}\|\tilde{\boldsymbol{\rho}}\|_2&=\|\tilde{\boldsymbol{u}}-\tilde{\boldsymbol{v}}\|_2\\&=\|\tilde{\boldsymbol{u}}-\Delta(\tilde{\boldsymbol{A}}\tilde{\boldsymbol{u}}+\tilde{\boldsymbol{e}}_v)+\Delta(\tilde{\boldsymbol{A}}\tilde{\boldsymbol{v}}+\tilde{\boldsymbol{e}}_u)-\tilde{\boldsymbol{v}}\|_2\\&\leqslant\|\Delta(\tilde{\boldsymbol{A}}\tilde{\boldsymbol{u}}+\tilde{\boldsymbol{e}}_v)-\tilde{\boldsymbol{u}}\|_2+\|\Delta(\tilde{\boldsymbol{A}}\tilde{\boldsymbol{v}}+\tilde{\boldsymbol{e}}_u)-\tilde{\boldsymbol{v}}\|_2\\&\leqslant C\|\tilde{\boldsymbol{e}}_v\|_2+C\|\tilde{\boldsymbol{e}}_u\|_2\\&=C\|\tilde{\boldsymbol{A}}(\tilde{\boldsymbol{u}}-\tilde{\boldsymbol{v}})\|_2/2+C\|\tilde{\boldsymbol{A}}(\tilde{\boldsymbol{v}}-\tilde{\boldsymbol{u}})\|_2/2\\&=C\|\tilde{\boldsymbol{A}}\tilde{\boldsymbol{\rho}}\|_2\end{aligned} \tag{2.20}$$

即式（2.19）成立。

从式（2.19）可以看到，当 $C\to1$ 时，矩阵 $\tilde{\boldsymbol{A}}$ 满足式（2.14）的下界，其 RIC $\delta_{2K}=1-1/C^2\to0$。这就是说，为了提高信号的恢复质量，即降低恢复信号中的噪声，矩阵 $\tilde{\boldsymbol{A}}$ 应满足 RIP 紧致下界，即最小的 δ_K。

定理 2.1 给出了可重构的必要条件，且只与 RIP 下界有关。因此，只要矩阵 $\tilde{\boldsymbol{A}}$ 满足 RIC 为 $\delta_{2K}<1$ 的 RIP，对任意常数 C，可以缩放矩阵 $\tilde{\boldsymbol{A}}\to\alpha\tilde{\boldsymbol{A}}$ 且使 $\alpha\tilde{\boldsymbol{A}}$ 满足式（2.19）。这就是说，噪声功率独立于矩阵 $\tilde{\boldsymbol{A}}$ 的选择，通过缩放矩阵 $\tilde{\boldsymbol{A}}$ 可改变压缩测量中的信号增益；当信号增益与噪声无关时，可以任意地放大信号或提高重构信号的信噪比。但是，在实际中，矩阵 $\tilde{\boldsymbol{A}}$ 是不能够任意缩放的，这是因为许多实际环境中的噪声并不是独立于矩阵 $\tilde{\boldsymbol{A}}$ 的。例如，假设压缩测量信号存在于区间 $[-T,T]$，测量噪声 $\tilde{\boldsymbol{w}}_{\mathrm{cs}}$ 是由有限动态范围的量化器产生的量化噪声。当对矩阵 $\tilde{\boldsymbol{A}}$ 按照比例 α 进行缩放时，压缩测量范围变为 $[-\alpha T,\alpha T]$；在这种情况下，必须按照缩放比例 α 缩放量化器动态范围，因此量化误差也按照同样的比例 α 进行了缩放，也就是说，重构信号的信噪比没有得到改善。

2. 相干性[23]

K-RIP 能够很好地确保稀疏信号的可重构性，但是，如何确定矩阵 $\tilde{\boldsymbol{A}}$ 满足

K-RIP 是实际应用时必须考虑的问题。为了计算 K-RIP，需要遍历矩阵 $\tilde{\boldsymbol{A}}$ 的所有 $M\times K$ 的子矩阵，即 $\begin{bmatrix} N \\ K \end{bmatrix}$ 个子矩阵；当信号的维数较高时计算复杂度高，不利于实际应用。为此，人们提出了可计算的简易可重构条件——相干系数。

定义 2.3　矩阵 $\tilde{\boldsymbol{A}}$ 的相干系数 $\mu(\tilde{\boldsymbol{A}})$ 是指 $\tilde{\boldsymbol{A}}$ 的任意两个列向量 $\tilde{\boldsymbol{a}}_i$ 和 $\tilde{\boldsymbol{a}}_j$ 间的最大互相关系数：

$$\mu(\tilde{\boldsymbol{A}}) = \max_{0\leqslant i<j\leqslant N-1} \frac{|\langle \tilde{\boldsymbol{a}}_i, \tilde{\boldsymbol{a}}_j \rangle|}{\|\tilde{\boldsymbol{a}}_i\|_2 \|\tilde{\boldsymbol{a}}_j\|_2} \tag{2.21}$$

相干系数度量了矩阵 $\tilde{\boldsymbol{A}}$ 中任意两个列向量的相似程度。当 $\mu(\tilde{\boldsymbol{A}})$ 值较小时，我们通常说矩阵 $\tilde{\boldsymbol{A}}$ 是非相干的。与 K-RIP 相比较，矩阵 $\tilde{\boldsymbol{A}}$ 的相干系数是容易计算的。

对单位范数列向量组成的矩阵 $\tilde{\boldsymbol{A}}$，其相干系数满足

$$\mu(\tilde{\boldsymbol{A}}) \in [\sqrt{(N-M)/M(N-1)}, 1]$$

其中，下界值 $\sqrt{(N-M)/M(N-1)}$ 称为 Welch 界[24]。当 $N \gg M$ 时，$\mu(\tilde{\boldsymbol{A}})$ 的 Welch 界可近似表示为 $\mu(\tilde{\boldsymbol{A}}) \geqslant 1/\sqrt{M}$。

定理 2.2　如果 $\mu(\tilde{\boldsymbol{A}})$ 满足

$$K < \frac{1}{2}\left(1+\frac{1}{\mu(\tilde{\boldsymbol{A}})}\right) \tag{2.22}$$

则式（2.12）存在最多一个 K-稀疏解。

定理 2.2 不仅给出了可重构的充分条件，同时与 Welch 界相结合给出了稀疏数与矩阵 $\tilde{\boldsymbol{A}}$ 维数的关系，$K \leqslant (1+\sqrt{M(N-1)/(N-M)})/2$。当 $N \gg M$ 时，$K \leqslant (\sqrt{M}+1)/2$。同样地，这个稀疏数范围也是充分条件，实际中可能估计的稀疏系数个数一般大于定理 2.2 确定的稀疏数。

相干系数 $\mu(\tilde{\boldsymbol{A}})$ 与 K-RIP 特性有着直接的关系，如下面定理所述。

定理 2.3　假设矩阵 $\tilde{\boldsymbol{A}}$ 由单位范数列向量组成，其相干系数为 $\mu(\tilde{\boldsymbol{A}})$，则矩阵 $\tilde{\boldsymbol{A}}$ 满足 RIC 为 $\delta_K \leqslant (K-1)\mu(\tilde{\boldsymbol{A}})$ 的 K-RIP 特性。

2.2.2　感知矩阵构造

在讨论感知矩阵构造之前，首先探讨稀疏数与压缩测量个数的关系，这直接关系到感知矩阵的大小。其实，根据矩阵 $\tilde{\boldsymbol{A}}$ 相干系数的概念，定理 2.2 已经给出了这种关系，即 $K \leqslant (1+\sqrt{M(N-1)/(N-M)})/2$ 或

$$M > \frac{N(2K-1)^2}{N-1+(2K-1)^2} \tag{2.23}$$

当 $N \gg M$ 时，式（2.23）简化为 $M > (2K-1)^2$。

类似地，根据 K-RIP 特性[22]，人们发现当矩阵 $\tilde{\boldsymbol{A}}$ 满足 K 阶 RIP 且 $\delta_K \in (0,1)$ 时，有

$$M \geqslant \frac{1}{2}\left(\frac{K-1}{\delta_K} - K\right) \tag{2.24}$$

式（2.24）表明，对给定的稀疏数 K，压缩测量个数随着 RIC δ_K 的减小而增大。特别地，当矩阵 $\tilde{\boldsymbol{A}}$ 满足 $2K$ 阶 RIP 且 $\delta_{2K} \in (0,1/2]$ 时，有

$$M \geqslant CK\log\left(\frac{N}{K}\right) \tag{2.25}$$

其中 $C = 1/(2\log(\sqrt{24}+1)) \approx 0.28$。

应当注意，式（2.23）～式（2.25）给出的测量个数，都是满足 RIP 或相干系数条件的充分条件。在实际应用中，对于给定的稀疏数，压缩测量个数可能小于式（2.23）～式（2.25）给出的测量个数。

测量矩阵构造或设计是压缩采样理论核心问题之一。人们根据 RIP、相干系数或 Spark 条件（本章没有论述），构造了多种多样的测量矩阵，如范德蒙德矩阵[25]、Alltop 序列矩阵[26]、随机行抽取傅里叶矩阵[16]等。特别地，将基底矩阵与测量矩阵结合，人们给出了确定性感知矩阵的设计方法[27]。但是，这些构造的矩阵存在数值不稳定、测量矩阵大等问题，实用性不强。

然而，人们从随机矩阵的观点，有效地解决了根据可重构条件设计感知矩阵的问题。特别地，当感知矩阵元素满足高斯分布、伯努利分布，或更一般地亚高斯分布时，设计的感知矩阵满足可重构条件。这些矩阵具有普适性，为压缩采样理论应用提供了方便，极大地推动了压缩采样理论的发展和应用。

定理 2.4[28]　假设矩阵 $\bar{\boldsymbol{A}}$ 是 $M \times N$ 的亚高斯矩阵，其行向量或列向量是线性独立的，则对稀疏数 $K \in [1,N]$ 和常数 $\delta \in (0,1)$，当测量个数为

$$M \geqslant C\delta^{-2}K\log\left(\frac{eN}{K}\right) \tag{2.26}$$

时，矩阵 $\tilde{\boldsymbol{A}} = (1/\sqrt{M})\bar{\boldsymbol{A}}$ 以不少于 $1-2\exp(-c\delta^2 M)$ 的概率满足 K-RIP，RIC $\delta_K(\tilde{\boldsymbol{A}}) \leqslant \delta$，其中常数 C 和 $c > 0$ 与 $\bar{\boldsymbol{A}}$ 的行或列分布有关。

定理 2.4 说明了如果按照亚高斯分布设计矩阵 $\tilde{\boldsymbol{A}}$，压缩测量个数取 $M = \mathcal{O}(K\log(N/K)/\delta_{2K}^2)$，则矩阵 $\tilde{\boldsymbol{A}}$ 以不少于 $1-2\exp(-c\delta_{2K}^2 M)$ 的概率满足 $2K$ 阶 RIP。与式（2.25）相比，定理 2.4 给出的测量个数达到了满足 $2K$ 阶 RIP 的下界。类似地，人们发现按照均匀分布行抽取的傅里叶矩阵、有界正交矩阵的随

机子矩阵等也满足 $2K$ 阶 RIP。在实际中，随机矩阵不一定满足 RIP，但是有可能以高概率实现稀疏信号的恢复。

定理 2.4 是以 RIP 给出的。关于相干系数的条件，人们发现如果亚高斯分布具有 0 均值和有限的方差，则在随着 M 和 N 增加的渐近区域，相干系数收敛到 $\mu(\tilde{A})=\sqrt{(2\log N)/M}$ 。

采用随机感知矩阵为压缩采样理论的应用提供了很大方便。在实际中，感知矩阵 $\tilde{\boldsymbol{A}}=\tilde{\boldsymbol{\Phi}}\tilde{\boldsymbol{\Psi}}$ ，与基底矩阵 $\tilde{\boldsymbol{\Psi}}$ 密切相关；而在前面的讨论中，并没有考虑基底矩阵。那么，是不是首先根据 $\tilde{\boldsymbol{A}}=\tilde{\boldsymbol{\Phi}}\tilde{\boldsymbol{\Psi}}$ 计算测量矩阵 $\tilde{\boldsymbol{\Phi}}$ ，然后采用 $\tilde{\boldsymbol{\Phi}}$ 实现稀疏信号 $\tilde{\boldsymbol{x}}$ 的压缩测量 $\tilde{\boldsymbol{y}}=\tilde{\boldsymbol{\Phi}}\tilde{\boldsymbol{x}}$？答案是否定的，这是因为当 $\tilde{\boldsymbol{A}}$ 矩阵按照高斯或亚高斯分布设计时，对于正交基的情形，$\tilde{\boldsymbol{A}}\tilde{\boldsymbol{\Psi}}$ 也具有同样的分布。因此，当压缩测量个数 M 足够大时，$\tilde{\boldsymbol{A}}\tilde{\boldsymbol{\Psi}}$ 也以高概率满足 RIP。这就是说，可以采用随机感知矩阵直接实现稀疏信号的压缩测量。因此，随机感知矩阵具有“普适性”。

2.3　重构算法和性能

信号重构是指利用信号的压缩测量和感知矩阵恢复出原信号。式（2.12）具有无穷多个解，这是因为式（2.12）是一个欠定线性系统（ $M<N$ ）。但是，对稀疏的 $\tilde{\boldsymbol{\rho}}$ 或 $\tilde{\boldsymbol{x}}$，当感知矩阵或测量矩阵满足一定条件时，可以获得唯一的解。基于不同的求解思想，人们提出了不同的求解算法，主要包括 l_1 优化算法（ l_1-optimization algorithms）、贪婪算法（greedy algorithms）、组合优化算法（combinational optimization algorithms）等[29]。本节简述 l_1 优化算法、贪婪算法和相应的性能。

2.3.1　l_1 优化算法

基于 l_1 优化算法的信号重构起源于求解 l_0 优化问题。求解式（2.12）的稀疏解在数学上可表示为

$$\begin{cases}\hat{\boldsymbol{\rho}}=\arg\min\limits_{\tilde{\rho}}\|\tilde{\boldsymbol{\rho}}\|_0\\ \text{s.t.}\quad \tilde{\boldsymbol{y}}=\tilde{\boldsymbol{A}}\tilde{\boldsymbol{\rho}}\end{cases}\tag{2.27}$$

式（2.27）的意义在于寻找满足 $\tilde{\boldsymbol{y}}=\tilde{\boldsymbol{A}}\tilde{\boldsymbol{\rho}}$ 的最稀疏的 $\tilde{\boldsymbol{\rho}}$ 。对噪声观测环境情形，假设观测能量误差有限且小于常数 ε，稀疏求解转化为

$$\begin{cases}\hat{\boldsymbol{\rho}}=\arg\min\limits_{\tilde{\rho}}\|\tilde{\boldsymbol{\rho}}\|_0\\ \text{s.t.}\quad \|\tilde{\boldsymbol{y}}-\tilde{\boldsymbol{A}}\tilde{\boldsymbol{\rho}}\|_2^2\leqslant\varepsilon\end{cases}\tag{2.28}$$

式（2.27）和式（2.28）定义了求解稀疏问题的 l_0 优化模型。应当注意，从

优化的观点，l_0 模型是非凸优化问题，难以获得全局最优解。另外，对于一般的感知矩阵，求解式（2.27）和式（2.28）是一个多项式复杂程度的非确定性（non-deterministic polynomial，NP）难题。

为了有效求解式（2.27）和式（2.28），人们采用 l_1 范数凸近似代替 l_0 范数，将 l_0 优化模型转化为 l_1 优化模型，即

$$\begin{cases}\hat{\boldsymbol{\rho}} = \arg\min\limits_{\tilde{\boldsymbol{\rho}}} \|\tilde{\boldsymbol{\rho}}\|_1 \\ \text{s.t.} \quad \tilde{\boldsymbol{y}} = \tilde{\boldsymbol{A}}\tilde{\boldsymbol{\rho}}\end{cases} \tag{2.29}$$

和

$$\begin{cases}\hat{\boldsymbol{\rho}} = \arg\min\limits_{\tilde{\boldsymbol{\rho}}} \|\tilde{\boldsymbol{\rho}}\|_1 \\ \text{s.t.} \quad \|\tilde{\boldsymbol{y}} - \tilde{\boldsymbol{A}}\tilde{\boldsymbol{\rho}}\|_2 \leqslant \varepsilon\end{cases} \tag{2.30}$$

式（2.30）等同于无约束优化模型：

$$\hat{\boldsymbol{\rho}} = \arg\min_{\tilde{\boldsymbol{\rho}}} \|\tilde{\boldsymbol{\rho}}\|_1 + \lambda \|\tilde{\boldsymbol{y}} - \tilde{\boldsymbol{A}}\tilde{\boldsymbol{\rho}}\|_2^2 \tag{2.31}$$

其中，常数 $\lambda > 0$，与式（2.30）中的 ε 具有一对一的映射关系。

l_1 优化是凸优化，可采用线性规划的方法求解。在信号处理领域，式（2.29）和式（2.30）通常称为基追随和降噪基追随问题[30]，业已发展多种方法用于获得式（2.30）或式（2.31）的解，在公共网上可以下载一些通用 MATLAB 软件，如 CVX[31]、SPGL1[32]和 FISTA[33]等。其中 CVX 通用性强，适用于模型（2.30）或（2.31），采用内点法计算量大，不利于大规模稀疏优化问题；SPGL1 和 FISTA 采用一阶梯度近似，具有计算量小、速度快的优点，可分别求解问题（2.30）和（2.31）。关于这些软件使用和相应的计算方法，在这里不再赘述，可参考文献[31]～[33]。

优化模型（2.30）和（2.31）在数学上是等效的，但是，难以准确获得 ε 和 λ 的一对一的映射关系。在雷达信号处理应用中，ε 对应于雷达回波信号的背景噪声，因此，模型（2.30）具有一定的实用性。对均值为 0、方差为 σ^2 的高斯白噪声，观测能量误差 ε 可设置为 $\sigma\sqrt{M + 2\sqrt{M\log M}}$ [34]。本书后续的仿真实验常常采用 SPGL1 获得式（2.30）的稀疏解。

l_1 优化模型的应用是压缩采样理论重要贡献之一。但是，l_1 优化模型能够获得与 l_0 优化模型相同的解吗？这个问题实质上是稀疏向量的 l_p 模的近似问题。考虑图 2.1 所示的二维空间点 $\boldsymbol{x}$，现采用一维仿射子空间（直线 s）中的一个点 $\bar{\boldsymbol{x}}$ 来近似。定义近似误差为 $\|\boldsymbol{x} - \bar{\boldsymbol{x}}\|_p$，即 l_p 模误差。从图 2.1 可以看出，不同的 p 产生不同的近似点 $\bar{\boldsymbol{x}}$，而且 $\bar{\boldsymbol{x}}$ 的二维坐标贡献不同。随着 p 的增大，l_p 模误差逐渐均匀分布在二维坐标上。当 $p \leqslant 1$ 时，l_p 模误差只由 $\bar{\boldsymbol{x}}$ 的二维坐

标的一个坐标产生，也就是说 $\bar{\boldsymbol{x}}$ 是稀疏的。推广到高维空间情形，人们发现可以采用 l_p 模（$0<p\leqslant 1$）来代替 l_0 模获得稀疏解。在压缩采样理论中，也有一些文献论述通过 l_p 模（$0<p<1$）获得稀疏解。但是，l_1 优化相对简单易于实现。

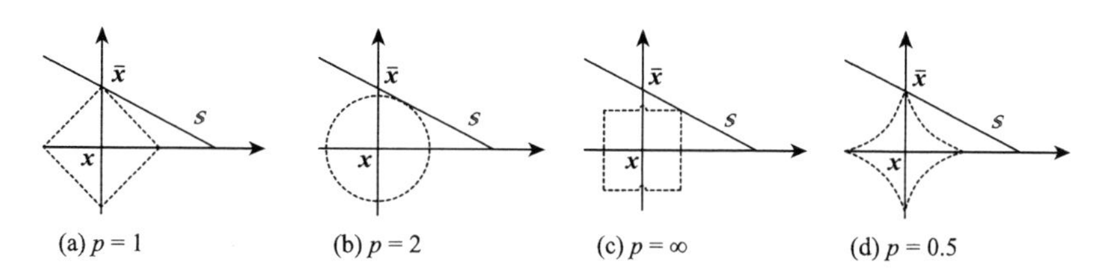

图 2.1　l_p 模近似关系示意图

2.3.2　贪婪算法

另一类求解稀疏解的重要算法是贪婪算法。贪婪算法是基于启发式思维形成的迭代算法，并不是求解 l_1 优化模型的算法。贪婪算法首先假设 $\tilde{\boldsymbol{\rho}}=0$，然后采用迭代的方式逐步估计支撑集和支撑集对应的稀疏系数。典型的贪婪算法包括匹配追踪（matching pursuit，MP）算法[34]和正交匹配追踪（orthogonal matching pursuit，OMP）算法[35]等，上述二者差别在于稀疏系数的估计方法。

MP 算法假设在第 l 步获得稀疏向量 $\tilde{\boldsymbol{\rho}}$ 部分元素的估计向量 $\tilde{\boldsymbol{\rho}}^l$。根据 $\tilde{\boldsymbol{\rho}}^l$，可以计算估计残差向量 $\tilde{\boldsymbol{r}}^l=\tilde{\boldsymbol{y}}-\tilde{\boldsymbol{A}}\tilde{\boldsymbol{\rho}}^l$。残差向量代表了没有估计的稀疏元素对测量的贡献。MP 从感知矩阵中选取与 $\tilde{\boldsymbol{r}}^l$ 最大相关的向量，并由此决定下一个稀疏元素的估计量。

稀疏位置估计：

$$\lambda_l=\arg\max_{\lambda}\frac{|\langle\tilde{\boldsymbol{r}}^l,\tilde{\boldsymbol{a}}^{\lambda}\rangle|}{\|\tilde{\boldsymbol{a}}^{\lambda}\|^2}\tag{2.32}$$

稀疏系数估计：

$$\tilde{\rho}_{\lambda_l}=\frac{\langle\tilde{\boldsymbol{r}}^l,\tilde{\boldsymbol{a}}^{\lambda_l}\rangle}{\|\tilde{\boldsymbol{a}}^{\lambda_l}\|^2}\tag{2.33}$$

其中，$\tilde{\boldsymbol{a}}^{\lambda}$ 代表 $\tilde{\boldsymbol{A}}$ 的第 λ 个列向量。将索引 λ_l 添加到估计稀疏向量 $\tilde{\boldsymbol{\rho}}^l$，获得比 $\tilde{\boldsymbol{\rho}}^l$ 更加准确的估计。重复上述迭代过程，当满足终止条件时，MP 输出稀疏向量的估计。MP 算法计算流程如表 2.1 所示。

表 2.1　MP 算法计算流程

输入参数：$\tilde{\boldsymbol{A}}$ ，$\tilde{\boldsymbol{y}}$ ，终止条件。

起始设置：$\tilde{\boldsymbol{r}}^0=\tilde{\boldsymbol{y}}$ ，$\tilde{\boldsymbol{\rho}}^0=0$ ，$l=0$ 。

循环计算：$\tilde{\boldsymbol{h}}^l=\tilde{\boldsymbol{A}}^{\mathrm{H}}\tilde{\boldsymbol{r}}^l$ ；

$\lambda_l=\arg\max\limits_{\lambda}|\tilde{\boldsymbol{h}}_\lambda^l|/\|\boldsymbol{a}^\lambda\|^2$ ；

$\tilde{\boldsymbol{\rho}}^{l+1}=\tilde{\boldsymbol{\rho}}^l+\tilde{\boldsymbol{h}}_{\lambda_l}^l/\|\boldsymbol{a}^{\lambda_l}\|^2$ ；

$\tilde{\boldsymbol{r}}^{l+1}=\tilde{\boldsymbol{r}}^l-\boldsymbol{a}^{\lambda_l}\tilde{\boldsymbol{h}}_{\lambda_l}^l/\|\boldsymbol{a}^{\lambda_l}\|^2$ ；

$l=l+1$ 。

当满足终止条件时，输出 $\hat{\tilde{\boldsymbol{\rho}}}=\tilde{\boldsymbol{\rho}}^l$ 。

从 MP 算法的流程可以看出，MP 算法是将稀疏信号分解成感知矩阵列向量的线性组合，采用迭代的方式，每次估计一个稀疏元素。这种思想显著地降低了直接求解式（2.27）的复杂度。式（2.32）和式（2.33）给出的稀疏位置和稀疏幅度估计实际上是求解

$$(\lambda,\hat{\rho}^\lambda)=\arg\min_{\lambda,\rho^\lambda}\|\tilde{\boldsymbol{r}}^l-\tilde{\boldsymbol{a}}^\lambda\tilde{\rho}^\lambda\| \tag{2.34}$$

与 MP 每次迭代只更新估计的稀疏元素不同，OMP 每次迭代时更新所有业已估计的稀疏元素。假设在第 l 步获得稀疏向量 $\tilde{\boldsymbol{\rho}}$ 的估计向量 $\tilde{\boldsymbol{\rho}}^l$，对应的支撑集为 Λ^l，残差向量为 $\tilde{\boldsymbol{r}}^l$ 。OMP 首先同 MP 算法一样按照式（2.32）决定给予残差 $\tilde{\boldsymbol{r}}^l$ 的稀疏位置，更新支撑集 $\Lambda^{l+1}=\Lambda^l\cup\{\lambda_l\}$，然后采用基准算法计算

$$\hat{\boldsymbol{\rho}}_{\Lambda^{l+1}}=\arg\min_{\tilde{\boldsymbol{\rho}}_{\Lambda^{l+1}}}\|\tilde{\boldsymbol{y}}-\tilde{\boldsymbol{A}}_{\Lambda^{l+1}}\tilde{\boldsymbol{\rho}}_{\Lambda^{l+1}}\| \tag{2.35}$$

获得当前迭代的稀疏向量估计。重复上述迭代过程，当满足终止条件时，OMP 输出稀疏向量的估计。OMP 算法计算流程如表 2.2 所示。

表 2.2　OMP 算法计算流程

输入参数：$\tilde{\boldsymbol{A}}$ ，$\tilde{\boldsymbol{y}}$ ，终止条件。

起始设置：$\tilde{\boldsymbol{r}}^0=\tilde{\boldsymbol{y}}$ ，$\tilde{\boldsymbol{\rho}}^0=0$ ，$\Lambda^0=\varnothing$ ，$l=0$ 。

循环计算：$\tilde{\boldsymbol{h}}^l=\tilde{\boldsymbol{A}}^{\mathrm{H}}\tilde{\boldsymbol{r}}^l$ ；

$\lambda_l=\arg\max\limits_{\lambda}|\tilde{\boldsymbol{h}}_\lambda^l|/\|\tilde{\boldsymbol{a}}^\lambda\|^2$ ；

$\Lambda^{l+1}=\Lambda^l\cup\{\lambda_l\}$ ；

$\hat{\boldsymbol{\rho}}_{\Lambda^{l+1}}=\arg\min\limits_{\tilde{\boldsymbol{\rho}}_{\Lambda^{l+1}}}\|\tilde{\boldsymbol{y}}-\tilde{\boldsymbol{A}}_{\Lambda^{l+1}}\tilde{\boldsymbol{\rho}}_{\Lambda^{l+1}}\|$

$\tilde{\boldsymbol{r}}^{l+1}=\tilde{\boldsymbol{y}}-\tilde{\boldsymbol{A}}_{\Lambda^{l+1}}\tilde{\boldsymbol{\rho}}^{l+1}$ ；

$l=l+1$ 。

当满足终止条件时，输出 $\hat{\tilde{\boldsymbol{\rho}}}=\tilde{\boldsymbol{\rho}}^l$ 。

贪婪算法物理概念清晰、实现方便、计算量小，可达到与 l_1 优化算法相当的性能，获得广泛的应用。根据支撑集和支撑集对应的稀疏系数更新方式，人们又发展了不同类型的贪婪算法，如阈值类贪婪算法[36, 37]等。

贪婪算法收敛判据是贪婪算法研究的一个重要方面。这是因为在每次迭代时都增加新的稀疏元素，当不能够正确设置终止条件时，将引入虚假稀疏元素，影响重构质量。一般来说，在先验知识（如稀疏数、噪声强度等）已知的情况下，可以设计终止条件在完全估计稀疏元素后终止算法[34]。在缺少先验知识的情况下，根据残差的判据可能要花费比稀疏数大的迭代次数。文献[38]给出了在没有先验知识情况下，可以实现接近稀疏数的迭代次数终止条件。

贪婪算法实现方便，噪声环境中不需要知道噪声能量的大小。就 l_1 优化算法而言，在不知道噪声能量的情况下，依然可以通过求解式（2.31）获得稀疏解。

2.3.3　算法性能

2.2.1 节讨论了基于压缩测量的可重构条件，2.3.1 节和 2.3.2 节介绍了稀疏信号的基本重构算法。在满足可重构条件的情况下，这些算法重构性能如何？或者说重构误差有多大？重构误差通常采用均方根误差（RMSE）或相对均方根误差（rRMSE）进行度量，它们分别定义为 $\text{RMSE}=\|\tilde{\boldsymbol{\rho}}-\hat{\boldsymbol{\rho}}\|_2$ 和 $\text{rRMSE}=\|\tilde{\boldsymbol{\rho}}-\hat{\boldsymbol{\rho}}\|_2/\|\tilde{\boldsymbol{\rho}}\|_2$，简记为重构误差和相对重构误差。

当采用 l_1 优化重构模型（2.30）重构稀疏信号时，对式（2.13）的压缩测量，$\tilde{\boldsymbol{y}}=\tilde{\boldsymbol{A}}\tilde{\boldsymbol{\rho}}+\tilde{\boldsymbol{w}}_{\text{cs}}$，假设测量噪声是有界噪声，$\|\tilde{\boldsymbol{w}}_{\text{cs}}\|_2\leqslant\varepsilon<\infty$，在感知矩阵 $\tilde{\boldsymbol{A}}$ 满足 RIC 为 $\delta_{2K}<\sqrt{2}-1$ 的 $2K$ 阶 RIP 的情况下，重构误差为[17]

$$\|\hat{\boldsymbol{\rho}}-\tilde{\boldsymbol{\rho}}\|_2\leqslant C_0\frac{\sigma_K(\tilde{\boldsymbol{\rho}})_1}{\sqrt{K}}+C_2\varepsilon \tag{2.36}$$

其中

$$C_0=2\frac{1-(1-\sqrt{2})\delta_{2K}}{1-(1+\sqrt{2})\delta_{2K}},\quad C_2=4\frac{\sqrt{1+\delta_{2K}}}{1-(1+\sqrt{2})\delta_{2K}}$$

当 $\varepsilon=0$ 时，式（2.36）退化到无噪声情形的重构误差。常数 C_0 和 C_2 是 δ_{2K} 的单调递增函数；在 $[0,\sqrt{2}-1)$ 范围内，C_0 和 C_2 变化平稳，当 δ_{2K} 接近 $\sqrt{2}-1$ 时，C_0 和 C_2 趋于无穷。因此，RIC δ_{2K} 越小，重构性能越好或重构误差越小。

在感知矩阵的相干系数满足 $\mu<1/(4K-1)$ 的情况下，l_1 优化重构误差为[39]

$$\| \hat{\boldsymbol{\rho}} - \tilde{\boldsymbol{\rho}} \|_2 \leqslant \frac{2\varepsilon}{\sqrt{1-\mu(4K-1)}} \tag{2.37}$$

类似地，相干系数越小，重构误差越小。

当采用 OMP 算法重构稀疏信号时，假设感知矩阵 $\tilde{\boldsymbol{A}}$ 的相干系数满足 $\mu < 1/(4K-1)$，当残差误差能量 $\|\boldsymbol{r}\|_2 \leqslant \varepsilon$ 时，OMP 估计信号误差为[39]

$$\| \hat{\boldsymbol{\rho}} - \tilde{\boldsymbol{\rho}} \|_2 \leqslant \frac{\varepsilon}{\sqrt{1-\mu(K-1)}} \tag{2.38}$$

其中，假设 $\varepsilon \leqslant \alpha(1-\mu(2K-1))/2$，$\alpha$ 是可估计的稀疏向量 $\tilde{\boldsymbol{\rho}}$ 元素的下界。

OMP 算法尽管简单，但是其采用 RIP 的性能分析比较复杂；在不同的假设下，揭示了不同的重构性能。一个重要结果是，如果 $\delta_{26K} < 1/6$，OMP 在第 $24K$ 次迭代时的重构误差满足（见文献[21]中的定理 6.25）

$$\| \hat{\boldsymbol{\rho}} - \tilde{\boldsymbol{\rho}} \|_2 \leqslant C_0 \frac{\sigma_K(\tilde{\boldsymbol{\rho}})_1}{\sqrt{K}} + C_2 \varepsilon \tag{2.39}$$

其结果与式（2.36）一致。式（2.39）中的常数 C_0 和 C_2 只与 δ_{26K} 有关。

稀疏重构性能分析是压缩感知理论的重要内容之一，人们基于不同的假设获得了不同的结果，式（2.36）～式（2.39）只是当前发展的部分成果。这些分析揭示了采用具有小的 RIP 常数或相关系数的感知矩阵，可以提高稀疏信号的重构性能。

式（2.36）～式（2.39）的结论是在有界噪声环境下给出的，具有很大的通用性。但是，从信号处理的观点分析，噪声特性通常假设服从一定的概率分布；可以证明[34]，当观测噪声服从均值为 0、方差为 σ^2 的一致独立高斯分布时，噪声以不小于 $1-1/M$ 的概率满足 $\varepsilon = \sigma\sqrt{M + 2\sqrt{M\log M}}$。因此，可以将式（2.36）～式（2.39）的结论退化成采用高斯噪声语言的描述形式。

下面通过仿真实验分析不同重构算法在采用不同感知矩阵时的重构性能。压缩测量模型如式（2.13）所示。考虑两种感知矩阵情形，一是元素服从均值为 0、方差为 1 的高斯分布的实数高斯矩阵，二是随机部分傅里叶矩阵[17]；感知矩阵大小为 $M=256$，$N=512$。观测噪声假设为均值为 0、方差为 σ^2 的高斯白噪声。对于稀疏向量，假设稀疏位置服从均匀分布，稀疏幅度服从均值为 0、方差为 1 的高斯分布。对每个稀疏向量，重复 1000 次实验，采用重构概率表征重构性能。重构概率是指正确估计稀疏向量所占重复试验的比率。对每次实验，当稀疏向量的相对重构误差小于 10^{-1} 时，我们认为该次实验获得稀疏向量的正确估计。

图 2.2 给出了采用 l_1 优化算法（SPGL1 算法）、MP 算法和 OMP 算法的稀

疏向量重构性能（图中 Gaussian 对应实数高斯矩阵，Fourier 对应随机部分傅里叶矩阵）。图 2.2（a）给出的是无噪情形下重构概率随稀疏数变化的情况。从图 2.2（a）可以看到，对于大稀疏度信号，三种算法都能够完全重构稀疏信号，OMP 算法和 SPGL1 算法均优于 MP 算法，其中 OMP 算法允许更大的稀疏数。同时，这三种算法性能都具有门限效应，即当稀疏数小于某个值时，可以获得完全重构；而当大于这个值时，重构性能快速下降，成功重构概率下降到 0。应当注意，稀疏数门限的大小不一定与式（2.24）的理论结果完全一致，但是，图 2.2（a）反映了算法性能的总体趋势。另外，随机部分傅里叶感知矩阵优于实数高斯感知矩阵的性能。这是因为随机部分傅里叶感知矩阵具有更低的相干系数[17]。图 2.2（b）给出的是稀疏数 $K=20$ 情况下，成功重构概率随信噪比变化的性能。与图 2.2（a）类似，三种算法对信噪比也具有门限效应，只有当信噪比大于某个门限值时，才能够完全重构稀疏信号。对于低信噪比，成功重构概率快速地下降到 0。

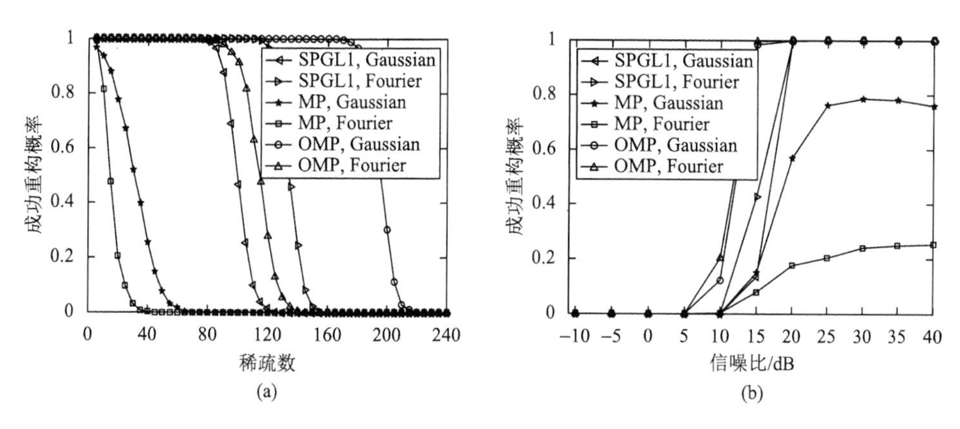

图 2.2　稀疏重构算法的成功重构概率性能曲线

（a）稀疏数；（b）信噪比

由于 MP 算法的性能较差，图 2.3 仅给出了 SPGL1 算法和 OMP 算法的相对重构误差性能，其仿真参数与图 2.2 一致。从图 2.3（a）可以看出，测量矩阵对无噪情况下的重构误差性能影响较大，这是因为测量矩阵特性决定了稀疏向量能否正确重构，当稀疏向量能够正确重构时，相对重构误差较小。与之不同的是，当信号稀疏数较小（$K=20$），从图 2.3（b）可知，不同的测量矩阵对相对重构误差性能几乎不产生影响。

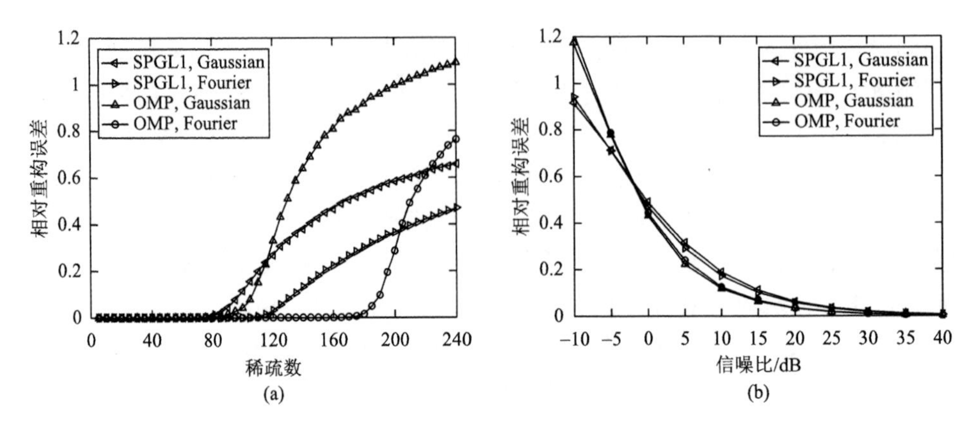

图 2.3　稀疏重构算法的相对重构误差性能曲线

（a）稀疏数；（b）信噪比

2.4　噪声折叠效应

压缩采样信号模型如式（2.13）所示，其中假设有用稀疏信号 $\tilde{\boldsymbol{x}}$ 或稀疏向量 $\tilde{\boldsymbol{\rho}}$ 没有受到噪声的影响。然而，在实际中，有用信号分量不可避免地受到噪声的影响。因此，更加一般的压缩测量模型可表示为

$$\tilde{\boldsymbol{y}} = \tilde{\boldsymbol{\Phi}}(\tilde{\boldsymbol{x}} + \tilde{\boldsymbol{w}}) \tag{2.40}$$

其中，$\tilde{\boldsymbol{w}}$ 是噪声向量。将 $\tilde{\boldsymbol{x}} = \tilde{\boldsymbol{\Psi}}\tilde{\boldsymbol{\rho}}$ 代入式（2.40），可转化为

$$\begin{aligned} \tilde{\boldsymbol{y}} &= \tilde{\boldsymbol{\Phi}}\tilde{\boldsymbol{\Psi}}\tilde{\boldsymbol{\rho}} + \tilde{\boldsymbol{\Phi}}\tilde{\boldsymbol{w}} \\ &= \tilde{\boldsymbol{A}}\tilde{\boldsymbol{\rho}} + \tilde{\boldsymbol{A}}(\tilde{\boldsymbol{\Psi}}^{-1}\tilde{\boldsymbol{w}}) \\ &= \tilde{\boldsymbol{A}}\tilde{\boldsymbol{\rho}} + \tilde{\boldsymbol{A}}\tilde{\boldsymbol{n}} \\ &= \tilde{\boldsymbol{A}}\tilde{\boldsymbol{\rho}} + \tilde{\boldsymbol{w}}_{\text{cs}} \end{aligned} \tag{2.41}$$

其中，$\tilde{\boldsymbol{n}} = \tilde{\boldsymbol{\Psi}}^{-1}\tilde{\boldsymbol{w}}$；$\tilde{\boldsymbol{w}}_{\text{cs}} = \tilde{\boldsymbol{A}}\tilde{\boldsymbol{n}}$。可以证明当向量 $\tilde{\boldsymbol{w}}$ 是均值为 0、方差为 $\mathbb{E}(\tilde{\boldsymbol{w}}\tilde{\boldsymbol{w}}^{\text{H}}) = \sigma_{\tilde{w}}^2\boldsymbol{I}$ 的白噪声向量时，对标准正交基底矩阵 $\tilde{\boldsymbol{\Psi}}$，噪声向量 $\tilde{\boldsymbol{n}}$ 依然是均值为 0、方差为 $\mathbb{E}(\tilde{\boldsymbol{n}}\tilde{\boldsymbol{n}}^{\text{H}}) = \sigma_{\tilde{n}}^2\boldsymbol{I}_N$ 的白噪声向量，而且 $\sigma_{\tilde{n}}^2 = \sigma_{\tilde{w}}^2$。

根据式（2.41），可以研究感知矩阵对噪声的影响。为了方便分析，假设 $\tilde{\boldsymbol{A}}$ 的行向量正交且具有相同的范数。正交的行向量意味着压缩测量可获得更多的信号信息，而相同的范数表示每个压缩测量具有相同的权重。这些假设不仅简化了分析，而且与实际情形一致，这是因为 2.2.2 节所述的随机感知矩阵和实际的模信转换系统生成的感知矩阵一般都近似满足这些假设（见 2.5 节和第 3 章的讨论）。

压缩采样噪声 $\tilde{\boldsymbol{w}}_{\text{cs}}$ 和信号噪声 $\tilde{\boldsymbol{w}}$ 的关系如定理 2.5 所述。

定理 2.5[20]　假设感知矩阵 $\tilde{\boldsymbol{A}}$ 满足 RIC 为 δ_K 的 K-RIP，而且是行正交的并具有相同的范数，则当 $\tilde{\boldsymbol{w}}$ 是均值为 0、方差为 $\mathbb{E}(\tilde{\boldsymbol{w}}\tilde{\boldsymbol{w}}^{\mathrm{H}})=\sigma_{\tilde{w}}^2\boldsymbol{I}_N$ 的白噪声向量时，压缩采样噪声 $\tilde{\boldsymbol{w}}_{\mathrm{cs}}$ 是均值为 0、方差为 $\mathbb{E}(\tilde{\boldsymbol{w}}_{\mathrm{cs}}(\tilde{\boldsymbol{w}}_{\mathrm{cs}})^{\mathrm{H}})=\sigma_{\tilde{w}_{\mathrm{cs}}}^2\boldsymbol{I}_M$ 的白噪声向量，其中

$$\frac{N}{M}\sigma_{\tilde{w}}^2(1-\delta_K)\leqslant\sigma_{\tilde{w}_{\mathrm{cs}}}^2\leqslant\frac{N}{M}\sigma_{\tilde{w}}^2(1+\delta_K)\tag{2.42}$$

式（2.42）表明，由于压缩测量，噪声方差被近似放大了 N/M 倍；或者说，压缩测量保持噪声功率近似不变，这是因为压缩测量将 N 维空间噪声映射到 M 维空间了。这种现象称为噪声折叠（noise folding）。

为了进一步刻画噪声折叠效应的影响，下面分析奈奎斯特采样下和压缩采样下的最优重构信噪比差异。

假设 $\tilde{\boldsymbol{\rho}}$ 的支撑集或稀疏位置是已知的，在这种情况下，可以采用基准估计法获得最佳的估计效果（见 2.1.2 节）。参考式（2.40）和式（2.41），将噪声观测信号 $\tilde{\boldsymbol{x}}+\tilde{\boldsymbol{w}}$ 表示为 $\tilde{\boldsymbol{x}}+\tilde{\boldsymbol{w}}=\tilde{\boldsymbol{\Psi}}(\tilde{\boldsymbol{\rho}}+\tilde{\boldsymbol{n}})$，则在奈奎斯特采样速率下，经匹配滤波处理，$\tilde{\boldsymbol{\rho}}$ 的估计值为 $\tilde{\boldsymbol{\Psi}}^{\mathrm{H}}(\tilde{\boldsymbol{x}}+\tilde{\boldsymbol{w}})=\tilde{\boldsymbol{\rho}}+\tilde{\boldsymbol{n}}$。因此，奈奎斯特采样速率下的最优重构信噪比为

$$\mathrm{SNR}_{\mathrm{REC}}^{\mathrm{Nyq}}=\frac{\|\tilde{\boldsymbol{\rho}}\|_2^2}{\mathbb{E}(\|(\tilde{\boldsymbol{\rho}}+\tilde{\boldsymbol{n}})_\Lambda-\tilde{\boldsymbol{\rho}}_\Lambda\|_2^2)}\tag{2.43}$$

在压缩采样情况下，基准估计获得的最优重构信噪比为

$$\mathrm{SNR}_{\mathrm{REC}}^{\mathrm{Oracle}}=\frac{\|\tilde{\boldsymbol{\rho}}\|_2^2}{\mathbb{E}(\|\hat{\boldsymbol{\rho}}_\Lambda-\tilde{\boldsymbol{\rho}}_\Lambda\|_2^2)}\tag{2.44}$$

其中，$\hat{\boldsymbol{\rho}}_\Lambda=\boldsymbol{A}_\Lambda^{\dagger}\boldsymbol{y}$ 是有噪情况下的基准估计值。从式（2.43）可以发现，在奈奎斯特采样速率下，$\tilde{\boldsymbol{\rho}}$ 的非零元素估计 $(\tilde{\boldsymbol{\rho}}+\tilde{\boldsymbol{n}})_\Lambda$ 只受到噪声 $\tilde{\boldsymbol{n}}$ 对应元素的影响。但是，在压缩采样情况下，$\tilde{\boldsymbol{\rho}}$ 的非零元素估计 $\hat{\boldsymbol{\rho}}_\Lambda$ 受到整个噪声 $\tilde{\boldsymbol{n}}$ 的影响。根据两种采样速率下的重构信噪比——$\mathrm{SNR}_{\mathrm{REC}}^{\mathrm{Nyq}}$ 和 $\mathrm{SNR}_{\mathrm{REC}}^{\mathrm{Oracle}}$，我们将下面公式定义为因压缩采样引入的信噪比损失：

$$\mathrm{SNR}_{\mathrm{LOSS}}^{\mathrm{CS}}=\frac{\mathrm{SNR}_{\mathrm{REC}}^{\mathrm{Nyq}}}{\mathrm{SNR}_{\mathrm{REC}}^{\mathrm{Oracle}}}=\frac{\mathbb{E}(\|\hat{\boldsymbol{\rho}}_\Lambda-\tilde{\boldsymbol{\rho}}_\Lambda\|_2^2)}{\mathbb{E}(\|(\tilde{\boldsymbol{\rho}}+\tilde{\boldsymbol{n}})_\Lambda-\tilde{\boldsymbol{\rho}}_\Lambda\|_2^2)}\tag{2.45}$$

定理 2.6[20]　假设感知矩阵 $\tilde{\boldsymbol{A}}$ 满足 RIC 为 δ_K 的 K-RIP，而且是行正交的并具有相同的范数，则当 $\tilde{\boldsymbol{w}}$ 是均值为 0、方差为 $\mathbb{E}(\tilde{\boldsymbol{w}}\tilde{\boldsymbol{w}}^{\mathrm{H}})=\sigma_{\tilde{w}}^2\boldsymbol{I}$ 的白噪声向量时，压缩测量引入的信噪比损失满足

$$\frac{N}{M}\frac{1-\delta_K}{1+\delta_K}\leqslant\mathrm{SNR}_{\mathrm{LOSS}}^{\mathrm{CS}}\leqslant\frac{N}{M}\frac{1+\delta_K}{1-\delta_K}\tag{2.46}$$

对于小的 RIC δ_K，信噪比损失可近似为

$$\mathrm{SNR}_{\mathrm{LOSS}}^{\mathrm{CS}}(\mathrm{dB}) \approx 10\log_{10}\left(\frac{N}{M}\right) \tag{2.47}$$

式（2.47）的重要意义在于，当压缩采样数量为信号长度一半时，信噪比损失 3dB。从白噪声中稀疏信号重构的角度，当采样速率按照倍程降低时，重构信噪比将按照倍程下降 3dB，如图 2.4 所示。对实际的稀疏重构算法而言，如图中采用的 OMP 算法，如果压缩采样数量能够保证稀疏信号的非零元素位置可以正确重构，其重构信噪比与基准估计的重构信噪比基本一致。信噪比倍程下降 3dB 是压缩采样理论不可避免的信噪比损失，因此，在实际 AIC 系统应用中，应当综合考虑降采样速率和信噪比的损失。

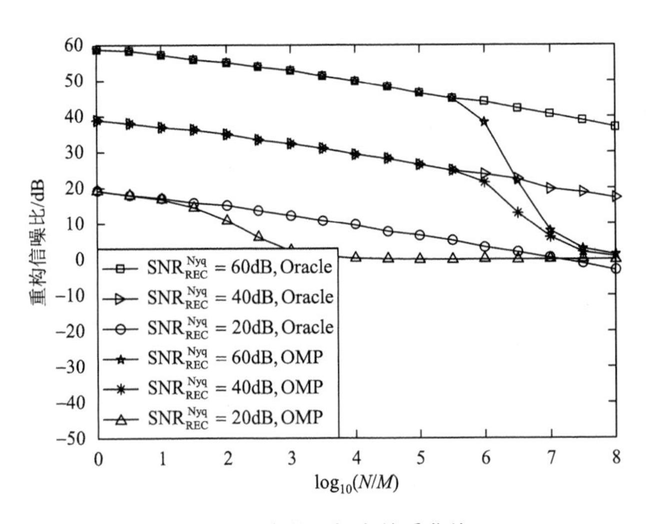

图 2.4 信噪比损失关系曲线

2.5 模 信 转 换

2.1 节～2.3 节介绍的是离散信号压缩采样的基本理论。当感知矩阵满足一定条件时，高维信号可以通过低维信号进行有效的表示，并能够被恢复出来。这种思想促使人们研究模拟信号的低速采样问题，这就是所谓的模信转换。

众所周知，传统的模拟信号采样是以信号带宽为准则的，信号带宽直接决定了信号采样速率。与传统采样不同，模信转换以模拟信号稀疏度为准则；信号带宽可能很大，但是如果具有大的稀疏度，则模信转换可以以远低于奈奎斯特采样速率获取大带宽信号的低速采样。

传统模拟信号采样对应于模拟信号在采样时刻的采样值，在可重构的情况下，采样值等于模拟信号在 sinc 基底下的展开系数；而模信转换获取的采样或测量，正如后续讨论的，是模拟信号在稀疏基底下展开的稀疏系数的压缩测量。因此，模信转换本质上获取了模拟信号的低速离散表示。模信转换输出可描述成压缩采样方程，通过稀疏重构技术重构稀疏表示系数，继而实现模拟信号的重构。

根据模拟信号的稀疏表示和压缩测量方式，人们提出了多种不同的模信转换，典型的结构包括随机采样（random sampling）[40]、随机滤波（random filtering）[41]、随机解调（random demodulation）[42]和调制宽带转换器（modulated wideband converter，MWC）[43]等。在这些结构中，随机性的引入有效地实现了压缩采样理论的随机测量。在雷达应用领域，人们对相关结构进行了改进，发展了其他变型模信转换系统，例如，基于随机解调的正交压缩采样（quadratic compressive sampling，QuadCS）[44]和随机调制预积分（random modulation pre-integrator，RMPI）[45]，基于调制宽带转换器的埃克斯采样（Xampling）[46]等。本节以雷达信号采样为应用背景，重点介绍随机采样、随机解调和埃克斯采样模信转换系统。正交压缩采样系统在第 3 章专门进行讨论。

2.5.1　模拟信号的稀疏表示

为了表示方便，本节研究的模拟信号都是指实信号。在讨论模信转换之前，首先介绍模拟信号的稀疏表示形式。与离散信号的稀疏表示类似，模拟信号的稀疏表示也是通过稀疏表示基底或字典来构建的。但是，与离散信号不同的是，在模拟信号中，稀疏表示字典的每个原子是时间的连续函数。由于表示模拟信号的稀疏字典可能是无限维的，因此，从信号空间分解理论，模拟信号的表示系数可能是无限维的。但是，在实际应用中，可获取的模拟信号的持续时间总是有限的。因此，在模信转换的研究中，人们通常以有限时间信号为研究对象，并采用有限时间的原子来构建稀疏表示字典。

值得注意的是，对有限时间信号，如果充分利用其信号的一些先验信息，可以构造出有限维的表示字典。例如，持续时间为 T 的能量有限信号 $x(t)$，可按照傅里叶级数进行展开：

$$x(t)=\sum_{l=-\infty}^{+\infty}\tilde{c}[l]\mathrm{e}^{\mathrm{j}2\pi lt/T},\quad t\in[0,T] \tag{2.48}$$

其中，$\tilde{c}[l]$ 为傅里叶级数

$$\tilde{c}[l]=\frac{1}{T}\int_0^T x(t)\mathrm{e}^{-\mathrm{j}2\pi lt/T}\mathrm{d}t,\quad l=-\infty,\cdots,+\infty \tag{2.49}$$

当 $x(t)$ 为带宽为 $B/2$ 的低通信号时，$\tilde{c}[l]$ 存在范围 $l=-N',\cdots,N'$ 内，其中 $N'=\lfloor BT/2 \rfloor$。定义 $\tilde{\rho}_k=\tilde{c}[k-N']$，$k=0,1,\cdots,N-1$，$N=2N'+1$，则带限有限长信号 $x(t)$ 可在傅里叶基底下表示为

$$x(t)=\sum_{k=0}^{N-1}\tilde{\rho}_k \mathrm{e}^{\mathrm{j}2\pi(k-N')t/T},\quad t\in[0,T] \tag{2.50}$$

当只有少数 $\tilde{\rho}_k$ 不为 0 时，$x(t)$ 是频域稀疏信号。

图 2.5（a）给出的是另一个有限时间模拟信号示意图，相应的傅里叶级数结构如图 2.5（b）所示。从图 2.5（b）可以看出，图示信号在频域不是稀疏的。对于这类信号，如果将信号持续时间划分为 N 等份，定义

$$p_k(t)=\begin{cases}1, & t\in[kT/N,\quad (k+1)T/N]\\ 0, & 其他\end{cases},\quad k=0,1,\cdots,N-1 \tag{2.51}$$

则信号 $x(t)$ 可表示为

$$x(t)=\sum_{k=0}^{N-1}\rho_k p_k(t) \tag{2.52}$$

其中，$\{\rho_k\}_{k=0}^{N-1}$ 为表示系数。当不为 0 的系数 ρ_k 个数远小于 N 时，信号 $x(t)$ 在字典（2.51）下是稀疏的，称为时域稀疏信号。在实际中，更加一般的情形是根据信号 $x(t)$ 的时频分布，采用时频字典表示稀疏信号，这里不再赘述。

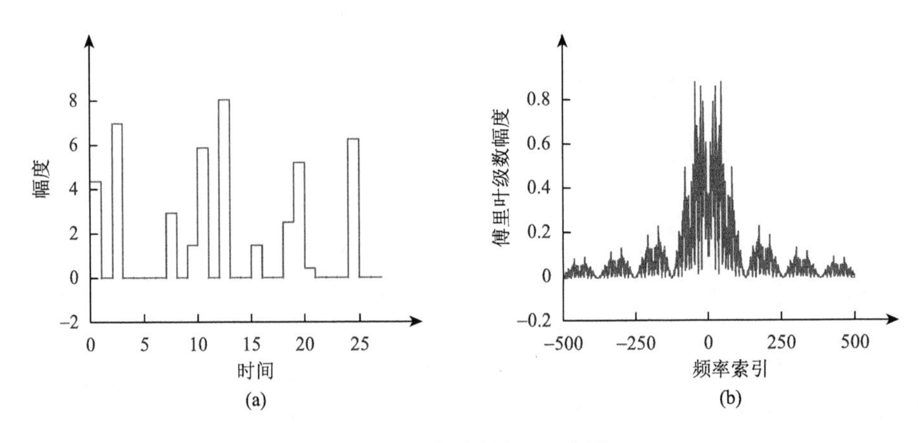

图 2.5　时域稀疏波形示意图

（a）时域波形；（b）傅里叶级数

一般地，假设 $\{\psi_k(t)\}_{k=0}^{N-1}$ 构成有限长模拟信号空间 $\mathbb{R}[0,T]$ 的一组基底，其中 T 是信号的持续时间。对空间 $\mathbb{R}[0,T]$ 内的任意模拟信号 $x(t)$，可以通过基底 $\{\psi_k(t)\}_{k=0}^{N-1}$ 线性组合的方式进行唯一表示

$$x(t)=\sum_{k=0}^{N-1}\rho_k\psi_k(t) \tag{2.53}$$

定义 $\boldsymbol{\Psi}(t)=[\psi_0(t),\psi_1(t),\cdots,\psi_{N-1}(t)]$，向量 $\boldsymbol{\rho}=[\rho_0,\rho_1,\cdots,\rho_{N-1}]^{\mathrm{T}}\in\mathbb{R}^N$ 为 N 维系数向量，则式（2.53）可表示为

$$x(t)=\boldsymbol{\Psi}(t)\boldsymbol{\rho} \tag{2.54}$$

与离散信号稀疏性定义相类似，当系数 $\{\rho_k\}_{k=1}^N$ 中只有 K 个不为 0，或系数向量 $\boldsymbol{\rho}$ 满足 $\|\boldsymbol{\rho}\|_0=K\ll N$ 时，我们称信号 $x(t)$ 为 K-稀疏模拟信号，向量 $\boldsymbol{\rho}$ 为 K-稀疏向量。对稀疏模拟信号，模信转换输出可采用压缩测量方程进行描述。

在一些情况下，描述信号空间 $\mathbb{R}[0,T]$ 的基底函数可能是复函数（式（2.50）），相应的基底向量 $\boldsymbol{\Psi}(t)$ 和表示系数 $\boldsymbol{\rho}$ 分别为复函数和复数。稀疏模拟信号和稀疏向量具有类似的定义。

在脉冲雷达应用中，正如第 1 章讨论的，雷达回波信号可表示为雷达发射波形的时移/频移线性叠加。因此，可根据发射波形构建相应的模拟波形匹配字典表示雷达回波信号（见 2.5.4 节）。

2.5.2　随机采样

随机采样是非等间隔的采样，其基本原理是在信号 $x(t)$ 持续时间 $[0,T]$ 内，按照一定的概率分布随机选择一些采样时刻 t'_m（$m=1,2,\cdots,M$）对信号直接进行采样，所获得的采样值 $x(t'_m)$ 即为信号的压缩采样，如图 2.6（a）所示。随机采样原理简单，但是采样时刻的有效控制是随机采样硬件实现的关键。在实际系统中，可将随机采样间隔设置为奈奎斯特采样间隔的整数倍，采用传统 ADC 通过控制采样间隔实现随机采样。这种实现等同于首先对信号进行奈奎斯特采样，然后采用随机抽取的方式来实现，如图 2.6（b）所示。

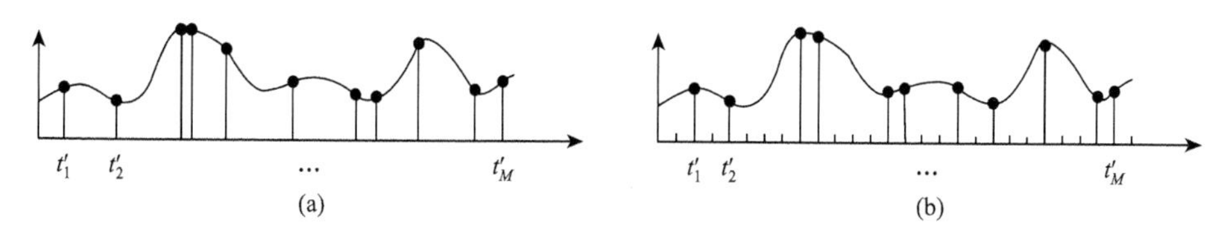

图 2.6　随机采样的两种实现方式

（a）完全随机采样；（b）奈奎斯特采样随机采样

随机采样可在傅里叶基底下，表示成压缩测量方程。考虑式（2.50）描述

的 K-稀疏信号 $x(t)$，当以奈奎斯特采样间隔 $T_s = 1/B$ 进行采样时，即在时刻 $t_n = nT_s$ 的采样，可获得长度为 $N = \lfloor T/T_s \rfloor + 1$ 的采样信号

$$x[n] = x(nT_s) = \sum_{l=-N'}^{N'} \tilde{c}[l] \mathrm{e}^{\mathrm{j}2\pi l n T_s/T}, \quad n = 0,1,\cdots,N-1 \tag{2.55}$$

其中，$N = 2N' + 1$。定义

$$\begin{cases} \boldsymbol{x} = [x[0], x[1], \cdots, x[N-1]]^{\mathrm{T}} \in \mathbb{R}^N \\ \tilde{\boldsymbol{\rho}} = [\tilde{c}[-N'], \cdots, \tilde{c}[N']] \in \mathbb{C}^N \\ \tilde{\boldsymbol{F}}_k = [1, \mathrm{e}^{\mathrm{j}2\pi k T_s/T}, \mathrm{e}^{\mathrm{j}2\pi k 2T_s/T}, \cdots, \mathrm{e}^{\mathrm{j}2\pi k (N-1) T_s/T}]^{\mathrm{T}} \in \mathbb{C}^N \end{cases} \tag{2.56}$$

分别为信号采样向量、傅里叶级数向量和傅里叶基底向量，则采用矩阵形式，式（2.55）可表示为

$$\boldsymbol{x} = \tilde{\boldsymbol{F}} \tilde{\boldsymbol{\rho}} \tag{2.57}$$

其中，$\tilde{\boldsymbol{F}} = [\tilde{\boldsymbol{F}}_{-N'}, \cdots, \tilde{\boldsymbol{F}}_{N'}] \in \mathbb{C}^{N \times N}$ 称为傅里叶基底矩阵。

式（2.57）可理解为信号 $x(t)$ 的奈奎斯特采样在傅里叶基底下的离散稀疏表示。现对奈奎斯特采样信号 $x(nT_s)$ 进行随机抽取，设抽取时刻 t'_m 满足 $t'_m \in \{0, T_s, 2T_s, \cdots, (N-1)T_s\}$，则可获得 $M < N$ 个随机采样信号 $y(t'_m) = x(t'_m)$。定义 $\boldsymbol{y} = [x(t'_0), x(t'_1), \cdots, x(t'_{M-1})]^{\mathrm{T}} \in \mathbb{R}^M$ 为随机采样信号向量，则 $\boldsymbol{y}$ 和 $\boldsymbol{x}$ 的关系可描述为

$$\boldsymbol{y} = \boldsymbol{H}\boldsymbol{x} = \boldsymbol{H}\tilde{\boldsymbol{F}}\tilde{\boldsymbol{\rho}} \tag{2.58}$$

其中，$\boldsymbol{H} \in \mathbb{R}^{M \times N}$ 是一个随机行抽取矩阵，每行中只有一个元素等于 1，其他元素为 0，且等于 1 的元素所在的行对应于抽取时刻。

在式（2.58）中，$\boldsymbol{H}$ 等同于压缩测量矩阵，随机采样信号向量 $\boldsymbol{y}$ 为随机采样系统的压缩测量，$\tilde{\boldsymbol{A}} = \boldsymbol{H}\tilde{\boldsymbol{F}}$ 为随机采样系统的感知矩阵。感知矩阵 $\tilde{\boldsymbol{A}}$ 其实就是随机行抽取傅里叶矩阵，在压缩感知理论中获得深入的研究[17]。业已证明，对于 K-稀疏频域模拟信号，当压缩测量个数满足 $M = \mathcal{O}(K \log^4 N)$ 时，矩阵 $\tilde{\boldsymbol{A}}$ 能够以极大的概率满足可重构条件[17]，因此可以从式（2.58）重构稀疏向量 $\tilde{\boldsymbol{\rho}}$ 或从式（2.50）重构稀疏信号 $x(t)$。

随机采样系统比较适用于频域稀疏模拟信号的压缩采样。这是因为对时域稀疏信号，由于采样时刻的不确定性，一些时间段内的信号有可能被部分采样或完全不被采样。其实，对于时域稀疏信号，如式（2.52）定义的一种稀疏表示，其稀疏表示字典 $\tilde{\boldsymbol{\Psi}}$ 是一个单位矩阵，对应的感知矩阵 $\tilde{\boldsymbol{A}}$ 至少包含一个元素全部为零的列向量，不可能满足可重构条件，因此，式（2.58）的压缩测量不能保证正确重构出时域稀疏信号。同样地，对于时频域稀疏信号，也是由于采样时刻的不确定性，重构性能下降。

本小节讨论的随机采样是从时域信号采样角度阐述的，采用图 2.6（b）所示的随机采样方式，依然需要高速 ADC，不利于大带宽信号的采样。但是，随机采样原理具有广泛的应用。例如，在脉冲多普勒雷达应用中，在相干处理间隔内，可随机选择发射脉冲，减少发射脉冲数；或将相干处理间隔的发射脉冲分成几组随机选择的脉冲串，当采用每组脉冲照射不同区域目标时，可拓展雷达功能等。

2.5.3　随机解调

随机解调[42]模信转换结构基本原理如图 2.7 所示。随机解调结构首先采用调制信号 $p(t)$ 对输入信号 $x(t)$ 进行扩频处理，然后对扩频输出信号进行低通滤波，再采用 ADC 实现压缩测量。低通滤波器 $h_{\mathrm{LP}}(t)$ 的带宽 $B_{\mathrm{cs}}/2$ 小于信号 $x(t)$ 的带宽 $B/2$，因此，可采用低速 ADC 实现信号 $x(t)$ 的低速采样。一般地，调制信号 $p(t)$ 的频谱具有平坦谱结构，其带宽不小于信号 $x(t)$ 的奈奎斯特采样频率① $f_{\mathrm{s}}=B$，因此，随机调制在频域上实现对模拟信号 $x(t)$ 的“压缩”，起到随机投影的作用。

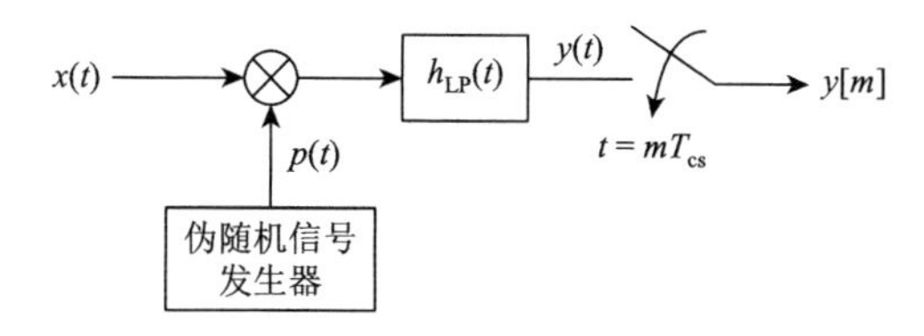

图 2.7　随机解调结构原理图

低通滤波器输出信号 $y(t)$ 是带宽为 $B_{\mathrm{cs}}/2$ 的低通压缩信号：

$$y(t)=\int_{-\infty}^{+\infty}x(\tau)p(\tau)h_{\mathrm{LP}}(t-\tau)\mathrm{d}\tau \tag{2.59}$$

当以采样速率 $f_{\mathrm{cs}}\geqslant B_{\mathrm{cs}}$ 或采样间隔 $T_{\mathrm{cs}}=1/f_{\mathrm{cs}}$ 对 $y(t)$ 进行采样时，可获得压缩测量：

$$y[m]=\int_{-\infty}^{+\infty}x(\tau)p(\tau)h_{\mathrm{LP}}(t-\tau)\mathrm{d}\tau\,|_{t=mT_{\mathrm{cs}}},\quad m=0,1,\cdots,M-1 \tag{2.60}$$

由于 $B_{\mathrm{cs}}<B$，因此采样速率 f_{cs} 小于信号 $x(t)$ 的奈奎斯特采样速率。在信号持续时间 T 内，共有 $M=\lfloor T/T_{\mathrm{cs}}\rfloor+1$ 个采样数据，小于信号 $x(t)$ 的奈奎斯特采样数据 $N=\lfloor T/T_{\mathrm{s}}\rfloor+1$，$T_{\mathrm{s}}=1/f_{\mathrm{s}}$。

① 调制信号带宽的选择原则见 3.2 节的讨论。

将式（2.53）代入式（2.60），可得

$$y[m]=\sum_{k=0}^{N-1}\rho_k\int_{-\infty}^{+\infty}\psi_k(\tau)p(\tau)h_{\mathrm{LP}}(mT_{\mathrm{cs}}-\tau)\mathrm{d}\tau \tag{2.61}$$

定义压缩测量向量 $\boldsymbol{y}=[y[0],y[1],\cdots,y[M-1]]^{\mathrm{T}}$，矩阵 $\boldsymbol{A}=[a_{mk}]\in\mathbb{C}^{M\times N}$，有

$$a_{mk}=\int_{-\infty}^{+\infty}\psi_k(\tau)p(\tau)h_{\mathrm{LP}}(mT_{\mathrm{cs}}-\tau)\mathrm{d}\tau \tag{2.62}$$

则采用矩阵描述形式，式（2.61）可表述为

$$\boldsymbol{y}=\boldsymbol{A}\boldsymbol{\rho} \tag{2.63}$$

其中，$\boldsymbol{A}$ 称为随机解调系统的感知矩阵。因此，当矩阵 $\boldsymbol{A}$ 满足可重构条件时，可以采用稀疏重构技术稀疏向量 $\boldsymbol{\rho}$，继而采用式（2.53）重构原信号 $x(t)$。

随机解调结构简单，物理概念清晰，易于实现，自问世以来就受到了学术界和工程界的广泛关注，人们对实现系统和性能进行了深入的研究。式（2.63）是随机解调系统的一般描述形式，不同的调制信号和不同的低通滤波可能形成不同的压缩测量方程。文献[42]研究了调制信号采用伪随机序列、低通滤波采用分段积分器的随机解调结构，理论上证明了对于频域 K -稀疏模拟信号，当压缩测量个数满足 $M=\mathcal{O}(K\log^6 N)$ 时，矩阵 $\boldsymbol{A}$ 满足可重构条件，并能够以极大的概率重构频域稀疏模拟信号。

随机解调不仅可用于频域稀疏信号，也适用于一般类型的信号。理论上，当稀疏基底与 Dirac 基不相干时，随机解调具有较好的重构性能[42]。

随机解调是一类重要的模信转换，业已成为其他模信转换系统的组成单元，如正交压缩采样[44]、随机调制预积分[45]、多带稀疏调制宽带转换器[43]等。随机解调系统可用于脉冲多普勒雷达的快时域采样，能够实现大带宽信号的低速采样。

2.5.4　埃克斯采样

埃克斯采样是面向并集子空间信号的一般低速采样理论[46]。对雷达信号采样而言，埃克斯采样考虑式（1.9）所示的回波信号模型，现改写为

$$x(t)=\sum_{k=0}^{K-1}\rho_k' g(t-t_k'),\quad 0\leqslant t<T \tag{2.64}$$

其中，$g(t)$ 是持续时间为 τ 的脉冲波形；T 是脉冲重复间隔；ρ_k' 和 t_k' 分别是目标反射强度和时延（$0<t_k'<T$）。在式（2.64）中，假设目标是静止的，回波信号完全由参数 $\{\rho_k',t_k'\}_{k=0}^{K-1}$ 描述。

信号 $x(t)$ 是持续时间有限信号，在持续时间 $[0,T]$ 内，可展开成傅里叶级数形式：

$$x(t)=\sum_{l=-\infty}^{+\infty}\tilde{c}[l]\mathrm{e}^{\mathrm{j}2\pi lt/T},\quad t\in[0,T] \tag{2.65}$$

其中

$$\begin{aligned}\tilde{c}[l]&=\frac{1}{T}\int_0^T x(t)\mathrm{e}^{-\mathrm{j}2\pi lt/T}\mathrm{d}t=\frac{1}{T}\sum_{k=0}^{K-1}\rho_k'\int_0^T g(t-t_k')\mathrm{e}^{-\mathrm{j}2\pi lt/T}\mathrm{d}t\\&=\frac{1}{T}\tilde{G}(2\pi l/T)\sum_{k=1}^{K}\rho_k'\mathrm{e}^{-\mathrm{j}2\pi lt_k'/T}\end{aligned} \tag{2.66}$$

而式（2.66）中的 $\tilde{G}(2\pi l/T)$ 为 $g(t)$ 的连续时间傅里叶变换在角频率 $2\pi l/T$ 的采样。式（2.66）表明信号 $2K$ 个描述参数 $\{\rho_k',t_k'\}_{k=0}^{K-1}$ 完全包含在傅里叶级数 $\tilde{c}[l]$ 中，因此，理论上只需要 $2K$ 个 $\tilde{c}[l]$ 就可估计参数 $\{\rho_k',t_k'\}_{k=0}^{K-1}$。埃克斯采样正是基于这一观察，通过 $\tilde{c}[l]$ 获得目标参数的估计，继而重构信号 $x(t)$。在实际中，目标个数 K 是未知的，因此，只要 $\tilde{c}[l]$ 个数 M 不小于 $2K$，即 $M\geqslant 2K$，就可估计 $\{\rho_k',t_k'\}_{k=0}^{K-1}$。

那么如何选取 M 个 $\tilde{c}[l]$ 并从选取的 $\tilde{c}[l]$ 估计参数 $\{\rho_k',t_k'\}_{k=0}^{K-1}$？对带宽为 $B/2$ 的脉冲波形 $g(t)$，信号能量集中在信号频带内，即集中在 $2N'+1$ 级数 $\{\tilde{c}[l]\}_{l=-N'}^{N'}$，其中 $N'=\lfloor BT/2\rfloor$。因此，只要 M 个 $\tilde{c}[l]$ 属于 $\{\tilde{c}[l]\}_{l=-N'}^{N'}$ 范围内，就可用于参数 $\{\rho_k',t_k'\}_{k=0}^{K-1}$ 的估计。M 个 $\tilde{c}[l]$ 可以在 $\{\tilde{c}[l]\}_{l=-N'}^{N'}$ 范围内等间隔选取抑或随机选取，而选取的方式直接决定了 $\{\rho_k',t_k'\}_{k=1}^{K}$ 的估计方法。文献[46]研究表明从选取的 $\tilde{c}[l]$ 估计 $\{\rho_k',t_k'\}_{k=0}^{K-1}$ 是一个谱估计问题。当等间隔选取 M 个级数 $\tilde{c}[l]$ 时，可以采用湮没滤波器（annihilating filter）、矩阵束（matrix pencil）或 ESPRIT 等方法获得参数估计；在随机选取时，可采用 MUSIC 等方法进行估计。

因此，埃克斯采样的核心是从 $x(t)$ 获得 $\tilde{c}[l]$。记选取的 M 个傅里叶级数 $\tilde{c}[l]$ 位置为 $l_0,l_1,\cdots,l_{M-1}$，图 2.8 给出了一个原理框图。信号 $x(t)$ 首先分解成 M 路，每路信号同谐波信号 $\mathrm{e}^{-\mathrm{j}2\pi l_m t/T}$ 进行混频，然后在雷达信号重复间隔内积分，对积分输出进行采样即产生选取的 $\tilde{c}[l]$。

在压缩采样框架下，埃克斯采样假设目标时延 t_k' 位于离散网格上。对带宽为 $B/2$ 的脉冲波形 $g(t)$，以奈奎斯特采样间隔对观测时间 $[0,T)$ 进行离散化，可获得 N 个离散时延 $0,T_\mathrm{s},2T_\mathrm{s},\cdots,(N-1)T_\mathrm{s}$，其中 $N=\lfloor T/T_\mathrm{s}\rfloor$，$T_\mathrm{s}=1/B$。设目标时延满足 $t_k'\in\{0,T_\mathrm{s},2T_\mathrm{s},\cdots,(N-1)T_\mathrm{s}\}$，则回波信号（2.64）又可表示为

$$x(t)=\sum_{k=0}^{N-1}\rho_k g(t-t_k) \tag{2.67}$$

其中，当目标存在时，$\rho_k=\rho_k'\neq 0$；否则，$\rho_k=0$。当 $K\ll N$ 时，式（2.67）表明 $x(t)$ 在字典 $\{g(t-t_k)\}_{k=0}^{N-1}$ 下是稀疏的。在压缩采样雷达文献中，字典 $\{g(t-t_k)\}_{k=0}^{N-1}$ 称为波形匹配字典。

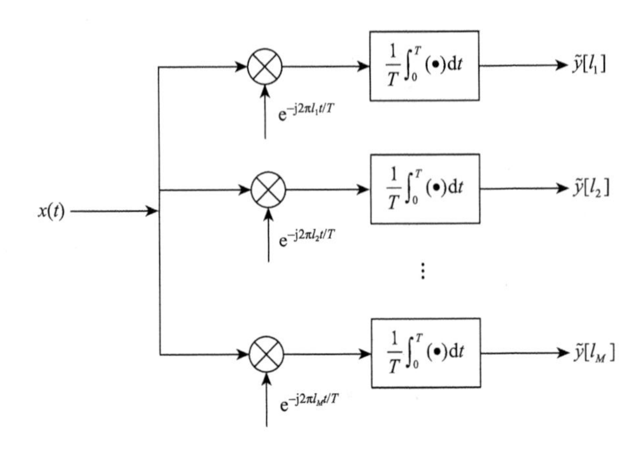

图 2.8　埃克斯采样原理框图

采用网格上目标的描述形式，式（2.66）转换为

$$\tilde{c}[l]=\frac{1}{T}\tilde{G}(2\pi l/T)\sum_{k=0}^{N-1}\rho_k \mathrm{e}^{-\mathrm{j}2\pi kl/N} \tag{2.68}$$

定义矩阵 $\tilde{\boldsymbol{G}}=\mathrm{diag}\{\tilde{G}(2\pi(-N')/T),\cdots,\tilde{G}(2\pi N'/T)\}$，定义向量 $\tilde{\boldsymbol{c}}=[\tilde{c}[-N'],\cdots,\tilde{c}[-N']]^{\mathrm{T}}$，定义向量 $\boldsymbol{\rho}=[\rho_0,\rho_1,\cdots,\rho_{N-1}]^{\mathrm{T}}$，则采用矩阵形式，式（2.68）表示为

$$\tilde{\boldsymbol{c}}=\frac{1}{T}\tilde{\boldsymbol{G}}\tilde{\boldsymbol{F}}^{*}\boldsymbol{\rho} \tag{2.69}$$

其中，$\tilde{\boldsymbol{F}}$ 的列向量如式（2.56）所示。现按照选取的 M 个傅里叶级数 $\tilde{c}[l]$ 的位置 $l_0,l_1,\cdots,l_{M-1}$，形成抽取矩阵 $\boldsymbol{H}\in\mathbb{R}^{M\times N}$，其中，$\boldsymbol{H}$ 中每行只有一个元素等于 1，其他元素为 0，且等于 1 的元素位置对应于抽取时刻。定义向量 $\tilde{\boldsymbol{y}}=[\tilde{c}[l_0],\tilde{c}[l_1],\cdots,\tilde{c}[l_{M-1}]]^{\mathrm{T}}$，则向量 $\tilde{\boldsymbol{y}}$ 可表示成压缩采样方程：

$$\tilde{\boldsymbol{y}}=\frac{1}{T}\boldsymbol{H}\tilde{\boldsymbol{G}}\tilde{\boldsymbol{F}}^{*}\boldsymbol{\rho} \tag{2.70}$$

其中，$\tilde{\boldsymbol{A}}=(1/T)\boldsymbol{H}\tilde{\boldsymbol{G}}\tilde{\boldsymbol{F}}^{*}$ 为埃克斯采样模信转换的感知矩阵。因此，信号 $x(t)$ 可以采用稀疏重构的方法进行重构。通过式（2.70）首先重构稀疏强度参数，稀疏位置对应延迟参数。

对实际宽带雷达而言，$g(t)$ 通常具有宽的平坦谱结构，矩阵 $\tilde{\boldsymbol{G}}$ 的对角元素以极小的概率取 0 值。在这种情况下，式（2.70）可退化成由随机部分傅里叶矩阵描述的压缩测量，因此，当压缩测量个数满足 $M=\mathcal{O}(K\log^4 N)$ 时，矩阵 $\tilde{\boldsymbol{A}}$ 能够以极大的概率满足可重构条件[17]。

从埃克斯采样的操作过程可以看出，随机选择傅里叶级数的埃克斯采样系统是在频域上对信号进行随机采样，它与 2.5.2 节中的时域随机采样之间是一种对偶关系。因此，埃克斯采样系统不适用于频域稀疏信号。当信号 $g(t)$ 为频域稀疏信号时，矩阵 $\tilde{\boldsymbol{G}}$ 的对角元素有很大的概率为零，这使得感知矩阵 $\tilde{\boldsymbol{A}}$ 中存在所有元素均为零的列向量，矩阵 $\tilde{\boldsymbol{A}}$ 不可能再满足可重构条件。

由于图 2.8 中埃克斯采样的采样通道个数等于傅里叶级数个数，不利于系统的硬件实现，为此，人们提出通过采样多个分段连续的傅里叶级数，来有效降低采样系统的通道个数[46]。

2.6 基底失配问题

从前面几节的讨论可以看出，压缩感知或模信转换的一个基本假设是信号可由离散化的基底或字典准确地稀疏表示。所谓的离散化实际上是指描述基底或字典信号参数的离散化。例如，傅里叶基底是对信号存在频率的离散化，同样地，波形匹配字典是在信号存在时间的离散化。在这些稀疏表示中，一个共同假设是信号可以准确地在离散化基底或字典下进行稀疏表示。但是，在实际中，信号存在的频率或时间可能不一定在离散频率或时间上。例如，式（2.64）描述的雷达回波模型，目标延迟时间 t_k' 通常在两个离散化时刻中间，$t_k' \in (nT_s, (n-1)T_s)$。在这种情况下，式（2.67）中的任意离散时刻字典元子都不能准确表示 t_k' 时刻的回波信号，可能需要多个离散化时间上的字典元子组合的方式进行表示。这种表示将降低信号稀疏度，甚至使得表示模型（2.67）不具有稀疏性，影响信号的重构性能。同样的问题也存在于压缩采样模型中。这种现象称为非网格（off-grid）问题或基失配（basis mismatch）问题[47]。为此，人们提出了非网格压缩采样理论[48]，解决非网格表示下的稀疏重构。重要进展之一是采用参数化的基底或字典，稀疏信号重构转化为描述信号的参数估计问题。在雷达应用中，非网格问题对应于非网格上目标（见 1.5 节），而第 5 章讨论了非网格上目标的参数化估计方法。

2.7 本 章 小 结

本章简要地介绍了压缩采样的基本理论，主要包括离散时间信号的压缩采样和模拟信号的模信转换。为了与其他章节内容一致，本章引入了一些雷达信号稀疏表示的例证。压缩采样是理论性很强的采样理论，它同时又具有可实践性和巨大的应用价值。特别地，模信转换系统的构建使得我们可以采用低速 ADC 实现宽带信号采样，为宽带信号的应用提供了新的措施。

第3章　正交压缩采样

第2章介绍了压缩采样理论基础知识，同时讨论了几种典型的模信转换系统。与奈奎斯特采样系统相对应，不难发现这些模信转换系统都是以低通信号为采样对象的；因此，如果将图1.8（a）所示的ADC采用低通型模信转换，可以获取雷达回波的低速基带信号采样。与图1.8（a）的基带信号采样一样，采用模信转换的基带信号采样，在实现过程中依然要求在雷达频带内，同相支路和正交支路的延迟和增益完全匹配，没有直流偏置，同时两个参考振荡器应准确地偏移90°相位。正如按照图1.8（b）所示的正交采样接收结构，是否可以发展带通型的模信转换直接在中频进行低速采样，以克服低通型采样在接收系统实现上的问题？本章讨论的正交压缩采样（quadrature compressive sampling, QuadCS）就是在这样背景下发展的带通信号模信转换采样理论。

正交压缩采样系统首次在文献[49]中报道。随后，文献[44]、[50]、[51]进行了理论分析的研究；文献[52]、[53]给出了雷达回波全程数据滑动重构方法；文献[54]～[60]发展了基于正交压缩采样数据的雷达信号处理，其中文献[54]、[55]建立了网格上目标的脉冲多普勒处理理论，文献[57]、[58]讨论了非网格上目标参数估计技术，文献[59]、[60]研究了SAR成像技术。除外，文献[61]还将正交压缩采样推广到多带情形，文献[62]进一步研究了不同脉冲独立测量的正交压缩采样。这些工作为宽带/超宽带雷达发展奠定了理论和技术基础。

文献[63]报道了用于宽谱感知的正交模信转换（quadrature AIC）系统。该系统对接收的射频或中频信号，首先采用下变频处理输出正交/同相信号分量，然后通过低通模信转换实现正交/同相信号分量的低速采样。因此，严格意义上，文献[63]的结构不属于正交采样范畴。

本章以脉冲雷达为应用背景，介绍正交压缩采样系统；该系统可直接获取射频/中频信号的压缩域正交和同相分量，同时可以高概率地重构雷达回波信号。

3.1　雷达回波的稀疏表示

脉冲体制雷达发射周期脉冲串信号。在一个周期T内的雷达发射波形如式（1.12）所示，也可表示为

$$x_{\mathrm{RF}}(t)=\begin{cases}a(t)\cos(2\pi F_{\mathrm{RF}}t+\theta(t)), & 0\leqslant t\leqslant T_{\mathrm{b}}\\ 0, & T_{\mathrm{b}}<t<T\end{cases} \tag{3.1}$$

其中，F_{RF} 是雷达信号载频；T_{b} 是脉冲宽度；$a(t)$ 和 $\theta(t)$ 分别是发射信号的包络和相位。假设在雷达工作区域内，目标环境共有 K 个静止的非起伏点目标①，则雷达在一个脉冲间隔内接收的回波可表示为

$$r_{\mathrm{RF}}(t)\approx\sum_{k=1}^{K}\rho_k' a(t-\tau_k')\cos(2\pi F_{\mathrm{RF}}t+\theta(t-\tau_k')-2\pi F_{\mathrm{RF}}\tau_k'+\phi_k') \tag{3.2}$$

其中，ρ_k'、τ_k' 和 ϕ_k' 分别表示第 k（$1\leqslant k\leqslant K$）个目标的反射系数、时延和随机相位偏移。经下变频处理，雷达接收的中频信号可描述为

$$r_{\mathrm{IF}}(t)\approx\sum_{k=1}^{K}\rho_k' a(t-\tau_k')\cos(2\pi F_{\mathrm{IF}}t+\theta(t-\tau_k')+\bar{\phi}_k) \tag{3.3}$$

其中，F_{IF} 是中频频率；$\bar{\phi}_k=\phi_k'-2\pi F_{\mathrm{RF}}\tau_k'$。回波信号的同相和正交分量分别为

$$\begin{aligned}r_{\mathrm{I}}(t)&=\sum_{k=1}^{K}\rho_k' a(t-\tau_k')\cos(\theta(t-\tau_k')+\bar{\phi}_k)\\ r_{\mathrm{Q}}(t)&=\sum_{k=1}^{K}\rho_k' a(t-\tau_k')\sin(\theta(t-\tau_k')+\bar{\phi}_k)\end{aligned} \tag{3.4}$$

$r_{\mathrm{IF}}(t)$ 的复基带信号 $\tilde{r}(t)$ 可表示为

$$\tilde{r}(t)=r_{\mathrm{I}}(t)+\mathrm{j}r_{\mathrm{Q}}(t)=\sum_{k=1}^{K}\tilde{\rho}_k'\tilde{g}(t-\tau_k') \tag{3.5}$$

其中，$\tilde{\rho}_k'=\rho_k'\mathrm{e}^{\mathrm{j}\bar{\phi}_k}$ 和 $\tilde{g}(t)=a(t)\mathrm{e}^{\mathrm{j}\theta(t)}$ 分别表示目标的复反射系数和雷达波形的复基带信号。

对于脉冲信号雷达，我们常常通过波形匹配字典[64]描述雷达复基带信号 $\tilde{r}(t)$。这种描述的基本思想是将雷达接收到的基带回波 $\tilde{r}(t)$ 表示成距离门上目标回波的线性组合。对于信号带宽为 B 的雷达，目标距离分辨率为 $\tau_{\mathrm{res}}=T_{\mathrm{s}}$，其中 $T_{\mathrm{s}}=1/B$ 是奈奎斯特采样间隔。假设目标只在时间范围 $[0,T-T_{\mathrm{b}}]$ 内存在②，若以 τ_{res} 为间隔对其时延范围进行离散化，则可产生 $N=\lfloor (T-T_{\mathrm{b}})/\tau_{\mathrm{res}}\rfloor$ 个距离门，距离门数量等于观测时间内的奈奎斯特采样个数。对于在距离门上的目标，单位反射强度回波可表示为

$$\tilde{g}(t-k\tau_{\mathrm{res}}),\quad k=0,1,\cdots,N-1 \tag{3.6}$$

① 运动目标回波将在式（3.5）的反射系数中引入相位变化（见第 5 章），因此，静止目标的假设并不影响本章的讨论。

② 为了表述和仿真方便，在后续的讨论中，我们假设目标只在时间范围 $[0,T-T_{\mathrm{b}}]$ 内存在，同时把时间范围 $[0,T]$ 定义为目标观测时间，即观测时长为脉冲重复间隔 T。

当雷达目标只在距离门上存在时，$\tau'_k \in \{k\tau_{\text{res}} = k = 0,1,\cdots,N-1\}$，即网格上目标情形，雷达接收到的复基带信号转化为

$$\tilde{r}(t) = \sum_{k=0}^{N-1} \tilde{\rho}_k \tilde{g}(t - k\tau_{\text{res}}) \tag{3.7}$$

其中，$\tilde{\rho}_k$ 为对应 $k\tau_{\text{res}}$ 时刻或第 k 个距离门上目标回波的反射系数。当目标存在时，$\tilde{\rho}_k \neq 0$；否则，$\tilde{\rho}_k = 0$。式（3.7）表明，通过距离门上的目标回波（3.6），可以表示雷达可能接收到的所有距离门上的目标基带回波，或者可以将距离门上目标产生的雷达接收信号展开成式（3.7）的形式。定义 $\tilde{\psi}_k(t) = \tilde{g}(t - k\tau_{\text{res}})$，则根据雷达复基带波形 $\tilde{g}(t)$ 可以产生一组波形，即 $\{\tilde{\psi}_k(t): k = 0,1,\cdots,N-1\}$，其中每个波形是雷达基带波形的时移。在压缩采样雷达文献中，由于时移波形 $\tilde{\psi}_k(t)$ 与基带波形 $\tilde{g}(t)$ 相匹配，通常把 $\{\tilde{\psi}_k(t): k = 0,1,\cdots,N-1\}$ 称为雷达回波的波形匹配字典[64]。

在实际雷达环境中，目标不一定在距离门上。对不在距离门上或非网格上的目标，可以采用参数化波形匹配字典进行描述。在这种情况下，目标时延是一个连续变化的参数[56-58]，第 5 章将详细讨论非网格上目标的参数化描述。

定义 $\tilde{\boldsymbol{\Psi}}(t) = [\tilde{\psi}_0(t), \tilde{\psi}_1(t), \cdots, \tilde{\psi}_{N-1}(t)]$。采用矩阵描述，式（3.7）可改写为①

$$\tilde{r}(t) = \sum_{k=0}^{N-1} \tilde{\rho}_k \tilde{\psi}_k(t) = \tilde{\boldsymbol{\Psi}}(t)\tilde{\boldsymbol{\rho}} \tag{3.8}$$

其中，$\tilde{\boldsymbol{\rho}} = [\tilde{\rho}_0, \tilde{\rho}_1, \cdots, \tilde{\rho}_{N-1}]^{\text{T}}$ 表示复反射系数向量，$\tilde{\boldsymbol{\rho}}$ 中非零元素的个数 $\|\tilde{\boldsymbol{\rho}}\|_0 = K$ 为雷达目标个数。如果 $K \ll N$，雷达回波信号是稀疏的，稀疏数为 K。稀疏回波也常常称为稀疏目标（sparse target）。

3.2　正交压缩采样系统结构

正交压缩采样就是直接对式（3.3）描述的信号进行采样以同时获取式（3.4）或式（3.5）信号低速采样的模信转换系统。正交压缩采样系统结构如图 3.1 所示，它由低速采样模块、正交解调模块和信号重构模块三部分构成。其中，低速采样模块通过随机扩频和带通滤波实现中频信号的随机投影，正交解调模块

---

① 式（3.7）的稀疏表示只适用于式（3.5）描述的回波信号。一般情况下，中频信号可表示为

$$r_{\text{IF}}(t) = a(t)\cos(2\pi F_{\text{IF}} t + \theta(t))$$

其对应的复基带信号为

$$\tilde{r}(t) \triangleq r_{\text{I}}(t) + \text{j} r_{\text{Q}}(t) = a(t)\text{e}^{\text{j}\theta(t)}$$

在这种情况下，假设在观测时间内，$\{\tilde{\psi}_0(t), \tilde{\psi}_1(t), \cdots, \tilde{\psi}_{N-1}(t)\}$ 构成表示 $a(t)\text{e}^{\text{j}\theta(t)}$ 的信号基底，定义表示系数为 $\{\tilde{\rho}_1, \tilde{\rho}_2, \cdots, \tilde{\rho}_N\}$，则式（3.8）依然成立。

通过数字正交解调获得正交压缩测量信号，信号重构模块采用稀疏重构方法实现基带信号的重构。

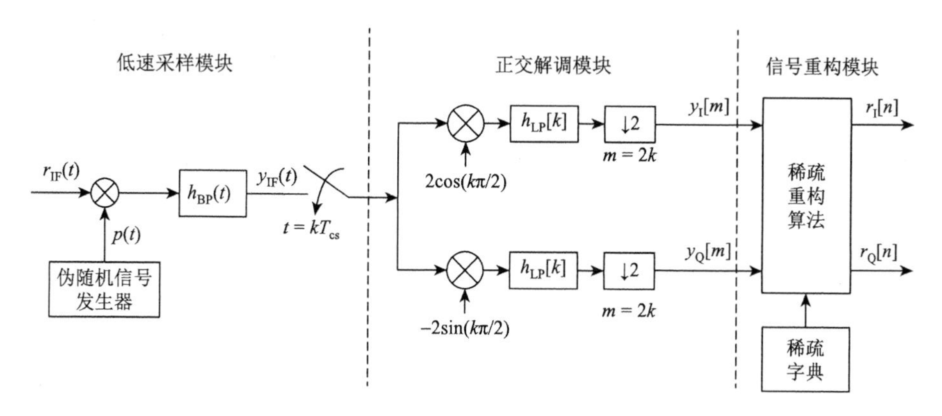

图 3.1　正交压缩采样系统框图

3.2.1　低速采样模块

在低速采样模块中，回波中频信号 $r_{IF}(t)$ 首先采用随机调制信号 $p(t)$ 进行混频处理产生扩频信号，然后对扩频信号进行带通滤波输出压缩带通信号 $y_{IF}(t)$，再采用正交采样（见 1.4.2 节）实现压缩测量。带通滤波器 $h_{BP}(t)$ 中心频率设置在 F_{IF}，带宽 $B_{cs} \ll B$，因此可以采用低速中频 ADC 实现 $y_{IF}(t)$ 的中频低速采样。

低速采样模块与 2.5.3 节的随机解调模信转换[42]在结构上类似，但是在实现上有着很大的差异。除了在滤波处理和采样环节具有明显的差别外，更主要的是调制信号带宽的设置。理论上，可以按照随机解调模信转换选取随机调制信号 $p(t)$，即按照 $r_{IF}(t)$ 上限频率 $F_{IF} + B/2$ 的 2 倍设置调制信号的带宽。但是，这样的设置将需要产生大带宽的调制信号 $p(t)$，给实现带来了不便。正交压缩采样系统根据信号 $r_{IF}(t)$ 的带宽 B 设置调制信号带宽。假设信号 $p(t)$ 和 $r_{IF}(t)$ 的频谱分别如图 3.2（a）和（b）所示。为了表示方便，信号 $r_{IF}(t)$ 的频谱只包含两个谱线，调制信号 $p(t)$ 的频谱是带宽为 $B_p/2$ 的理想低通谱。混频输出信号的频谱为图 3.2（a）和图 3.2（b）频谱的卷积，图 3.2（c）和（d）给出了当 $B > B_p$ 和 $B \leqslant B_p$ 时的频谱图，其中实线谱表示 $r_{IF}(t)$ 频率分量 $\pm F_L$ 的扩频谱，虚线谱表示频率分量 $\pm F_H$ 的扩频谱。从图 3.2（c）和（d）可以看到，信号 $r_{IF}(t)$ 被扩频到频率范围 $[F_{LL}, F_{LH}] \cup [F_{HL}, F_{HH}]$ 和 $[-F_{HH}, -F_{HL}] \cup [-F_{LH}, -F_{LL}]$，其中 $F_{LL} = F_{IF} - B/2 - B_p/2$，$F_{LH} = F_{IF} - B/2 + B_p/2$，$F_{HL} = F_{IF} + B/2 - B_p/2$，$F_{HH} = F_{IF} + B/2 + B_p/2$。因此，当对信号 $r_{IF}(t)p(t)$ 采用带通滤波器 $h_{BP}(t)$ 进行带通滤波处理时，如图 3.2（c）和（d）中的点划线所示，如果带通滤波器频带内包含扩频信号成分，则带通滤波输出 $y_{\mathrm{IF}}(t)$ 将不丢失信号 $r_{\mathrm{IF}}(t)$ 的信息。当 $B > B_{\mathrm{p}}$ 时，从图 3.2（c）可以发现对任何带宽 B_{cs} 的带通滤波器，我们可以保证不丢失 $r_{\mathrm{IF}}(t)$ 的频谱成分。然而，对 $B < B_{\mathrm{p}}$ 的情形，从图 3.2（d）可知，只有当 $F_{\mathrm{LH}} > F_{\mathrm{IF}} - B_{\mathrm{cs}}/2$ 或 $F_{\mathrm{HL}} < F_{\mathrm{IF}} + B_{\mathrm{cs}}/2$ 时，也就是当 $B_{\mathrm{p}} > B - B_{\mathrm{cs}}$ 时，才能不丢失 $r_{\mathrm{IF}}(t)$ 的频谱成分。因此，综合图 3.2（c）和（d）两种可能情形，可以选择 $B_{\mathrm{p}} \geqslant B$，以使带通滤波输出 $y_{\mathrm{IF}}(t)$ 不丢失信号 $r_{\mathrm{IF}}(t)$ 的信息。在实际中，应选取足够大的 B_{p} 以使得调制信号 $p(t)$ 具有强的随机性和平坦谱结构，确保压缩测量矩阵满足 RIP 特性。综合考虑实现的方便性和 RIP 特性，一般设置 $B_{\mathrm{p}} = cB$，其中 c 是正整数，在实

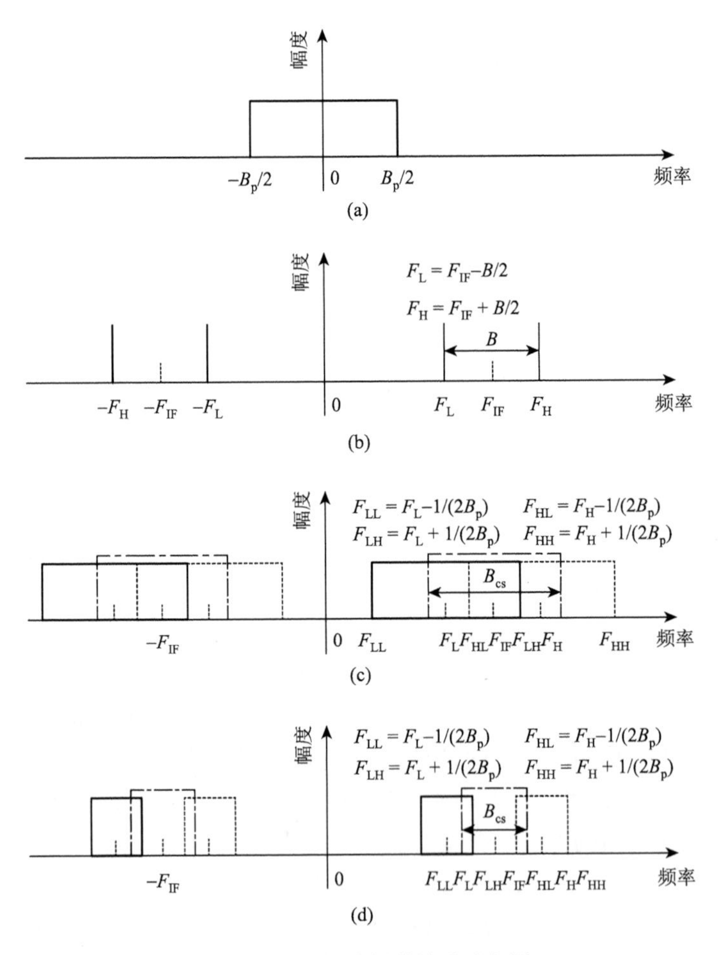

图 3.2 混频信号频谱关系示意图

（a）调制信号频谱；（b）中频信号频谱；（c）混频输出信号频谱（$B > B_{\mathrm{p}}$）；（d）混频输出信号频谱（$B \leqslant B_{\mathrm{p}}$）

际中，通常取 $c=1$ 或 2。随机解调结构的 $p(t)$ 带宽应不小于 $2F_{\mathrm{H}}=2F_{\mathrm{IF}}+B$，因此，正交解调结构的扩频码比直接采用随机解调结构更加容易实现。

低速采样模块输出的带通信号 $y_{\mathrm{IF}}(t)$ 称为压缩带通信号（compressive band-pass signal），可表示为

$$y_{\mathrm{IF}}(t)=\int_{-\infty}^{+\infty}h_{\mathrm{BP}}(\tau)p(t-\tau)r_{\mathrm{IF}}(t-\tau)\,\mathrm{d}\tau=\mathrm{Re}(\tilde{y}(t)\mathrm{e}^{\mathrm{j}2\pi F_{\mathrm{IF}}t}) \tag{3.9}$$

其中，$\tilde{y}(t)$ 是回波信号 $r_{\mathrm{IF}}(t)$ 的压缩复包络信号

$$\tilde{y}(t)=\int_{-\infty}^{+\infty}h_{\mathrm{BP}}(\tau)\mathrm{e}^{-\mathrm{j}2\pi F_{\mathrm{IF}}\tau}p(t-\tau)\tilde{r}(t-\tau)\mathrm{d}\tau \tag{3.10}$$

压缩复包络信号 $\tilde{y}(t)$ 可分解为同相压缩分量 $y_{\mathrm{I}}(t)$ 和正交压缩分量 $y_{\mathrm{Q}}(t)$，即

$$\tilde{y}(t)=y_{\mathrm{I}}(t)+\mathrm{j}y_{\mathrm{Q}}(t) \tag{3.11}$$

其中

$$\begin{aligned}y_{\mathrm{I}}(t)=&\int_{-\infty}^{\infty}h_{\mathrm{BP}}(\tau)p(t-\tau)\\&\times(\cos(2\pi F_{\mathrm{IF}}\tau)r_{\mathrm{I}}(t-\tau)+\sin(2\pi F_{\mathrm{IF}}\tau)r_{\mathrm{Q}}(t-\tau))\mathrm{d}\tau\end{aligned} \tag{3.12}$$

$$\begin{aligned}y_{\mathrm{Q}}(t)=&\int_{-\infty}^{\infty}h_{\mathrm{BP}}(\tau)p(t-\tau)\\&\times(\cos(2\pi F_{\mathrm{IF}}\tau)r_{\mathrm{Q}}(t-\tau)-\sin(2\pi F_{\mathrm{IF}}\tau)r_{\mathrm{I}}(t-\tau))\mathrm{d}\tau\end{aligned} \tag{3.13}$$

对于带宽为 B_{cs} 的带通信号 $y_{\mathrm{IF}}(t)$，可以采用 1.4 节的正交采样进行采样。设采样频率 $f_{\mathrm{cs}}=4F_{\mathrm{IF}}/(4l+1)$，其中，$l$ 为正整数且满足 $l\leqslant\lfloor(F_{\mathrm{IF}}-B_{\mathrm{cs}}/2)/(2B_{\mathrm{cs}})\rfloor$，$y_{\mathrm{IF}}(t)$ 的带通采样值 $y_{\mathrm{IF}}[n]$ 可表示为

$$\begin{aligned}y_{\mathrm{IF}}[n]&=y_{\mathrm{IF}}(t)\big|_{t=n/f_{\mathrm{cs}}}=\mathrm{Re}(\tilde{y}(n/f_{\mathrm{cs}})\mathrm{e}^{\mathrm{j}2\pi F_{\mathrm{IF}}n/f_{\mathrm{cs}}})\\&=y_{\mathrm{I}}(n/f_{\mathrm{cs}})\cos(2\pi F_{\mathrm{IF}}n/f_{\mathrm{cs}})-y_{\mathrm{Q}}(n/f_{\mathrm{cs}})\sin(2\pi F_{\mathrm{IF}}n/f_{\mathrm{cs}})\\&=y_{\mathrm{I}}(n/f_{\mathrm{cs}})\cos(n\pi/2)-y_{\mathrm{Q}}(n/f_{\mathrm{cs}})\sin(n\pi/2)\end{aligned} \tag{3.14}$$

其中，$y_{\mathrm{I}}(n/f_{\mathrm{cs}})$ 和 $y_{\mathrm{Q}}(n/f_{\mathrm{cs}})$ 分别是同相压缩分量 $y_{\mathrm{I}}(t)$ 和正交压缩分量 $y_{\mathrm{Q}}(t)$ 的采样；$\tilde{y}(n/f_{\mathrm{cs}})$ 是压缩复包络信号 $\tilde{y}(t)$ 的采样。

式（3.10）定义的压缩复包络信号 $\tilde{y}(t)$ 可以理解为信号 $p(t)\tilde{r}(t)$ 通过冲激响应为 $h_{\mathrm{BP}}(t)\mathrm{e}^{-\mathrm{j}2\pi F_{\mathrm{IF}}t}$ 的滤波器输出。可以将滤波器 $h_{\mathrm{BP}}(t)$ 表示为

$$h_{\mathrm{BP}}(t)=h_{\mathrm{LP}}(t)\cos(2\pi F_{\mathrm{IF}}t) \tag{3.15}$$

其中，$h_{\mathrm{LP}}(t)$ 是同 $h_{\mathrm{BP}}(t)$ 具有相同带宽的低通滤波器。则 $\tilde{y}(t)$ 又可表示为

$$\tilde{y}(t)=\int_{-\infty}^{+\infty}h_{\mathrm{LP}}(\tau)p(t-\tau)\tilde{r}(t-\tau)\mathrm{d}\tau \tag{3.16}$$

这是因为 $p(t)\tilde{r}(t)$ 是一个低通信号，不包含高频分量。式（3.16）的描述形式对后续章节的理论分析是有帮助的。

3.2.2 正交解调模块

正交解调模块的主要功能是从采样序列 $y_{\mathrm{IF}}[n]$ 中提取出同相压缩分量 $y_{\mathrm{I}}[m]$ 和正交压缩分量 $y_{\mathrm{Q}}[m]$，其工作原理与传统的正交采样[65]一致。

根据正交采样理论，在同相支路中，首先对 $y_{\mathrm{IF}}[n]$ 进行解调处理：

$$\begin{aligned} y_{\mathrm{I}}'[n] &= 2\cos(n\pi/2)y_{\mathrm{IF}}[n] \\ &= y_{\mathrm{I}}(n/f_{\mathrm{cs}}) + y_{\mathrm{I}}(n/f_{\mathrm{cs}})\cos(n\pi) - y_{\mathrm{Q}}(n/f_{\mathrm{cs}})\sin(n\pi) \end{aligned} \tag{3.17}$$

然后将解调信号 $\tilde{y}_{\mathrm{I}}'[n]$ 通过一个低通滤波器 $h_{\mathrm{LP}}[n]$ 滤除高频分量 $y_{\mathrm{I}}(n/f_{\mathrm{cs}})\cos(n\pi)$ 和 $y_{\mathrm{Q}}(n/f_{\mathrm{cs}})\sin(n\pi)$，最后进行 2 倍降采样得到同相压缩分量 $y_{\mathrm{I}}[m]$。对理想低通滤波器，有

$$y_{\mathrm{I}}[m] = y_{\mathrm{I}}(mT_{\mathrm{cs}}),\quad m = 0,1,2,\cdots \tag{3.18}$$

其中，$T_{\mathrm{cs}} = 2/f_{\mathrm{cs}}$。类似地，可以得到正交压缩分量：

$$y_{\mathrm{Q}}[m] = y_{\mathrm{Q}}(mT_{\mathrm{cs}}),\quad m = 0,1,2,\cdots \tag{3.19}$$

根据同相/正交压缩分量，我们可以获得复包络信号 $\tilde{y}(t)$ 的等价压缩测量 $\tilde{y}[m]$：

$$\tilde{y}[m] = \tilde{y}(mT_{\mathrm{cs}}) = y_{\mathrm{I}}[m] + \mathrm{j}y_{\mathrm{Q}}[m] \tag{3.20}$$

如果将式（3.8）代入式（3.10），压缩复包络信号 $\tilde{y}(t)$ 可表示为

$$\tilde{y}(t) = \sum_{k=0}^{N-1}\tilde{\rho}_k\int_{-\infty}^{+\infty}h_{\mathrm{BP}}(\tau)\mathrm{e}^{-\mathrm{j}2\pi F_{\mathrm{IF}}\tau}p(t-\tau)\tilde{\psi}_k(t-\tau)\mathrm{d}\tau \tag{3.21}$$

因此，式（3.20）的压缩测量就是对式（3.21）以 T_{cs} 为采样间隔的采样：

$$\tilde{y}[m] = \sum_{k=0}^{N-1}\tilde{\rho}_k\int_{-\infty}^{+\infty}h_{\mathrm{BP}}(\tau)\mathrm{e}^{-\mathrm{j}2\pi F_{\mathrm{IF}}\tau}p(mT_{\mathrm{cs}}-\tau)\tilde{\psi}_k(mT_{\mathrm{cs}}-\tau)\mathrm{d}\tau \tag{3.22}$$

在观测时间范围 $[0,T]$ 内，我们可获得 $M = \lfloor T/T_{\mathrm{cs}} \rfloor$ 个压缩测量。由于 $B_{\mathrm{cs}} \ll B$，压缩测量的个数 M 将远小于回波信号的奈奎斯特采样个数 N，$M \ll N$。我们将 $\varDelta = N/M$ 或 $\varDelta = T_{\mathrm{cs}}/T_{\mathrm{s}}$ 定义为正交压缩采样系统降采样率；当按照最小采样速率采样时，降采样率又可表示为 $\varDelta = B/B_{\mathrm{cs}}$。

3.2.3 信号重构模块

定义

$$\tilde{A}_{mk} = \int_{-\infty}^{+\infty}h_{\mathrm{BP}}(\tau)\mathrm{e}^{-\mathrm{j}2\pi F_{\mathrm{IF}}\tau}p(mT_{\mathrm{cs}}-\tau)\tilde{\psi}_k(mT_{\mathrm{cs}}-\tau)\mathrm{d}\tau \tag{3.23}$$

式（3.22）可简化为

$$\tilde{y}[m]=\sum_{k=0}^{N-1}\tilde{\rho}_k\tilde{A}_{mk} \tag{3.24}$$

定义测量向量 $\tilde{\boldsymbol{y}}$ 和感知矩阵 $\tilde{\boldsymbol{A}}$ 分别为

$$\tilde{\boldsymbol{y}}=[\tilde{y}[0],\cdots,\tilde{y}[M-1]]^{\mathrm{T}}\in\mathbb{C}^M \tag{3.25}$$

$$\tilde{\boldsymbol{A}}=[\tilde{A}_{mk}]\in\mathbb{C}^{M\times N} \tag{3.26}$$

则采用向量矩阵描述语言，式（3.24）可表示为

$$\tilde{\boldsymbol{y}}=\tilde{\boldsymbol{A}}\tilde{\boldsymbol{\rho}} \tag{3.27}$$

式（3.27）称为正交压缩采样系统的压缩测量方程，感知矩阵 $\tilde{\boldsymbol{A}}$ 完整地刻画了正交压缩采样系统。同第 2 章介绍的压缩采样一样，测量个数小于稀疏向量维数，$M<N$。因此，式（3.27）是一个欠定线性方程组，直接求解 $\tilde{\boldsymbol{\rho}}$ 是一个 NP-难问题。根据压缩感知理论，如果感知矩阵 $\tilde{\boldsymbol{A}}$ 满足 RIP，可以通过稀疏重构技术重构 $\tilde{\boldsymbol{\rho}}$。在没有噪声存在的情况下，基于 l_1-范数优化的重构可表示为

$$\begin{cases}\hat{\boldsymbol{\rho}}=\arg\min\limits_{\tilde{\boldsymbol{\rho}}}\|\tilde{\boldsymbol{\rho}}\|_1\\ \text{s.t.}\quad \tilde{\boldsymbol{y}}=\tilde{\boldsymbol{A}}\tilde{\boldsymbol{\rho}}\end{cases} \tag{3.28}$$

在实际环境中，接收回波中不可避免地包含噪声；在这种情况下，重构 $\tilde{\boldsymbol{\rho}}$ 转化为求解如下 l_1-范数优化问题：

$$\begin{cases}\hat{\boldsymbol{\rho}}=\arg\min\limits_{\tilde{\boldsymbol{\rho}}}\|\tilde{\boldsymbol{\rho}}\|_1\\ \text{s.t.}\quad \|\tilde{\boldsymbol{y}}-\tilde{\boldsymbol{A}}\tilde{\boldsymbol{\rho}}\|_2\leqslant\varepsilon\end{cases} \tag{3.29}$$

其中，ε 是一个由噪声分布决定的参数。

根据重构的稀疏向量 $\tilde{\boldsymbol{\rho}}$，可以按照式（3.8）恢复复基带信号 $\tilde{r}(t)$。

3.3　正交压缩采样重构性分析

在压缩感知理论中，感知矩阵的 RIP 分析是极其重要的，这是因为 RIP 特性为稀疏向量的稳定重构提供了充分条件。对正交压缩采样系统而言，当感知矩阵 $\tilde{\boldsymbol{A}}$ 满足 RIP 特性时，通过式（3.28）和式（3.29）可以重构复基带信号 $\tilde{r}(t)$；也就是说，在这种情况下，正交压缩采样 $\tilde{y}[m]$ 将不丢失包含在复基带信号 $\tilde{r}(t)$ 中的目标信号信息。文献[44]、[51]对矩阵 $\tilde{\boldsymbol{A}}$ 的 RIP 分别从频域和时域描述观点进行了分析。其中，文献[44]将矩阵 $\tilde{\boldsymbol{A}}$ 在频域分解成不同组成单元，然后采用测度集中（concentration of measure，CoM）不等式[66]证明其在一定条件下满足 RIP。这种分析是可行的，但是可重构条件是根据感知矩阵的频域描述给出

的，RIP 分析没有考虑感知矩阵的结构特点，因此，证明过程冗长。同时，这种频域分析不利于直接研究正交压缩采样输出信号和噪声特性。文献[51]直接采用矩阵 $\tilde{\boldsymbol{A}}$ 的时域描述对其 RIP 进行了分析。相对于文献[44]的分析，文献[51]将矩阵 $\tilde{\boldsymbol{A}}$ 合理地分解成正交压缩采样系统描述矩阵和雷达波形描述矩阵，物理内涵明确，可方便地采用单位范数紧致框架（unit-norm tight frame，UTF）[67]进行 RIP 分析。

为了简化分析，假设正交压缩采样系统满足下面几个条件。

（1）带通滤波器 $h_{\mathrm{BP}}(t)$ 是一个理想的滤波器，其频率响应为

$$\hat{H}_{\mathrm{BP}}(\mathrm{j}\Omega)=\hat{H}_{\mathrm{LP}}(\mathrm{j}(\Omega-2\pi F_{\mathrm{IF}}))+\hat{H}_{\mathrm{LP}}(\mathrm{j}(\Omega+2\pi F_{\mathrm{IF}})) \tag{3.30}$$

其中，$\hat{H}_{\mathrm{LP}}(\mathrm{j}\Omega)$ 是理想的低通滤波器的频率响应

$$\hat{H}_{\mathrm{LP}}(\mathrm{j}\Omega)=\begin{cases}B/B_{\mathrm{cs}}, & -\pi B_{\mathrm{cs}}\leqslant\Omega\leqslant\pi B_{\mathrm{cs}}\\ 0, & \text{其他}\end{cases} \tag{3.31}$$

增益系数 B/B_{cs} 用于保证信号在滤波后能量不发生变化。

（2）调制信号 $p(t)$ 是一个随机二相码周期信号，其码片速率① $B_{\mathrm{p}}=cB$，周期长度为观测时长 T。因此，$p(t)$ 可采用长度为 cN 的二相码 $\{\varepsilon_0,\varepsilon_1,\cdots,\varepsilon_{cN-1}\}$ 描述，$p(t)=\varepsilon_n$，$t\in[nT_{\mathrm{s}}/c,(n+1)T_{\mathrm{s}}/c)$，$n=0,1,\cdots,cN-1$，$\varepsilon_n$ 等概率地取值 $+c$ 或 $-c$。

（3）压缩带通信号 $y(t)$ 的中频采样频率为最小可允许采样速率 $f_{\mathrm{cs}}=2B_{\mathrm{cs}}$，对应的采样间隔 $T_{\mathrm{cs}}=1/B_{\mathrm{cs}}$。

（4）回波信号的奈奎斯特采样个数和正交压缩采样个数均为整数，且观测时长 T 满足 $T=N/B=M/B_{\mathrm{cs}}$，即 $NT_{\mathrm{s}}=MT_{\mathrm{cs}}$。

假设（2）是 3.3.1 节进行 $\tilde{\boldsymbol{A}}$ 的时域分解需要的，其他假设将应用于 3.3.2 节的 RIP 分析。从理论分析的角度，这些假设是合理的，简化了数学描述。

3.3.1　感知矩阵的时域分解

考虑式（3.26）给出的感知矩阵 $\tilde{\boldsymbol{A}}$，根据带通滤波器和低通滤波器的关系（3.15），$\tilde{\boldsymbol{A}}$ 的元素 $\tilde{A}_{mk}$（3.23）可表示为

$$\begin{aligned}\tilde{A}_{mk}&=\int_{-\infty}^{+\infty}h_{\mathrm{BP}}(\tau)\mathrm{e}^{-\mathrm{j}2\pi F_{\mathrm{IF}}\tau}p(mT_{\mathrm{cs}}-\tau)\tilde{\psi}_k(mT_{\mathrm{cs}}-\tau)\mathrm{d}\tau\\&=\int_0^T h_{\mathrm{LP}}(mT_{\mathrm{cs}}-\tau)p(\tau)\tilde{\psi}_k(\tau)\mathrm{d}\tau\end{aligned} \tag{3.32}$$

---

① 在本节的理论分析中，将码片速率设置为 $B_{\mathrm{p}}=cB$，其中 c 是不小于 2 的正整数。但是，在实际中，可取 $c=1$，即码片速率为信号带宽，前面讨论的压缩采样依然正确。

现采用分段积分实现式（3.32）的计算，分段积分长度设置为 $p(t)$ 的码宽，即奈奎斯特采样间隔 T_{s} 的 $1/c$，式（3.32）可分解为

$$\begin{aligned}\tilde{A}_{mk} &= \sum_{n=0}^{cN-1}\int_{nT_{\mathrm{s}}/c}^{(n+1)T_{\mathrm{s}}/c} h_{\mathrm{LP}}(mT_{\mathrm{cs}}-\tau)p(\tau)\tilde{\psi}_k(\tau)\mathrm{d}\tau \\ &= \sum_{n=0}^{cN-1}\varepsilon_n\int_{nT_{\mathrm{s}}/c}^{(n+1)T_{\mathrm{s}}/c} h_{\mathrm{LP}}(mT_{\mathrm{cs}}-\tau)\tilde{\psi}_k(\tau)\mathrm{d}\tau\end{aligned} \tag{3.33}$$

在分段积分间隔 $[nT_{\mathrm{s}}/c,(n+1)T_{\mathrm{s}}/c]$ 内，将 $\tilde{\psi}_k(\tau)$ 和 $h_{\mathrm{LP}}(\tau)$ 分别采用其采样值近似，即 $\tilde{\psi}_k(\tau)\approx\tilde{\psi}_k(nT_{\mathrm{s}}/c)$，$h_{\mathrm{LP}}(\tau)\approx h_{\mathrm{LP}}(nT_{\mathrm{s}}/c)$，则式（3.33）可近似为

$$\tilde{A}_{mk} \approx \frac{T_{\mathrm{s}}}{c}\sum_{n=0}^{cN-1}\varepsilon_n h_{\mathrm{LP}}(mT_{\mathrm{cs}}-nT_{\mathrm{s}}/c)\tilde{\psi}_k(nT_{\mathrm{s}}/c) \tag{3.34}$$

在式（3.33）的积分项中，低通滤波 h_{LP} 的带宽 B_{cs} 小于 B，因此，式（3.34）的近似是合理的；c 越大，分段积分间隔越小，式（3.34）的近似越准确。定义 $\boldsymbol{P}=(1/c)\mathrm{diag}\{\varepsilon_n\}\in\mathbb{R}^{cN\times cN}$，$\boldsymbol{H}=[H_{mn}]\in\mathbb{R}^{M\times cN}$，$\tilde{\boldsymbol{\Psi}}=[\tilde{\Psi}_{nk}]\in\mathbb{C}^{cN\times N}$，其中，$H_{mn}=T_{\mathrm{s}}h_{\mathrm{LP}}(mT_{\mathrm{cs}}-nT_{\mathrm{s}}/c)$，$\tilde{\Psi}_{nk}=\tilde{\psi}_k(nT_{\mathrm{s}}/c)$，则采用矩阵形式可将矩阵 $\tilde{\boldsymbol{A}}$ 描述为

$$\tilde{\boldsymbol{A}}=\boldsymbol{HP}\tilde{\boldsymbol{\Psi}} \tag{3.35}$$

式（3.35）表明，正交压缩采样系统的感知矩阵 $\tilde{\boldsymbol{A}}$ 可有效地分解成三个矩阵因子 $\boldsymbol{H}$、$\boldsymbol{P}$ 和 $\tilde{\boldsymbol{\Psi}}$ 连乘积的形式。其中，$\boldsymbol{H}$ 刻画了带通滤波和低速采样，$\boldsymbol{P}$ 刻画了随机调制处理，而 $\tilde{\boldsymbol{\Psi}}$ 描述了 3.1 节定义的波形匹配字典。因此，$\tilde{\boldsymbol{\Psi}}\tilde{\boldsymbol{\rho}}$ 是雷达回波基带信号 $\tilde{r}(t)$ 的采样，矩阵 $\boldsymbol{HP}$ 实现了对采样信号 $\tilde{\boldsymbol{\Psi}}\tilde{\boldsymbol{\rho}}$ 的压缩测量。定义 $\boldsymbol{\Phi}=[\Phi_{mn}]=\boldsymbol{HP}\in\mathbb{R}^{M\times cN}$ 为测量矩阵，$\tilde{\boldsymbol{r}}=\tilde{\boldsymbol{\Psi}}\tilde{\boldsymbol{\rho}}$ 为 $\tilde{r}(t)$ 的采样向量，则正交压缩采样信号向量 $\tilde{\boldsymbol{y}}$ 可表示为

$$\tilde{\boldsymbol{y}}=\boldsymbol{\Phi}\tilde{\boldsymbol{r}} \tag{3.36}$$

与一般正交基底测量模型不同，信号 $\tilde{\boldsymbol{r}}$ 的长度为奈奎斯特采样长度的 c 倍。

3.3.2　感知矩阵 RIP 分析

在 RIP 分析理论中，人们根据感知矩阵的形式，建立了相应的 RIP 分析方法。例如，面向一般感知矩阵的基于集中测度不等式分析方法[66]，以及面向结构化感知矩阵的基于单位范数紧致框架方法[67]等。这些分析的本质特征是揭示压缩感知可重构概率和相应的压缩测量数。正交压缩采样系统具有结构化的感知矩阵，因此，本节采用文献[67]的分析方法研究 $\tilde{\boldsymbol{A}}$ 的 RIP，简记为 UTF 方法。

在介绍 UTF 方法之前，我们首先回顾单位范数紧致框架的定义和特性。考虑式（2.15）定义的框架矩阵 $\tilde{\boldsymbol{V}}\in\mathbb{C}^{M\times L}$，即对任意的向量 $\tilde{\boldsymbol{z}}\in\mathbb{C}^{M}$，有

$$\lambda_{\min}\|\tilde{z}\|_2^2 \leqslant \|\tilde{V}^{\mathrm{H}}\tilde{z}\|_2^2 \leqslant \lambda_{\max}\|\tilde{z}\|_2^2 \tag{3.37}$$

其中，$\lambda_{\min}>0$，$\lambda_{\max}<\infty$。框架不等式（3.37）说明了对范数$\|\tilde{z}\|$小的向量$\tilde{z}$，框架变换$\tilde{V}^{\mathrm{H}}\tilde{z}$的范数$\|\tilde{V}^{\mathrm{H}}\tilde{z}\|$也小，反之亦然。因此，采用框架表示的信号系数$\tilde{a}=\tilde{V}^{\mathrm{H}}\tilde{z}$是有界的，即$\|\tilde{a}\|_2^2\leqslant\lambda_{\max}\|\tilde{z}\|_2^2$。当$\lambda_{\min}=\lambda_{\max}$时，框架矩阵$\tilde{V}$称为紧致框架。如果$\tilde{V}$的每个列向量$\tilde{v}_l$都是单位范数向量，即$\|\tilde{v}_l\|_2=1$，则框架矩阵$\tilde{V}$称为单位范数框架。对单位范数紧致框架而言，有

$$\lambda_{\min}=\lambda_{\max}=\frac{L}{M} \tag{3.38}$$

引理 3.1 给出了框架矩阵$\tilde{V}$是单位范数紧致框架的充分必要条件。

引理 3.1　对列归一化矩阵$\tilde{V}\in\mathbb{C}^{M\times L}$，当且仅当其满足下列两个等价条件之一时，为单位范数紧致框架：

（1）$\tilde{V}$的M个非零奇异值均为$\sqrt{L/M}$；

（2）矩阵$\sqrt{M/L}\tilde{V}$的所有行向量形成标准正交族。

引理 3.1 的证明可参考文献[68]，它使得我们可以方便地采用矩阵分析工具分析一个矩阵是否为单位范数紧致框架。

基于 UTF 的感知矩阵 RIP 分析首先假设感知矩阵，如$\tilde{\boldsymbol{\Theta}}\in\mathbb{C}^{M\times N}$，可分解成

$$\tilde{\boldsymbol{\Theta}}=\tilde{V}\boldsymbol{\Sigma}\tilde{U} \tag{3.39}$$

其中，$\tilde{V}\in\mathbb{C}^{M\times L}$；$\boldsymbol{\Sigma}=\mathrm{diag}(\boldsymbol{\varepsilon})\in\mathbb{C}^{L\times L}$是一个对角矩阵；$\tilde{U}\in\mathbb{C}^{L\times N}$。文献[67]分析了一些结构化的压缩测量系统和实际的模信转换系统，揭示了它们的感知矩阵都可以采用式（3.39）的分解描述，同时依据这种分解设计出了几种新型的结构化感知矩阵。与一般的高斯分布或伯努利分布随机矩阵相比，基于结构化矩阵的压缩感知具有存储量小和可快速计算的优点。如果将式（3.35）与式（3.39）相比较，不难发现正交压缩采样系统的感知矩阵也具有这种分解形式，因此可以采用 UTF 方法进行分析。

对式（3.39）描述的感知矩阵，当矩阵$\tilde{V}$、$\boldsymbol{\Sigma}$和$\tilde{U}$满足一定的条件时，矩阵$\tilde{\boldsymbol{\Theta}}$满足 RIP，如定理 3.1 所述。

定理 3.1　对于矩阵$\tilde{\boldsymbol{\Theta}}=\tilde{V}\boldsymbol{\Sigma}\tilde{U}$，当矩阵$\tilde{V}$是一个单位范数紧致框架、对角矩阵$\boldsymbol{\Sigma}$的对角元素服从零均值单位方差$r$-亚高斯的独立分布、矩阵$\tilde{U}$是一个列标准正交矩阵$\tilde{U}^{\mathrm{H}}\tilde{U}=\boldsymbol{I}_N$时，对于任意的$\delta\in(0,1)$，如果

$$M\geqslant C_1\delta^{-2}KL\mu^2(\tilde{U})\log^2 K\log^2\hat{N} \tag{3.40}$$

其中，C_1是一个依赖于r的正常数；$\hat{N}=\max\{L,N\}$；$\mu(\tilde{U})$是矩阵$\tilde{U}$中所有元素幅值的最大值。那么矩阵$\tilde{\boldsymbol{\Theta}}$的$K$阶约束等距常数$\delta_K$以不低于$1-\hat{N}^{-\log\hat{N}\log^2 K}$的概率满足$\delta_K\leqslant\delta$。

定理 3.1 在分析结构化感知矩阵 RIP 特性方面的重要性是显而易见的，只要分解矩阵 $\tilde{\boldsymbol{V}}$ 、$\boldsymbol{\Sigma}$ 和 $\tilde{\boldsymbol{U}}$ 满足相应的条件，感知矩阵 $\tilde{\boldsymbol{\Theta}}$ 即满足 K 阶约束等距常数 δ_K 的 RIP 特性。定理 3.1 的证明见文献[67]。

将定理 3.1 应用于感知矩阵 $\tilde{\boldsymbol{A}}$ 的分析，我们可以得出定理 3.2。

定理 3.2　对于正交压缩采样系统，当波形匹配字典 $\tilde{\boldsymbol{\Psi}}$ 为标准列正交基，即 $\tilde{\boldsymbol{\Psi}}^{\mathrm{H}}\tilde{\boldsymbol{\Psi}}=\boldsymbol{I}_N$，如果测量个数 M 满足

$$M \geqslant C\delta_K^{-2}KcN\mu^2(\tilde{\boldsymbol{\Psi}})\log^2 K\log^2(cN) \tag{3.41}$$

则矩阵 $\tilde{\boldsymbol{A}}\triangleq\boldsymbol{HP}\tilde{\boldsymbol{\Psi}}$ 以不低于 $1-(cN)^{-\log(cN)\log^2 K}$ 的概率满足 K 阶约束等距常数为 δ_K 的 RIP，即以下不等式成立

$$(1-\delta_K)\|\tilde{\boldsymbol{\rho}}\|_2^2\leqslant\|\tilde{\boldsymbol{A}}\tilde{\boldsymbol{\rho}}\|_2^2\leqslant(1+\delta_K)\|\tilde{\boldsymbol{\rho}}\|_2^2 \tag{3.42}$$

其中，C 是一个正常数。

定理 3.2 假设了波形匹配字典是列正交的，即 $\tilde{\boldsymbol{\Psi}}$ 满足 $\tilde{\boldsymbol{\Psi}}^{\mathrm{H}}\tilde{\boldsymbol{\Psi}}=\boldsymbol{I}_N$。根据波形匹配字典定义 $\tilde{\psi}_k(t)=\tilde{g}(t-k\tau_{\mathrm{res}})$，可以知道字典矩阵 $\tilde{\boldsymbol{\Psi}}$ 的列正交性等价于复基带信号 $\tilde{g}(t)$ 具有平坦谱。在雷达应用中，为获得高距离分辨率，雷达波形通常被设计为大带宽平坦谱，例如，线性调频信号和相位编码波形等。为了验证其假设的合理性，图 3.3 给出了线性调频信号和相位编码信号对应的波形匹配字典 $\tilde{\boldsymbol{\Psi}}$ 的格拉姆矩阵（Gram matrix）$\boldsymbol{G}=\tilde{\boldsymbol{\Psi}}^{\mathrm{H}}\tilde{\boldsymbol{\Psi}}$。图中两种信号格拉姆矩阵的最大非对角元素的幅度都在对角元素的1%以下，这表明这两种信号产生的波形匹配字典 $\tilde{\boldsymbol{\Psi}}$ 是近似列正交的。因此，假设波形匹配字典 $\tilde{\boldsymbol{\Psi}}$ 为标准列正交基是合理的。

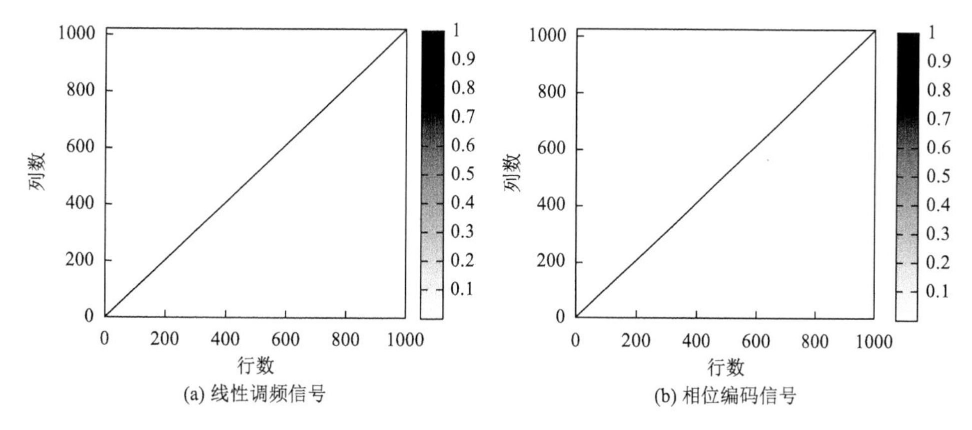

图 3.3　线性调频信号和相位编码信号波形匹配字典 $\tilde{\boldsymbol{\Psi}}$ 的格拉姆矩阵

信号参数均设为 $B=100\mathrm{MHz}$，$T_{\mathrm{p}}=10\mu\mathrm{s}$ 和 $T=20\mu\mathrm{s}$

因此，只要矩阵 $\boldsymbol{P}$ 和 $\boldsymbol{H}$ 满足相应的条件，则根据定理 3.1，定理 3.2 成立。

矩阵 $\boldsymbol{P}$ 满足定理 3.1 中矩阵 $\boldsymbol{\Sigma}$ 的要求是显而易见的，这是因为矩阵 $\boldsymbol{P}$ 的对角元素其实是等概率取值为±1的随机二相码。

对于矩阵 $\boldsymbol{H}$，如果矩阵 $\sqrt{M/(cN)}\boldsymbol{H}$ 的所有行向量形成标准正交族，则根据定理 3.1，$\boldsymbol{H}$ 是一个单位范数紧致框架。为此，我们考虑任意两个行向量之间的内积：

$$\sum_{n=0}^{cN-1} H_{mn}H_{m'n} = \sum_{n=0}^{cN-1} T_{\mathrm{s}}^2 h_{\mathrm{LP}}(mT_{\mathrm{cs}} - nT_{\mathrm{s}}/c)h_{\mathrm{LP}}(m'T_{\mathrm{cs}} - nT_{\mathrm{s}}/c) \tag{3.43}$$

其中，$m,m' = 0,1,\cdots,M-1$；$h_{\mathrm{LP}}(mT_{\mathrm{cs}} - nT_{\mathrm{s}}/c)$ 为 $h_{\mathrm{LP}}(mT_{\mathrm{cs}} - t)$ 按照采样间隔 T_{s}/c 获得的时间序列。根据离散时间傅里叶变换和连续时间傅里叶变换之间的关系，可以得出 $h_{\mathrm{LP}}(mT_{\mathrm{cs}} - nT_{\mathrm{s}}/c)$ 的离散时间傅里叶变换为 $(c/T_{\mathrm{s}})\sum_k \hat{H}_{\mathrm{LP}}(-\mathrm{j}c(\omega - 2\pi k)/T_{\mathrm{s}})\mathrm{e}^{-\mathrm{j}mT_{\mathrm{cs}}c(\omega-2\pi k)/T_{\mathrm{s}}}$。注意 $h_{\mathrm{LP}}(nT_{\mathrm{s}}/c)$ 是式（3.31）定义的低通滤波器的采样；相对于观测时间 T，$h_{\mathrm{LP}}(nT_{\mathrm{s}}/c)$ 的能量集中在短的时间范围内，因此，根据假设（1）和帕斯瓦尔定理，式（3.43）可近似为

$$\begin{aligned}
&\sum_{n=0}^{cN-1} H_{mn}H_{m'n} \\
&\approx \frac{T_{\mathrm{s}}^2}{2\pi}\int_{-\pi}^{\pi} \begin{array}{l}\left(\left(\dfrac{c}{T_{\mathrm{s}}}\right)\displaystyle\sum_k \hat{H}_{\mathrm{LP}}\left(-\mathrm{j}\dfrac{c(\omega-2\pi k)}{T_{\mathrm{s}}}\right)\mathrm{e}^{-\mathrm{j}mT_{\mathrm{cs}}\frac{c(\omega-2\pi k)}{T_{\mathrm{s}}}}\right)^* \\ \times\left(\left(\dfrac{c}{T_{\mathrm{s}}}\right)\displaystyle\sum_k \hat{H}_{\mathrm{LP}}\left(-\mathrm{j}\dfrac{c(\omega-2\pi k)}{T_{\mathrm{s}}}\right)\mathrm{e}^{-\mathrm{j}m'T_{\mathrm{cs}}\frac{c(\omega-2\pi k)}{T_{\mathrm{s}}}}\right)\end{array} \mathrm{d}\omega \\
&= \frac{c^2}{2\pi}\left(\frac{B}{B_{\mathrm{cs}}}\right)^2 \int_{-\pi B_{\mathrm{cs}}T_{\mathrm{s}}/c}^{\pi B_{\mathrm{cs}}T_{\mathrm{s}}/c} \mathrm{e}^{\mathrm{j}mT_{\mathrm{cs}}\frac{c\omega}{T_{\mathrm{s}}}}\mathrm{e}^{-\mathrm{j}m'T_{\mathrm{cs}}\frac{c\omega}{T_{\mathrm{s}}}}\mathrm{d}\omega \\
&= \frac{cN}{M}\operatorname{sinc}(m-m')
\end{aligned} \tag{3.44}$$

在进行式（3.44）的最后简化时，利用了假设（4）的关系。式（3.44）表明

$$\sum_{n=0}^{cN-1} H_{mn}H_{m'n} = \begin{cases} \dfrac{cN}{M}, & m = m' \\ 0, & m \neq m' \end{cases} \tag{3.45}$$

因此，考虑式（3.45）和定理 3.1，可以得证矩阵 $\sqrt{M/(cN)}\boldsymbol{H}$ 的所有行向量形成标准正交族。

上面对矩阵的 $\boldsymbol{H}$、$\boldsymbol{P}$ 和 $\tilde{\boldsymbol{\Psi}}$ 的分析表明，定理 3.2 在实际中是成立的，因此，矩阵 $\tilde{\boldsymbol{A}}$ 是满足 RIP 特性的感知矩阵。

在实际雷达系统中，雷达发射波形通常为恒包络的。对于时宽为T_{b}的雷达波形，基底$\tilde{\boldsymbol{\Psi}}$每一列中非零元素个数为$cT_{\mathrm{b}}B$，且幅度相同。由于$\tilde{\boldsymbol{\Psi}}$是按列标准正交的，$\mu(\tilde{\boldsymbol{\Psi}})=1/\sqrt{cT_{\mathrm{b}}B}$。对占空比为$d_{\mathrm{t}}=T_{\mathrm{b}}/T$的脉冲波形，则根据定理 3.2，测量个数$M$可表示为

$$M \geqslant C\delta_K^{-2}d_{\mathrm{t}}^{-1}K\log^2 K\log^2(cN) \tag{3.46}$$

即所需的压缩测量个数M近似线性比例正比于稀疏数K，对数平方比例正比于回波信号的维数N，反比于占空比d_{t}。

如果将$M=B_{\mathrm{cs}}T$和$N=BT$代入式（3.46）中，我们又可以建立压缩带宽B_{cs}、信号带宽B和观测时长T之间的关系：

$$B_{\mathrm{cs}} \geqslant C\delta_K^{-2}d_{\mathrm{t}}^{-1}(K/T)\log^2 K\log^2(cBT) \tag{3.47}$$

式（3.47）表明，如果$B_{\mathrm{cs}}=\mathcal{O}((K/T)\log^2 K\log^2(BT))$，则正交压缩采样系统能够以极高的概率成功重构出带宽为B的稀疏基带信号。与传统的正交采样不同，正交压缩采样系统的采样速率取决于观测时间和信号稀疏数。一般而言，正交压缩采样系统的采样速率正比于雷达回波中目标的个数，反比于系统的观测时间。

式（3.46）表明，正交压缩采样系统所需的压缩测量个数M与回波信号的稀疏数K和信号的维数N有关。为了保证正交压缩采样系统满足 RIP，测量个数通常要求满足$M=\mathcal{O}(K\log^2 K\log^2 N)$。一般而言，对于$K$稀疏系数向量$\tilde{\boldsymbol{\rho}}$，压缩测量个数只要满足$M=\mathcal{O}(K\log(N/K))$时就可以保证压缩采样系统的 RIP[20]。因此，定理 3.2 所需的压缩测量个数是次优的，与最优压缩测量个数相比增加了一个对数因子$\log^2 K\log N$。3.5 节的仿真实验表明，当压缩测量个数满足$M=\mathcal{O}(K\log(N/K))$时，正交压缩采样系统能够以接近 100%的概率成功重构信号。尽管如此，定理 3.2 在理论上证明了通过正交压缩采样可重构稀疏信号，是有效的模信转换系统。

3.4　正交压缩采样输出信噪比和重构信噪比

在雷达信号处理中，信号和噪声的功率或信噪比是十分重要的，与目标可检测性或雷达可实现性能密切相关。在奈奎斯特采样雷达中，如 1.5 节所述，采样输出的信噪比保持不变，即没有产生信噪比损失。正交压缩采样是对被采样信号进行混频、滤波等预处理后，采用正交采样进行采样的。直观上，正交压缩采样应该保持信噪比不变，这是因为该系统是一个线性系统。

考虑含有噪声的中频接收信号：

$$r_{\mathrm{IF}}(t) \approx \rho_0 a(t-\tau_0)\cos(2\pi F_{\mathrm{IF}} t + \theta(t-\tau_0) + \bar{\phi}_0) + w_{\mathrm{IF}}(t) \tag{3.48}$$

其中，假设只有一个目标存在且位于某个距离门上，$w_{\mathrm{IF}}(t)$ 是中心频率为 F_{RF}、带宽为 B、功率谱密度为 $N_w/2$ 的双边带高斯白噪声信号。在式（3.48）的接收信号中，噪声信号功率为 $\sigma_w^2 = BN_w$。假设雷达发射信号的能量为 E_{b}，则正交压缩采样系统输入信号功率 $|\rho_0|^2 E_{\mathrm{b}}/T_{\mathrm{b}}$ 和噪声功率 BN_w 的比（输入信噪比）为

$$\mathrm{SNR}_{\mathrm{IN}}^{\mathrm{QuadCS}} = \frac{|\rho_0|^2 E_{\mathrm{b}}}{T_{\mathrm{b}} B N_w} \tag{3.49}$$

为了方便分析，假设正交压缩采样系统满足 3.3 节的假设（1）～（4）。记 $\tilde{\boldsymbol{w}} = [\tilde{w}_0, \tilde{w}_1, \cdots, \tilde{w}_{cN-1}]^{\mathrm{T}}$ 为噪声信号 $w_{\mathrm{IF}}(t)$ 的基带信号采样向量，则 $\tilde{\boldsymbol{w}}$ 是均值为 0、方差为 $\sigma_{\tilde{w}}^2$ 的白噪声向量。正交压缩测量如式（3.27）所示，根据感知矩阵的分解式（3.35）和式（3.36），正交压缩采样系统输出压缩采样信号为

$$\tilde{\boldsymbol{y}} = \boldsymbol{\Phi}(\tilde{\boldsymbol{r}} + \tilde{\boldsymbol{w}}) \tag{3.50}$$

类似于式（2.41），式（3.50）可表示为

$$\tilde{\boldsymbol{y}} = \boldsymbol{\Phi}\tilde{\boldsymbol{r}} + \tilde{\boldsymbol{w}}_{\mathrm{cs}} \tag{3.51}$$

其中，$\tilde{\boldsymbol{w}}_{\mathrm{cs}} = \boldsymbol{\Phi}\tilde{\boldsymbol{w}}$。

根据式（3.51），可以得到正交压缩采样系统输出信号部分的能量为

$$\mathbb{E}((\boldsymbol{\Phi}\tilde{\boldsymbol{r}})^{\mathrm{H}}(\boldsymbol{\Phi}\tilde{\boldsymbol{r}})) = \tilde{\boldsymbol{r}}^{\mathrm{H}}\mathbb{E}(\boldsymbol{\Phi}^{\mathrm{H}}\boldsymbol{\Phi})\tilde{\boldsymbol{r}} \tag{3.52}$$

现对矩阵 $\mathbb{E}(\boldsymbol{\Phi}^{\mathrm{H}}\boldsymbol{\Phi})$ 进行化简。根据 $\boldsymbol{\Phi}$ 的定义，$\mathbb{E}(\boldsymbol{\Phi}^{\mathrm{H}}\boldsymbol{\Phi})$ 的第 (n,n') 个元素可表示为

$$\begin{aligned}
(\mathbb{E}(\boldsymbol{\Phi}^{\mathrm{H}}\boldsymbol{\Phi}))_{(n,n')} &= \mathbb{E}\left(\sum_{m=0}^{M-1}(\varepsilon_n/c)H_{mn}(\varepsilon_{n'}/c)H_{mn'}\right) \\
&= \frac{1}{c^2}\sum_{m=0}^{M-1}H_{mn}H_{mn'}\mathbb{E}(\varepsilon_n\varepsilon_{n'}) \\
&= \begin{cases} \sum\limits_{m=0}^{M-1}H_{mn}H_{mn}, & n=n' \\ 0, & n \neq n' \end{cases}
\end{aligned} \tag{3.53}$$

其中，$n,n' = 0,1,\cdots,cN-1$，最后一项化简利用了 3.3 节的假设（2）。因此，矩阵 $\mathbb{E}(\boldsymbol{\Phi}^{\mathrm{H}}\boldsymbol{\Phi})$ 是一个对角矩阵，其对角元素为

$$\sum_{m=0}^{M-1}H_{mn}H_{mn} = T_{\mathrm{s}}^2\sum_{m=0}^{M-1}h_{\mathrm{LP}}(mT_{\mathrm{cs}} - nT_{\mathrm{s}}/c)h_{\mathrm{LP}}(mT_{\mathrm{cs}} - nT_{\mathrm{s}}/c) \tag{3.54}$$

其中，$h_{\mathrm{LP}}(mT_{\mathrm{cs}} - nT_{\mathrm{s}}/c)$ 为 $h_{\mathrm{LP}}(t - nT_{\mathrm{s}}/c)$ 按照采样间隔 T_{cs} 获得的时间序列。同式（3.44）推导过程一样，可以得到

$$\sum_{m=0}^{M-1} H_{mn} H_{mn} \approx \frac{T_s^2}{2\pi}\int_{-\pi}^{\pi} \begin{pmatrix} \left(\left(\frac{1}{T_{cs}}\right)\sum_k \hat{H}_{LP}\left(j\frac{\omega-2\pi k}{T_{cs}}\right)e^{-j\frac{nT_s}{c}\frac{\omega-2\pi k}{T_{cs}}}\right)^* \\ \times\left(\left(\frac{1}{T_{cs}}\right)\sum_k \hat{H}_{LP}\left(j\frac{\omega-2\pi k}{T_{cs}}\right)e^{-j\frac{nT_s}{c}\frac{\omega-2\pi k}{T_{cs}}}\right) \end{pmatrix} d\omega$$

$$= \frac{1}{2\pi}\left(\frac{T_s}{T_{cs}}\right)^2 \int_{-\pi}^{\pi}\left(\hat{H}_{LP}\left(j\frac{\omega}{T_{cs}}\right)\right)^* \hat{H}_{LP}\left(j\frac{\omega}{T_{cs}}\right) d\omega \tag{3.55}$$

$$= \left(\frac{T_s}{T_{cs}}\right)^2 \left(\frac{B}{B_{cs}}\right)^2 = 1$$

式（3.53）和式（3.55）说明矩阵 $\mathbb{E}(\boldsymbol{\Phi}^{\mathrm{H}}\boldsymbol{\Phi})$ 是单位矩阵，矩阵 $\boldsymbol{\Phi}$ 的所有列向量形成标准正交族，式（3.52）等效为

$$\mathbb{E}((\boldsymbol{\Phi}\tilde{\boldsymbol{r}})^{\mathrm{H}}(\boldsymbol{\Phi}\tilde{\boldsymbol{r}})) = \tilde{\boldsymbol{r}}^{\mathrm{H}}\tilde{\boldsymbol{r}} \tag{3.56}$$

其中，$\tilde{\boldsymbol{r}}^{\mathrm{H}}\tilde{\boldsymbol{r}}$ 是在 c 倍奈奎斯特采样速率情况下获得的采样信号能量，等于奈奎斯特采样信号能量的 c 倍。信号 $r_{\mathrm{IF}}(t)$ 的奈奎斯特采样信号能量又等于 $r_{\mathrm{IF}}(t)$ 的平均功率与奈奎斯特采样长度（时宽带宽积 $T_b B$ ）的乘积，即 $|\rho_0|^2 (E_b / T_b)T_b B$ ，因此，正交压缩采样系统输出信号部分的能量为

$$\tilde{\boldsymbol{r}}^{\mathrm{H}}\tilde{\boldsymbol{r}} = \frac{c|\rho_0|^2 E_b}{T_b} T_b B \tag{3.57}$$

根据式（3.52）和式（3.57），可知正交压缩采样系统输出信号平均功率为

$$\frac{\tilde{\boldsymbol{r}}^{\mathrm{H}}\tilde{\boldsymbol{r}}}{M} = \frac{c}{M}\frac{|\rho_0|^2 E_b}{T_b} T_b B = \frac{c\varDelta|\rho_0|^2 E_b}{T_b}\frac{T_b}{T} \tag{3.58}$$

因此，正交压缩采样系统输出信号功率为

$$\frac{\tilde{\boldsymbol{r}}^{\mathrm{H}}\tilde{\boldsymbol{r}}}{M}\frac{T}{T_b} = \frac{c\varDelta|\rho_0|^2 E_b}{T_b} \tag{3.59}$$

需要说明的是在推导关系式（3.59）时，利用了关系（1.1），即信号平均功率是信号（峰值）功率的 T_b / T 。对于正交压缩采样系统，由于扩频、滤波等预处理，其输出信号 $\boldsymbol{\Phi}\tilde{\boldsymbol{r}}$ 不再是严格意义上的脉冲波形。脉冲型雷达波形的信号平均功率和信号（峰值）功率之间的关系（式（1.1））在理论上不再适用于压缩测量信号 $\boldsymbol{\Phi}\tilde{\boldsymbol{r}}$ 。但是，对大带宽平坦谱脉冲雷达波形，正交压缩采样输出能量主要集中在脉冲宽度范围内，因此，信号平均功率是信号（峰值）功率 T_b / T 的关系近似成立。

对正交压缩采样系统输出的噪声，根据定理 2.5，可知噪声信号 $\tilde{\boldsymbol{w}}_{cs}$ 是均值

为 0、方差为 $\mathbb{E}(\tilde{\boldsymbol{w}}_{\text{cs}}(\tilde{\boldsymbol{w}}_{\text{cs}})^{\text{H}})=\sigma_{\tilde{w}_{\text{cs}}}^2\boldsymbol{I}$ 的白噪声向量，即 $\tilde{\boldsymbol{w}}_{\text{cs}}$ 是白噪声向量。为了获得 $\sigma_{\tilde{w}_{\text{cs}}}^2$，我们考虑 $\mathbb{E}(\tilde{\boldsymbol{w}}_{\text{cs}}(\tilde{\boldsymbol{w}}_{\text{cs}})^{\text{H}})$ 的对角元素：

$$\mathbb{E}([\tilde{\boldsymbol{w}}_{\text{cs}}\tilde{\boldsymbol{w}}_{\text{cs}}^{\text{H}}]_{(m,m)})=\mathbb{E}([\boldsymbol{\Phi}\tilde{\boldsymbol{w}}\tilde{\boldsymbol{w}}^{\text{H}}\boldsymbol{\Phi}^{\text{H}}]_{(m,m)}) \tag{3.60}$$

根据 $\boldsymbol{\Phi}$ 的定义，式（3.60）可展开为

$$\begin{aligned}
\mathbb{E}([\tilde{\boldsymbol{w}}_{\text{cs}}\tilde{\boldsymbol{w}}_{\text{cs}}^{\text{H}}]_{(m,m)}) &= \mathbb{E}\left(\left(\sum_{n=0}^{cN-1}\varPhi_{mn}\tilde{w}_n\right)\left(\sum_{n=0}^{cN-1}\varPhi_{mn}\tilde{w}_n\right)^*\right)\\
&= \sum_{n=0}^{cN-1}\sum_{n'=0}^{cN-1}\varPhi_{mn}\varPhi_{mn'}\mathbb{E}(\tilde{w}_n\tilde{w}_{n'}^*)\\
&= \sigma_{\tilde{w}}^2\sum_{n=0}^{cN-1}H_{mn}H_{mn}\\
&= \sigma_{\tilde{w}}^2\frac{cN}{M}
\end{aligned} \tag{3.61}$$

其中，最后一项利用了式（3.44）的结果。因此，正交压缩采样系统输出噪声方差为

$$\sigma_{\tilde{w}}^2\frac{cN}{M}=c\varDelta N_wB=c\varDelta^2N_wB_{\text{cs}} \tag{3.62}$$

综合考虑式（3.59）和式（3.62），正交压缩采样系统输出信噪比为

$$\text{SNR}_{\text{OUT}}^{\text{QuadCS}}=\frac{c\varDelta|\rho_0|^2E_{\text{b}}}{T_{\text{b}}}\frac{1}{c\varDelta^2N_wB_{\text{cs}}}=\frac{|\rho_0|^2E_{\text{b}}}{\varDelta T_{\text{b}}N_wB_{\text{cs}}} \tag{3.63}$$

注意 $\varDelta=B/B_{\text{cs}}$，因此，$\text{SNR}_{\text{OUT}}^{\text{QuadCS}}$ 与式（3.49）给出的输入信噪比一致。

在压缩感知理论中，信号重构后的信噪比（重构信噪比）也是一个重要的概念。对正交压缩采样系统，重构信噪比定义为

$$\text{SNR}_{\text{REC}}^{\text{QuadCS}}=\frac{\|\tilde{\boldsymbol{\rho}}\|_2^2}{\|\tilde{\boldsymbol{\rho}}-\hat{\boldsymbol{\rho}}\|_2^2}\approx\frac{\|\tilde{\boldsymbol{A}}\tilde{\boldsymbol{\rho}}\|_2^2}{\|\tilde{\boldsymbol{A}}(\tilde{\boldsymbol{\rho}}-\hat{\boldsymbol{\rho}})\|_2^2} \tag{3.64}$$

其中，$\hat{\boldsymbol{\rho}}$ 是噪声环境下的 $\tilde{\boldsymbol{\rho}}$ 重构向量；第二个等式利用了感知矩阵 $\tilde{\boldsymbol{A}}$ 的 RIP。

应当指出，压缩采样的信号重构在本质上包含了稀疏系数 $\tilde{\boldsymbol{\rho}}$ 的非零元素位置估计和幅度估计两部分。其中，非零元素位置估计是一个非线性处理过程，其估计性能由输入信噪比、信号稀疏度和所采用的稀疏重构算法决定。对于给定的稀疏信号和重构算法，当输入信噪比超过一定门限时，感知矩阵的 RIP 可保证非零元素位置能够精确重构[20]。因此，下面重点研究非零元素位置正确估计的前提下，压缩测量对重构信噪比的影响。这种分析类同于 2.4 节的噪声折叠效应分析。

假定稀疏系数 $\tilde{\boldsymbol{\rho}}$ 中非零元素个数为 K，对应位置的支撑集为 $\varLambda=\text{supp}(\tilde{\boldsymbol{\rho}})$。在奈奎斯特采样情况下，对有噪接收信号 $\tilde{\boldsymbol{r}}+\tilde{\boldsymbol{w}}$ 进行匹配滤波处理，可直接重

构出稀疏系数，其重构（估计）系数可表示为$\tilde{\boldsymbol{\Psi}}^{\mathrm{H}}(\tilde{\boldsymbol{r}}+\tilde{\boldsymbol{w}})=\tilde{\boldsymbol{\rho}}+\tilde{\boldsymbol{\Psi}}^{\mathrm{H}}\tilde{\boldsymbol{w}}$。当接收信号的信噪比超过一定门限时，非零元素位置可正确检测出来[20]。记Λ为系数$\tilde{\boldsymbol{\rho}}$的支撑集，$(\cdot)_\Lambda$为向量$(\cdot)$属于支撑集$\Lambda$的元素构成的子向量，则我们可将下面公式定义为奈奎斯特采样速率下的重构信噪比：

$$\mathrm{SNR}_{\mathrm{REC}}^{\mathrm{Nyq}}=\frac{\|\tilde{\boldsymbol{\rho}}\|_2^2}{\mathbb{E}(\|(\tilde{\boldsymbol{\rho}}+\tilde{\boldsymbol{\Psi}}^{\mathrm{H}}\tilde{\boldsymbol{w}})_\Lambda-\tilde{\boldsymbol{\rho}}_\Lambda\|_2^2)} \tag{3.65}$$

式（3.65）又可表示为

$$\mathrm{SNR}_{\mathrm{REC}}^{\mathrm{Nyq}}=\frac{\|\tilde{\boldsymbol{\rho}}_\Lambda\|_2^2}{\mathbb{E}(\|(\tilde{\boldsymbol{\Psi}}^{\mathrm{H}}\tilde{\boldsymbol{w}})_\Lambda\|_2^2)} \tag{3.66}$$

记矩阵$\tilde{\boldsymbol{A}}_\Lambda$为矩阵$\tilde{\boldsymbol{A}}$属于支撑集$\Lambda$的列向量构成的子矩阵，则非零幅度向量$\tilde{\boldsymbol{\rho}}_\Lambda$的估计值为

$$\hat{\boldsymbol{\rho}}_\Lambda=\tilde{\boldsymbol{A}}_\Lambda^\dagger\boldsymbol{y}=\tilde{\boldsymbol{A}}_\Lambda^\dagger(\tilde{\boldsymbol{A}}_\Lambda\tilde{\boldsymbol{\rho}}_\Lambda+\tilde{\boldsymbol{w}}_{\mathrm{cs}})=\tilde{\boldsymbol{\rho}}_\Lambda+\tilde{\boldsymbol{A}}_\Lambda^\dagger\tilde{\boldsymbol{w}}_{\mathrm{cs}} \tag{3.67}$$

其中，$\tilde{\boldsymbol{A}}_\Lambda^\dagger$是矩阵$\tilde{\boldsymbol{A}}_\Lambda$的伪逆。在$\tilde{\boldsymbol{\rho}}$中非零元素位置可正确检测的情况下，式（3.64）定义的重构信噪比可简化为

$$\mathrm{SNR}_{\mathrm{REC}}^{\mathrm{QuadCS}}=\frac{\|\tilde{\boldsymbol{\rho}}_\Lambda\|_2^2}{\mathbb{E}(\|\tilde{\boldsymbol{A}}_\Lambda^\dagger\tilde{\boldsymbol{w}}_{\mathrm{cs}}\|_2^2)} \tag{3.68}$$

比较式（3.66）和式（3.68）可知，正交压缩采样系统的重构信噪比相对于奈奎斯特采样速率下的重构信噪比损失为

$$\mathrm{SNR}_{\mathrm{LOSS}}^{\mathrm{QuadCS}}=\frac{\mathrm{SNR}_{\mathrm{REC}}^{\mathrm{Nyq}}}{\mathrm{SNR}_{\mathrm{REC}}^{\mathrm{Oracle}}}=\frac{\mathbb{E}(\|\tilde{\boldsymbol{A}}_\Lambda^\dagger\tilde{\boldsymbol{w}}_{\mathrm{cs}}\|_2^2)}{\mathbb{E}(\|(\tilde{\boldsymbol{\Psi}}^{\mathrm{H}}\tilde{\boldsymbol{w}})_\Lambda\|_2^2)} \tag{3.69}$$

应注意，感知矩阵$\tilde{\boldsymbol{A}}$满足 RIP，字典矩阵$\tilde{\boldsymbol{\Psi}}$具有列正交性，则式（3.69）的分子和分母可以分别化简为

$$\begin{aligned}\mathbb{E}(\|\tilde{\boldsymbol{A}}_\Lambda^\dagger\tilde{\boldsymbol{w}}_{\mathrm{cs}}\|_2^2)&=\mathbb{E}(\mathrm{Tr}(\tilde{\boldsymbol{A}}_\Lambda^\dagger\tilde{\boldsymbol{w}}_{\mathrm{cs}}\tilde{\boldsymbol{w}}_{\mathrm{cs}}^{\mathrm{H}}(\tilde{\boldsymbol{A}}_\Lambda^\dagger)^{\mathrm{H}}))=\mathrm{Tr}(\tilde{\boldsymbol{A}}_\Lambda^\dagger\mathbb{E}(\tilde{\boldsymbol{w}}_{\mathrm{cs}}\tilde{\boldsymbol{w}}_{\mathrm{cs}}^{\mathrm{H}})(\tilde{\boldsymbol{A}}_\Lambda^\dagger)^{\mathrm{H}})\\&=\sigma_{\tilde{w}_{\mathrm{cs}}}^2\mathrm{Tr}(\tilde{\boldsymbol{A}}_\Lambda^\dagger(\tilde{\boldsymbol{A}}_\Lambda^\dagger)^{\mathrm{H}})=\sigma_{\tilde{w}_{\mathrm{cs}}}^2\mathrm{Tr}((\tilde{\boldsymbol{A}}_\Lambda^{\mathrm{H}}\tilde{\boldsymbol{A}}_\Lambda)^{-1})\approx K\sigma_{\tilde{w}_{\mathrm{cs}}}^2\end{aligned}$$

和

$$\begin{aligned}\mathbb{E}(\|(\tilde{\boldsymbol{\Psi}}^{\mathrm{H}}\tilde{\boldsymbol{w}})_\Lambda\|_2^2)&=\mathbb{E}(\mathrm{Tr}(\tilde{\boldsymbol{\Psi}}_\Lambda^{\mathrm{H}}\tilde{\boldsymbol{w}}_\Lambda\tilde{\boldsymbol{w}}_\Lambda^{\mathrm{H}}\tilde{\boldsymbol{\Psi}}_\Lambda))=\mathrm{Tr}(\tilde{\boldsymbol{\Psi}}_\Lambda^{\mathrm{H}}\mathbb{E}(\tilde{\boldsymbol{w}}_\Lambda\tilde{\boldsymbol{w}}_\Lambda^{\mathrm{H}})\tilde{\boldsymbol{\Psi}}_\Lambda)\\&=\sigma_{\tilde{w}}^2\mathrm{Tr}(\tilde{\boldsymbol{\Psi}}_\Lambda^{\mathrm{H}}\tilde{\boldsymbol{\Psi}}_\Lambda)=K\sigma_{\tilde{w}}^2\end{aligned}$$

因此，重构信噪比损耗满足

$$\mathrm{SNR}_{\mathrm{LOSS}}^{\mathrm{QuadCS}}\approx\sigma_{\tilde{w}_{\mathrm{cs}}}^2/\sigma_{\tilde{w}}^2=cN/M \tag{3.70}$$

式（3.70）表明当带通滤波器带宽减少一半或压缩采样数减少一半时，重构信噪比减少 3dB，即噪声折叠现象[69]。

3.5　正交压缩采样系统性能仿真

为了验证正交压缩采样系统的有效性，本节采用两种典型的雷达发射波形——线性调频信号和相位编码信号，分别在无噪环境、有噪环境和实际雷达场景三种情况下，仿真验证了正交压缩采样系统的重构性能。

线性调频信号如式（A.1）所示，其复基带形式为

$$\tilde{g}(t)=\exp\left(\mathrm{j}\pi\frac{B}{T_{\mathrm{b}}}t^2\right),\quad 0\leqslant t\leqslant T_{\mathrm{b}} \tag{3.71}$$

其中，T_{b} 是脉冲宽度；B 是信号带宽。相位编码信号如式（A.4）所示，其复基带形式为

$$\tilde{g}(t)=\sum_{m=0}^{M_{\mathrm{chip}}-1}\tilde{a}_m\mathrm{rect}((t-(m-1)T_{\mathrm{chip}})/T_{\mathrm{b}}),\quad 0\leqslant t\leqslant T_{\mathrm{b}} \tag{3.72}$$

其中，M_{chip} 是码元个数；T_{chip} 是每个码元的宽度；$M_{\mathrm{chip}}=T_{\mathrm{b}}/T_{\mathrm{chip}}$；$\tilde{a}_m=\exp(\mathrm{j}\phi_m)$ 是二元编码序列（$\phi_m=0°$ 或 $\phi_m=180°$）；编码信号带宽定义为 $B=1/T_{\mathrm{chip}}$。

在仿真实验中，目标时延假定存在于时间间隔 $(0,T-T_{\mathrm{b}}]$ 内，字典原子个数为 $N=\lfloor(T-T_{\mathrm{b}})/\tau_{\mathrm{res}}\rfloor$。对于第 k 个目标，其时延 τ_k 随机分布在离散集合 $\{\tau_{\mathrm{res}},\cdots,N\tau_{\mathrm{res}}\}$ 内，反射系数 ρ_k 和相位偏移 ϕ_k 分别均匀分布在 $(0,1]$ 和 $(0,2\pi]$ 范围内。中频频率 F_{IF} 在 $[400\mathrm{MHz},500\mathrm{MHz}]$ 范围内调整，以保证 $f_{\mathrm{cs}}=2B_{\mathrm{cs}}$。相位编码信号采用 Zadoff-Chu 码[1]。在仿真中，式（3.28）和式（3.29）中 l_1 范数优化问题通过文献[32]中的 SPGL1 算法求解。除非特别说明，信号参数均设为 $B=100\mathrm{MHz}$，$T_{\mathrm{b}}=10\mu\mathrm{s}$ 和 $T=20\mu\mathrm{s}$；正交压缩采样系统中随机二相码的码率倍数为 $c=2$；所有的仿真结果都是在 500 次独立实验基础上平均得到的。

3.5.1　无噪环境情形

对于无噪环境情形，采用成功重构概率（probability of successful reconstruction）来评估正交压缩采样重构性能。对每次独立实现，当相对重构误差满足 rRMSE $\leqslant 10^{-3}$ 时，我们认为信号被成功重构。相对重构误差定义如 2.3.3 节所述，即 $\mathrm{rRMSE}=\|\tilde{\boldsymbol{\rho}}-\hat{\boldsymbol{\rho}}\|_2/\|\tilde{\boldsymbol{\rho}}\|_2$，其中 $\hat{\boldsymbol{\rho}}$ 是式（3.28）中 l_1 范数优化问题的解。

首先，仿真成功重构概率与压缩带宽 B_{cs}、稀疏数 K 和观测时长 T 之间的变化关系。图 3.4 给出了不同稀疏数 K 情况下，成功重构概率随压缩带宽 B_{cs} 变化的性能曲线。由图 3.4 可知，对于给定的稀疏数 K，当压缩带宽 B_{cs} 仅为信号带

宽 B 的 5%～10%时，信号仍能以超过 99%的概率成功重构。但是，当压缩带宽 B_{cs} 低于某个门限值时，信号的成功重构概率急剧下降。图 3.5 给出了稀疏数 $K=20$ 时，不同观测时长 T 情况下，成功重构概率随压缩带宽 B_{cs} 变化的性能曲线（仿真时通过调节发射脉宽，保证占空比 $d_t=0.5$）。由图 3.5 可知，对于给定的稀疏数 K 和成功重构概率，观测时长 T 越大，所需的压缩带宽 B_{cs} 越小。图 3.6 给出了不同压缩带宽 B_{cs} 情况下，成功重构概率随稀疏数 K 变化的性能曲线。从图中可以看出，对于给定的稀疏数 K，大的压缩带宽 B_{cs} 具有高的成功重构概率。上述结果均验证了式（3.47）中压缩带宽 B_{cs} 与稀疏数 K 和观测时长 T 之间的关系。

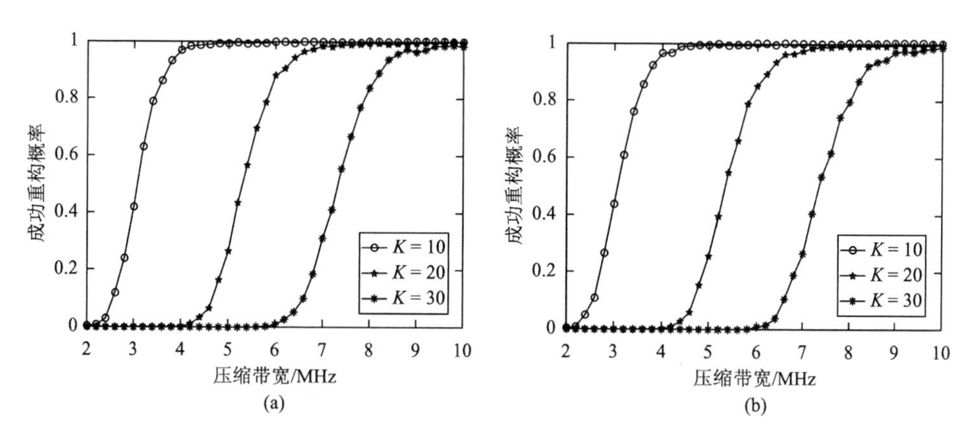

图 3.4　不同稀疏数 K 情况下，成功重构概率随压缩带宽 B_{cs} 变化的性能曲线

（a）线性调频信号；（b）相位编码信号

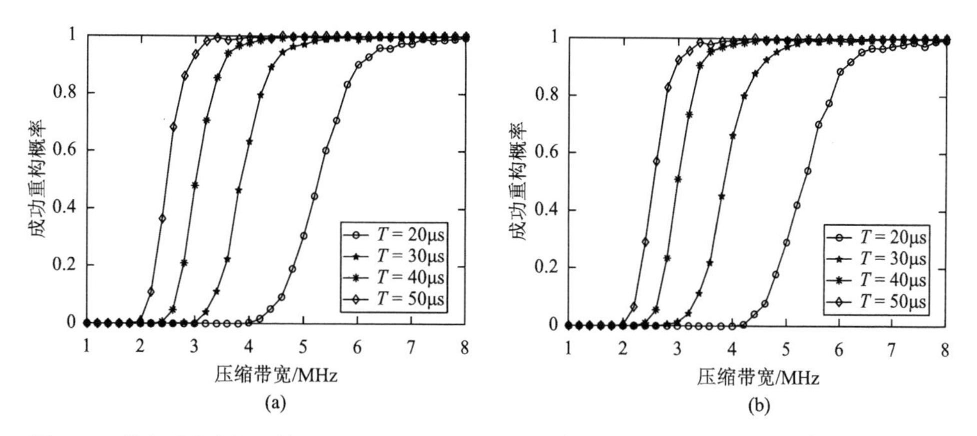

图 3.5　不同观测时长 T 情况下，成功重构概率随压缩带宽 B_{cs} 变化的性能曲线（$K=20$）

（a）线性调频信号；（b）相位编码信号

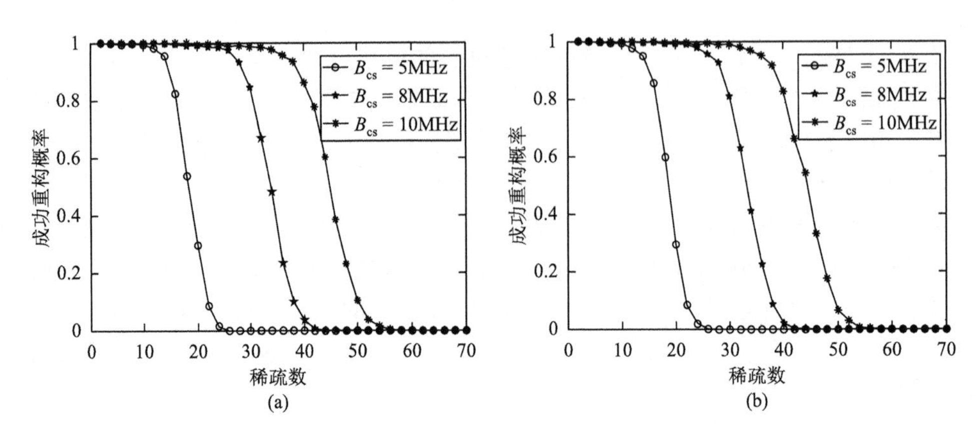

图 3.6　不同压缩带宽 B_{cs} 情况下，成功重构概率随稀疏数 K 变化的性能曲线

（a）线性调频信号；（b）相位编码信号

其次，仿真分析随机二相码的码率、发射信号的占空比对成功重构概率的影响。图 3.7 给出了不同码率倍数 c 情况下（对应随机二相码的码率为 cB），成功重构概率随压缩带宽 B_{cs} 和稀疏数 K 变化的性能曲线（图中仅给出了发射信号为线性调频信号时的结果，相位编码信号具有类似的性能）。图 3.8 给出了稀疏数 $K=20$ 时，不同压缩带宽 B_{cs} 情况下，成功重构概率随码率倍数 c 变化的性能曲线。由图 3.7 和图 3.8 可以看出，成功重构概率性能几乎不受码率倍数 c 的影响。因此，在实际正交压缩采样系统中，可选择较小的码率倍数，如 $c=1$，以降低系统的实现复杂度。图 3.9 给出了稀疏数为 $K=20$ 时，不同占空比 d_t 情况下，成功重构概率随压缩带宽 B_{cs} 变化的性能曲线。比较不同的曲线变化关系

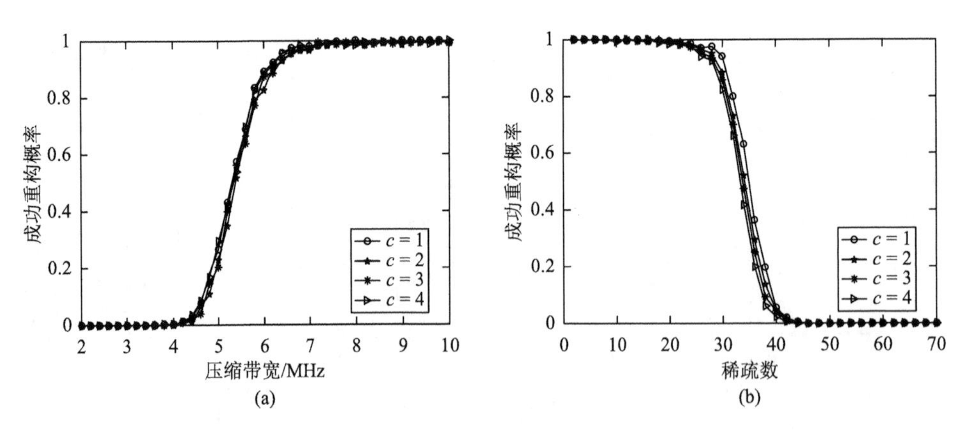

图 3.7　不同码率倍数 c 情况下，成功重构概率随压缩带宽 B_{cs} 和稀疏数 K 变化的性能曲线

（a）压缩带宽；（b）稀疏数

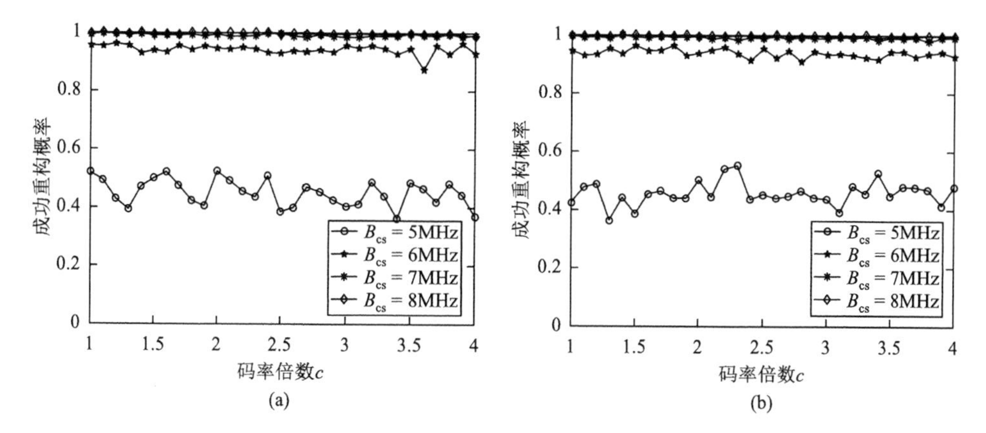

图 3.8　不同压缩带宽 B_{cs} 情况下，成功重构概率随码率倍数 c 变化的性能曲线（ $K=20$ ）

（a）线性调频信号；（b）相位编码信号

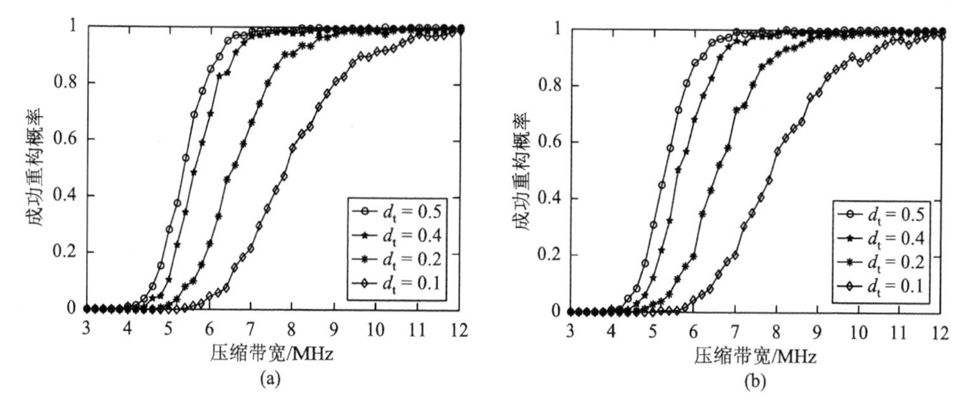

图 3.9　不同占空比 d_t 情况下，成功重构概率随压缩带宽 B_{cs} 变化的性能曲线（ $K=20$ ）

（a）线性调频信号；（b）相位编码信号

可以发现，对给定的成功重构概率，大的占空比 d_t 需要小的压缩带宽 B_{cs}，这与式（3.47）中反映的压缩带宽 B_{cs} 和占空比 d_t 的关系一致。

最后，对于给定的稀疏数 K 、观测时长 T 和信号带宽 B ，我们通过仿真实验获得了信号成功重构和最小压缩带宽 B_{cs} 之间的经验结果。图 3.10（a）给出了信号带宽 $B=100\text{MHz}$ 和观测时长 $T=20\mu\text{s}$ 时，压缩带宽 B_{cs} 与稀疏数 K 之间的经验关系（仿真中假设成功重构概率为 99%）。可以看出所需的压缩带宽 B_{cs} 几乎与稀疏数 K 呈线性关系。图 3.10（a）还给出了实验数据经过最小二乘拟合线性回归的结果，满足如下关系：

$$B_{cs}=1.43(K/T)\log(BT/K)+0.8\times10^6 \tag{3.73}$$

图 3.10（b）给出了信号带宽 $B=100\text{MHz}$ 和稀疏数 $K=10$ 时，压缩带宽 B_{cs} 与观测时长 T 之间的经验关系。最小二乘拟合线性回归结果表明，压缩带宽 B_{cs} 满足

$$B_{\text{cs}}=1.02(K/T)\log(BT/K)+1.83\times10^{6} \tag{3.74}$$

综合式（3.73）和式（3.74），可以发现如果压缩带宽 B_{cs} 满足

$$B_{\text{cs}}\geqslant1.43(K/T)\log(BT/K) \tag{3.75}$$

则回波信号能够以极高的概率成功重构。因此，正交压缩采样系统的实际所需的采样速率正比于信号的稀疏数 K 和信号时宽带宽积 BT 的对数。拟合实验表明，如果压缩测量个数满足 $M=\mathcal{O}(K\log(N/K))$，信号就能够以极高的概率成功重构，其中 $N=BT$ 是信号的奈奎斯特采样个数，这与完全随机测量系统的性能几乎相同。另外，该结果表明定理 3.2 给出的压缩测量个数是一个次优解，它与最优压缩测量个数之间增加了一个对数因子 $\log^2 K\log N$，需要发展新型的 RIP 分析技术以消除该因子。

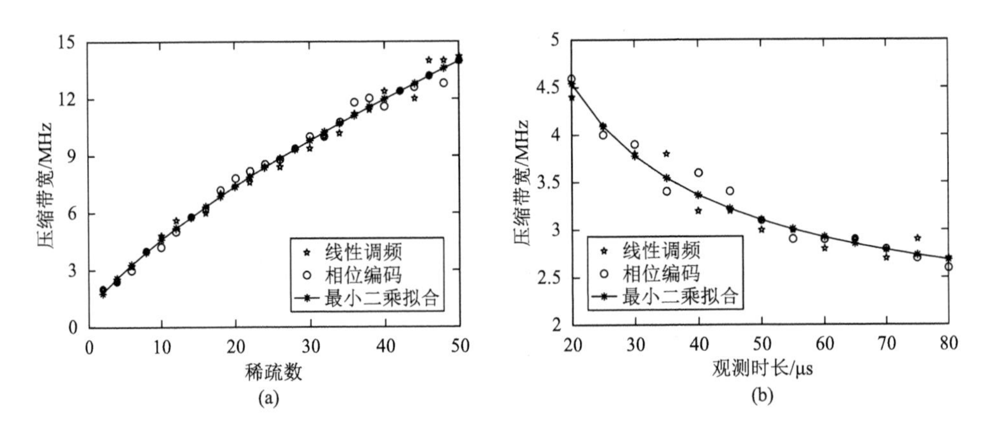

图 3.10 压缩带宽 B_{cs} 与稀疏数 K 和观测时间 T 间的经验关系

（a）稀疏数（$T=20\mu\text{s}$）；（b）观测时长（$K=10$）

3.5.2 有噪环境情形

正交压缩采样系统的等效测量方程如式（3.51）所示。对于包含多个目标的雷达回波，难以采用式（3.49）和式（3.63）针对单个目标定义的输入信噪比和输出信噪比直接描述。为此，对于多目标雷达回波信号，定义输入信噪比（SNR_{IN}）和输出信噪比（SNR_{OUT}）分别为

$$\mathrm{SNR}_{\mathrm{IN}} = \|\tilde{\boldsymbol{r}}\|_2^2 / \mathbb{E}(\|\tilde{\boldsymbol{w}}\|_2^2) \tag{3.76}$$

$$\mathrm{SNR}_{\mathrm{OUT}} = \|\boldsymbol{\Phi}\tilde{\boldsymbol{r}}\|_2^2 / \mathbb{E}(\|\tilde{\boldsymbol{w}}_{\mathrm{cs}}\|_2^2) \tag{3.77}$$

当回波信号仅包含单个目标时，式（3.76）和式（3.77）分别简化为式（3.49）和式（3.63）。同时，定义回波信号重构信噪比（$\mathrm{SNR}_{\mathrm{REC}}$）为

$$\mathrm{SNR}_{\mathrm{REC}} = \|\tilde{\boldsymbol{\Psi}}\tilde{\boldsymbol{\rho}}\|_2^2 / \|\tilde{\boldsymbol{\Psi}}(\tilde{\boldsymbol{\rho}} - \hat{\boldsymbol{\rho}})\|_2^2 \tag{3.78}$$

用于评估噪声环境的重构性能。其中，$\hat{\boldsymbol{\rho}}$ 是式（3.29）中 l_1 范数优化问题的解（在仿真中，设置参数 $\varepsilon = \sqrt{NN_wB}$）。雷达波形采用线性调频信号，相位编码信号具有类似的结果。

为了直观了解重构性能，图 3.11 给出了有噪情况下信号的一次实现结果，包括回波信号的基带信号、压缩测量信号和重构信号。在图 3.11 中，回波信号只包含一个时延为 5μs 的目标，输入信噪比为 $\mathrm{SNR}_{\mathrm{IN}} = 10\mathrm{dB}$，正交压缩采样压缩带宽为 $B_{\mathrm{cs}} = 10\mathrm{MHz}$。从图中可以看出，目标信号被较好地重构出来。由于稀疏重构算法本身具有去噪功能，重构的基带信号中的噪声成分远小于回波信号的基带信号中的噪声成分。图 3.12 给出了不同稀疏数 K 情况下，$\mathrm{SNR}_{\mathrm{IN}}$ 与 $\mathrm{SNR}_{\mathrm{OUT}}$ 和 $\mathrm{SNR}_{\mathrm{REC}}$ 之间的关系。由图 3.12（a）可知，正交压缩采样系统的 $\mathrm{SNR}_{\mathrm{OUT}}$ 始终与 $\mathrm{SNR}_{\mathrm{IN}}$ 一致。这说明尽管正交压缩采样系统的采样速率远小于奈奎斯特速率，但正如 3.4 节所分析的，带通信号经过该系统采样后并没有产生 SNR 损失。图 3.12（b）表明 $\mathrm{SNR}_{\mathrm{REC}}$ 高于信号的 $\mathrm{SNR}_{\mathrm{IN}}$，即信号经过重构后 SNR 得到提高。图 3.13（a）给出了不同 $\mathrm{SNR}_{\mathrm{IN}}$ 情况下，$\mathrm{SNR}_{\mathrm{REC}}$ 与稀疏数 K 之间的关系。显然，信号的稀疏数 K 越大，相应的 $\mathrm{SNR}_{\mathrm{REC}}$ 越小。图 3.13（b）给出了不同 $\mathrm{SNR}_{\mathrm{IN}}$ 情况下，$\mathrm{SNR}_{\mathrm{REC}}$ 与压缩带宽 B_{cs} 之间的关系。从图中可以看出，压缩带宽 B_{cs} 每

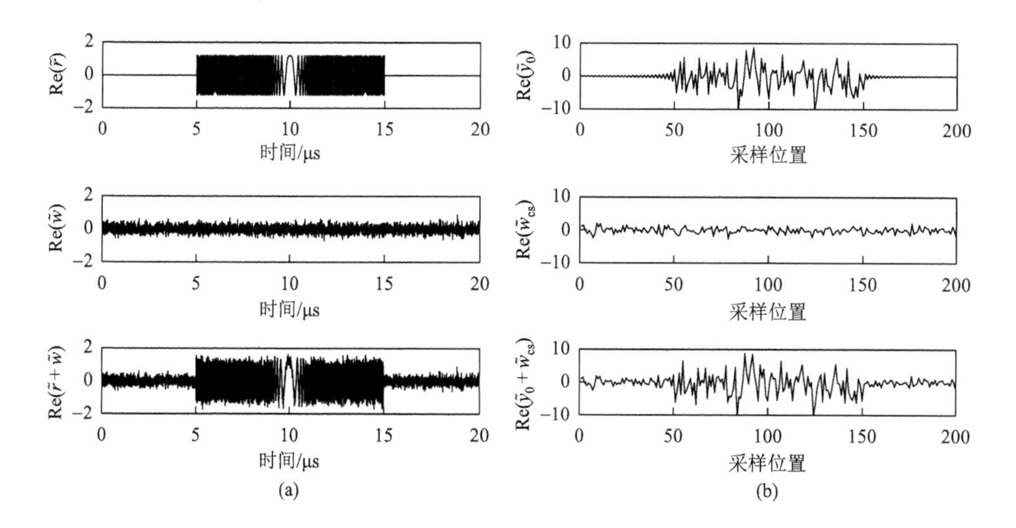

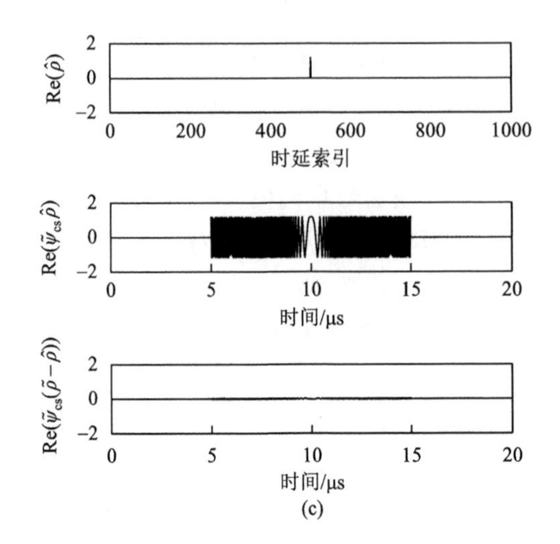

图 3.11　有噪信号正交压缩采样和重构的一次实现（$K=1$，$\mathrm{SNR_{IN}}=10\mathrm{dB}$）

（a）回波信号的基带信号；（b）压缩测量信号；（c）重构信号

减少一半，$\mathrm{SNR_{REC}}$ 下降 3dB，这就是 3.4 节中所述的压缩测量中噪声折叠效应引起的信噪比损失。

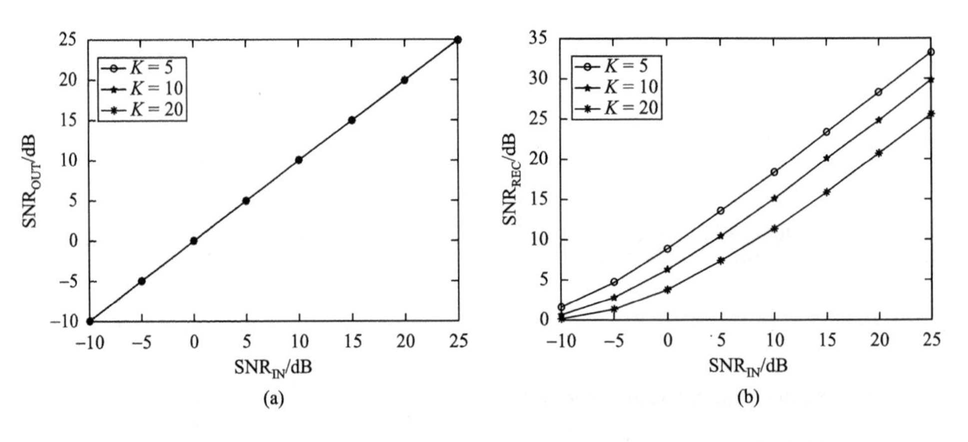

图 3.12　不同稀疏数 K 情况下，$\mathrm{SNR_{IN}}$ 与 $\mathrm{SNR_{OUT}}$ 和 $\mathrm{SNR_{REC}}$ 之间的关系

（a）输出信噪比；（b）重构信噪比

在雷达应用中，雷达回波基带信号的幅度和相位对于后续的信号处理十分重要，为此，我们采用相对均方根幅度误差 ErrAmp 和均方根相位误差 ErrPhase 来衡量有噪信号的幅度和相位重构性能：

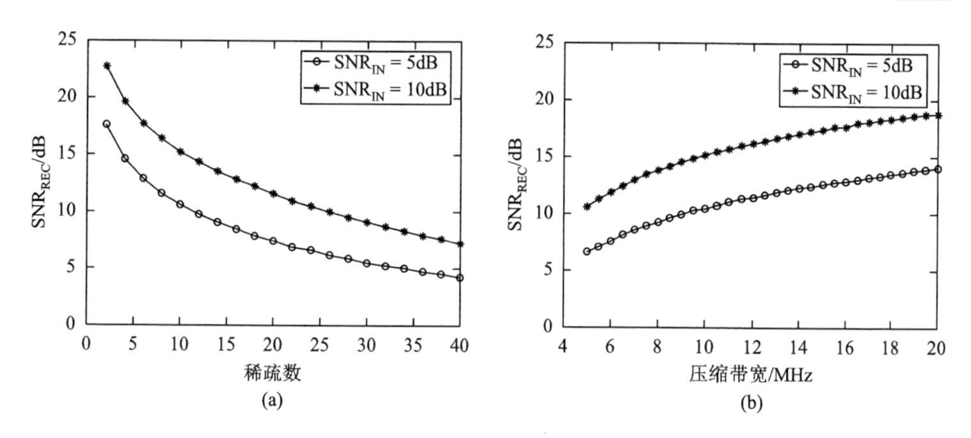

图3.13　不同$\mathrm{SNR_{IN}}$情况下，$\mathrm{SNR_{REC}}$与稀疏数K和压缩带宽B_{cs}之间的关系

（a）稀疏数；（b）压缩带宽

$$\mathrm{ErrAmp}=\frac{\|\,|\tilde{\boldsymbol{\Psi}}\tilde{\boldsymbol{\rho}}|-|\tilde{\boldsymbol{\Psi}}\tilde{\boldsymbol{\rho}}^*|\,\|_2}{\|\tilde{\boldsymbol{\Psi}}\tilde{\boldsymbol{\rho}}\|_2} \tag{3.79}$$

$$\mathrm{ErrPhase}=\frac{1}{N}\|\mathrm{Arg}(\tilde{\boldsymbol{\Psi}}\tilde{\boldsymbol{\rho}})-\mathrm{Arg}(\tilde{\boldsymbol{\Psi}}\tilde{\boldsymbol{\rho}}^*)\|_2 \tag{3.80}$$

图3.14和图3.15分别给出了不同的$\mathrm{SNR_{IN}}$情况下，ErrAmp和ErrPhase与稀疏数K和压缩带宽B_{cs}之间的关系。从图中可以看出，ErrAmp和ErrPhase均随着稀疏数K的增加而增加，随着压缩带宽B_{cs}的增加而减小，较高的$\mathrm{SNR_{IN}}$意味着较低的ErrAmp和ErrPhase。

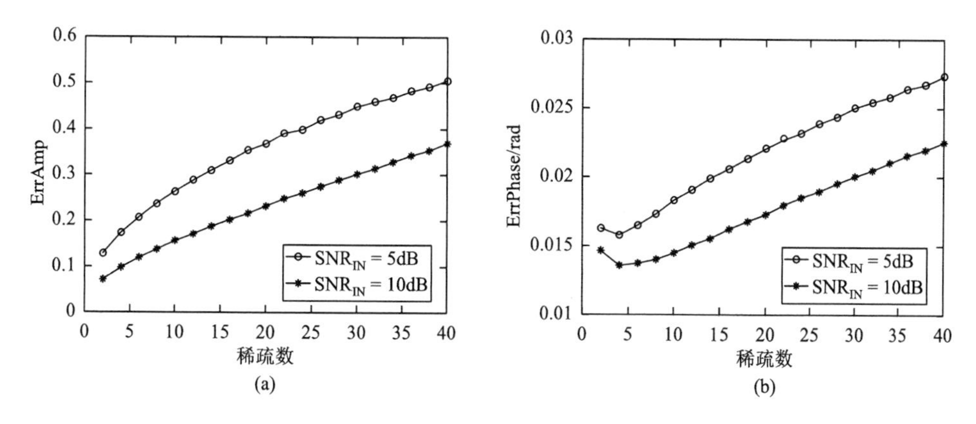

图3.14　不同$\mathrm{SNR_{IN}}$情况下，ErrAmp和ErrPhase与稀疏数K之间的关系

（a）ErrAmp；（b）ErrPhase

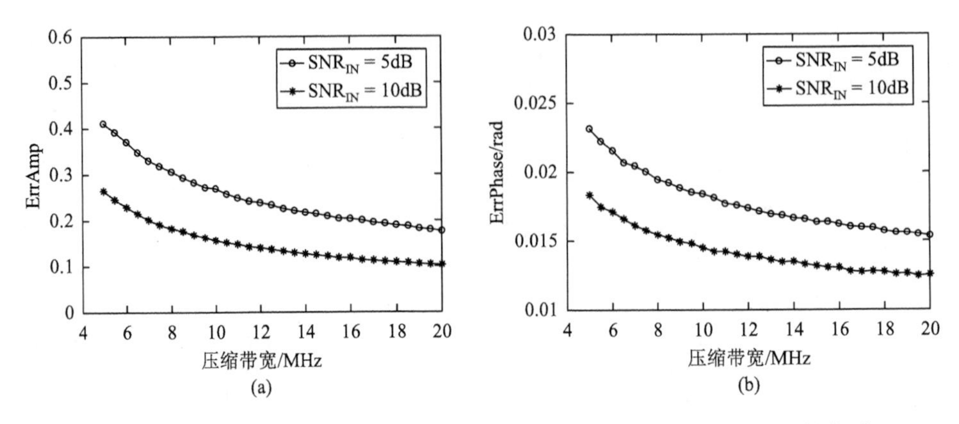

图 3.15　不同 $\mathrm{SNR_{IN}}$ 情况下，ErrAmp 和 ErrPhase 与压缩带宽 B_{cs} 之间的关系

（a）ErrAmp；（b）ErrPhase

3.5.3　实际雷达场景情形

在实际雷达场景中，目标时延 $\{\tau_k\}$ 随机分布在观测时间内，并不一定位于奈奎斯特采样网格 $\{\tau_{\mathrm{res}},\cdots,N\tau_{\mathrm{res}}\}$ 上。因此，3.1 节的稀疏表示信号模型在实际雷达场景中存在模型误差。在压缩采样理论中，这类模型误差称为基失配问题[70]，信号重构性能严重退化。在雷达应用中，时延不在离散网格上的目标被称为非网格上或偏离网格[71]目标。本小节仿真研究基失配对正交压缩采样系统重构性能的影响。

在仿真实验中，雷达信号为线性调频信号，参数与 3.5.1 节一致。雷达接收信号除了目标信号外，还包含带限加性高斯白噪声干扰信号；雷达回波的时延 τ_k（$1\leqslant k\leqslant K$）随机分布在时间 $[0.01\mu\mathrm{s},10\mu\mathrm{s}]$ 内，离散网格为 $\{0.01\mu\mathrm{s},0.02\mu\mathrm{s},0.03\mu\mathrm{s},\cdots,10\mu\mathrm{s}\}$。

图 3.16 给出了实际雷达场景信号的一次实现结果，包括回波信号的基带信号、压缩测量信号和重构信号等。在仿真中，我们假定回波信号中包含一个时延为 5.005μs 的目标（位于奈奎斯特采样网格 5.00μs 和 5.01μs 之间），输入信噪比 $\mathrm{SNR_{IN}}=10\mathrm{dB}$，正交压缩采样的压缩带宽为 $B_{cs}=10\mathrm{MHz}$。与图 3.11 相比，重构误差明显增大，特别是在雷达脉冲的上下沿位置，重构误差变化更为显著。在图 3.16（c）中，尽管大反射系数被估计出来，在它的周围存在很多小系数。这表明偏离网格目标的回波信号不能由波形匹配字典准确地稀疏表示。图 3.17 给出了正交压缩采样系统重构信噪比 $\mathrm{SNR_{REC}}$ 与目标个数 K 和压缩带宽 B_{cs} 之间的关系。与图 3.13 相比，基失配导致 $\mathrm{SNR_{REC}}$ 显著下降，重构误差加大。

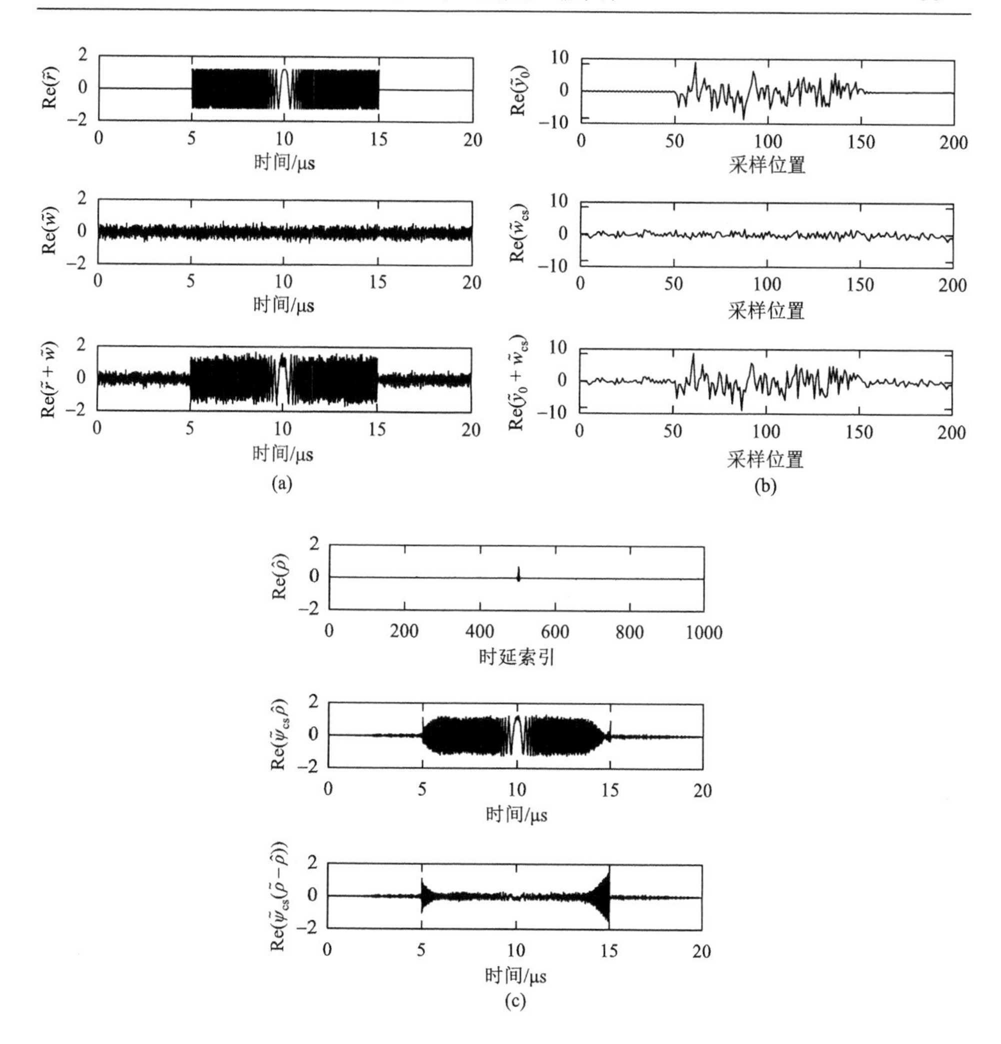

图 3.16　实际雷达场景信号正交压缩采样和重构的一次实现（$K=1$，$\mathrm{SNR_{IN}}=10\mathrm{dB}$）

（a）回波信号的基带信号；（b）压缩测量信号；（c）重构信号

但是，从时延估计的角度看，$\mathrm{SNR_{REC}}$ 的损失对目标位置估计的影响较小，这是因为$\mathrm{SNR_{REC}}$ 的损失主要是由反射系数向量 $\tilde{\boldsymbol{\rho}}$ 的估计误差产生的。我们采用文献[72]定义的命中率（hit rate）来度量时延估计性能。对于时延为 t_k 的真实目标，定义其邻域为$[t_k-\varDelta,t_k+\varDelta]$，其中 $\varDelta$ 是一个小的正常数。当估计的目标时延在邻域$[t_k-\varDelta,t_k+\varDelta]$内时，称时延为 t_k 的目标被成功地命中一次；命中率表示命中次数与目标个数的比率。

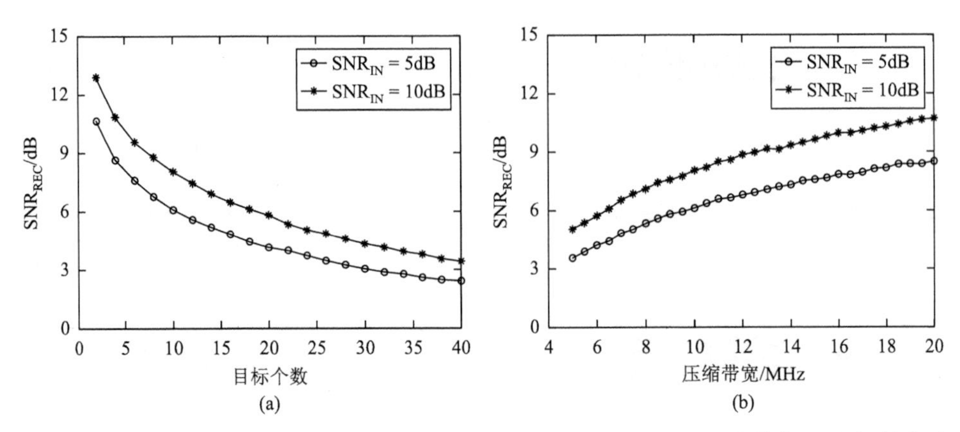

图 3.17　不同 $\mathrm{SNR_{IN}}$ 情况下，偏离网格目标 $\mathrm{SNR_{REC}}$ 和目标个数 K 与压缩带宽 B_{cs} 之间的关系

（a）目标个数；（b）压缩带宽

在仿真中，$\varDelta$ 设为 3 倍的奈奎斯特采样间隔，通过检测估计目标的最大非零系数决定目标的时延，当 K 个目标的估计时延均在相应的邻域 $[t_k-\varDelta, t_k+\varDelta]$ 内时，记为成功命中一次。图 3.18 给出了不同目标个数和压缩带宽情况下，正交压缩采样系统的命中率性能。作为参考，图中也给出了目标时延位于网格上的命中率性能。由图 3.18（a）可以看出，当目标个数较少时，偏离网格目标的命中率与位于网格上目标的命中率十分接近；但是，当目标个数较多时，偏离网格目标的命中率显著低于位于网格上目标的命中率。由图 3.18（b）可知，对于给定的目标个数 K，增大压缩带宽 B_{cs}，可有效提高网格上目标和偏离网格目标的命中率；对于给定的命中率，网格上目标所需的最小压缩带宽小于偏离网格目标所需的压缩带宽。

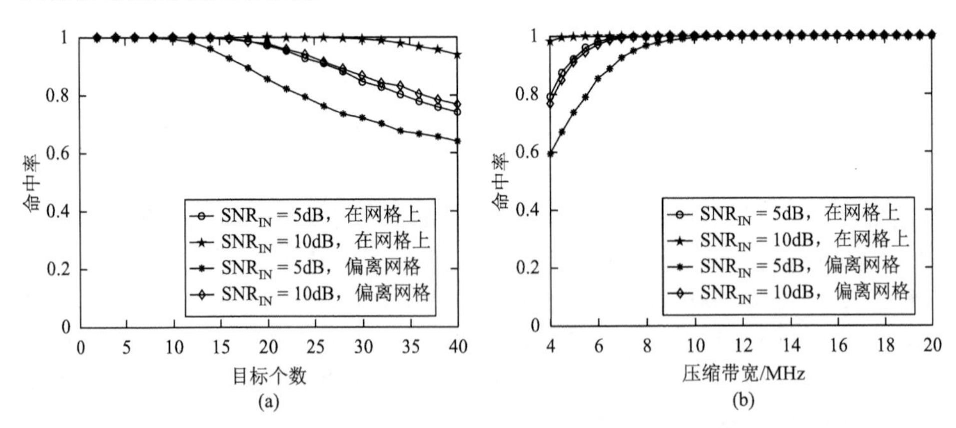

图 3.18　不同 $\mathrm{SNR_{IN}}$ 情况下，目标时延命中率和目标个数 K 与压缩带宽 B_{cs} 之间的关系

（a）目标个数；（b）压缩带宽

3.6 本 章 小 结

正交压缩采样系统是面向中频带通信号的压缩采样系统，可实现正交/同相分量信号的低速采样。本章从正交压缩采样系统框架、可重构性条件、信噪比分析和系统性能仿真分析等四个方面做了深入的讨论。理论分析和仿真实验表明正交压缩采样是有效的压缩采样系统，对宽带/超宽带雷达的发展具有重要的意义。

本章讨论的可重构性条件和信噪比分析是从正交压缩采样系统时域描述特性给出的，有关频域描述分析，可参考文献[44]、[50]。

本章是从脉冲雷达应用角度讨论正交压缩采样的，但是其基本原理也适用于其他类型的中频信号采样，如通信信号、卫星导航信号等。

第 4 章　脉冲多普勒处理

第 1 章介绍了传统的脉冲多普勒雷达信号采样与处理方法。雷达首先对天线系统接收的目标回波信号进行采样，然后采用匹配滤波、目标检测和估计等处理，最后输出目标的估计信息。目标回波采样分为快时采样和慢时采样，而且这两种采样都是基于奈奎斯特采样定理进行的，因此，后续的目标信息估计方法是在奈奎斯特采样域数据展开的。

第 3 章讨论了正交压缩采样，可直接获取雷达回波快时维的同相和正交分量的压缩采样。类似地，对稀疏目标，在慢时维上也可以进行低速采样。低速慢时采样在实现上有两种基本形式，一是随机滤波压缩采样[41]，二是通过雷达发射随机不等间隔的脉冲波形[1]。第一种实现形式没有改变雷达收发系统，第二种实现形式可减少相干处理间隔内雷达脉冲数量。本书讨论的正交压缩采样雷达假设只在快时维上采用正交压缩采样获取快时维回波的压缩采样。

正交压缩域数据不同于奈奎斯特采样域数据，因此，图 1.16 或图 1.17 所示的处理方法不能够直接处理正交压缩采样获取的采样信号。一种处理思想是按照第 2 章和第 3 章讨论的稀疏重构方法，将正交压缩域的雷达回波信号恢复到奈奎斯特采样域，然后采用图 1.16 或图 1.17 所示的方法获取目标信息。这种处理思想是可行的，但是，没有能够充分利用压缩域信号速率低的特点。另一种思想就是直接对正交压缩域数据进行处理[55]，这就是最近十多年来快速发展的压缩域雷达信号处理技术。压缩域处理[73]不需要恢复奈奎斯特采样域数据，具有处理数据量小、数据速率低的特点。

在压缩域雷达信号处理研究中，雷达目标模型通常分为网格上目标和非网格上目标两类。本章主要介绍网格上目标的脉冲多普勒处理方法。非网格上目标的处理方法将在第 5 章中进行讨论。

4.1　雷达回波正交压缩采样数据模型

4.1.1　回波信号采样

考虑 3.1 节所述的雷达工作环境。对于运动目标，式（3.3）描述的雷达接收的中频回波信号转化为

$$r_{\mathrm{IF}}^{l}(t)=\sum_{k=1}^{K}\rho_{k}a(t-lT-\tau_{k})\cos(2\pi F_{\mathrm{IF}}t+2\pi\nu_{k}t+\theta(t-lT-\tau_{k})+\phi_{k}') \tag{4.1}$$

其中，$l=0,1,\cdots,L-1$，L 为相干脉冲数；τ_k 和 ν_k 分别为第 k 个目标的时延和多普勒频率；$r_{\mathrm{IF}}^{l}(t)$ 表示由第 l 个发射脉冲产生的第 l 个回波；$t\in[lT,(l+1)T]$。与式（3.3）相比，由于运动目标的影响，接收信号中包含时变的相位因子 $2\pi\nu_k t$。当运动目标满足 1.3 节的停-跳假设时，这个相位因子可以认为在一个观测周期内保持不变，式（4.1）可近似为

$$r_{\mathrm{IF}}^{l}(t)\approx\sum_{k=1}^{K}\rho_{k}a(t-lT-\tau_{k})\cos(2\pi F_{\mathrm{IF}}t+2\pi\nu_{k}lT+\theta(t-lT-\tau_{k})+\phi_{k}') \tag{4.2}$$

其相应的同相分量和正交分量分别为

$$r_{\mathrm{I}}^{l}(t)=\sum_{k=1}^{K}\rho_{k}a(t-lT-\tau_{k})\cos(\theta(t-lT-\tau_{k})+\varphi_{k}^{l}) \tag{4.3}$$

$$r_{\mathrm{Q}}^{l}(t)=\sum_{k=1}^{K}\rho_{k}a(t-lT-\tau_{k})\sin(\theta(t-lT-\tau_{k})+\varphi_{k}^{l}) \tag{4.4}$$

其中，$\varphi_{k}^{l}=2\pi\nu_{k}lT+\phi_{k}'$。因此，$r_{\mathrm{IF}}^{l}(t)$ 的复基带信号 $\tilde{r}^{l}(t)$ 为

$$\begin{aligned}\tilde{r}^{l}(t)&\triangleq r_{\mathrm{I}}^{l}(t)+\mathrm{j}r_{\mathrm{Q}}^{l}(t)\\&=\sum_{k=1}^{K}\tilde{\rho}_{k}\mathrm{e}^{\mathrm{j}2\pi\nu_{k}lT}\tilde{g}(t-lT-\tau_{k})\\&=\sum_{k=1}^{K}\tilde{\rho}_{k}^{l}\tilde{g}(t-lT-\tau_{k})\end{aligned} \tag{4.5}$$

其中，$\tilde{\rho}_{k}=\rho_{k}\mathrm{e}^{\mathrm{j}\phi_{k}'}$；$\tilde{\rho}_{k}^{l}=\tilde{\rho}_{k}\mathrm{e}^{\mathrm{j}2\pi\nu_{k}lT}$；$\tilde{g}(t)=a(t)\mathrm{e}^{\mathrm{j}\theta(t)}$。

从式（4.5）可以看出，目标参数 τ_k、ν_k 和 $\tilde{\rho}_k$ 完全包含在复基带信号 $\tilde{r}^{l}(t)$ 中（$l=0,1,\cdots,L-1$），因此，通过分析 $\tilde{r}^{l}(t)$（$l=0,1,\cdots,L-1$）可实施目标参数估计。为了简化分析，假定目标的距离和速度均在雷达的非模糊区域，即 $\tau_k<T$ 和 $|\nu_k|<1/(2T)$，并假定在一个相干处理间隔内，目标位于一个距离门，且保持速度不变。

在运动目标情况下，与式（3.7）相对应，可采用二维匹配字典[55]稀疏表示（4.5）。这种描述的基本思想是将雷达接收到的复基带信号 $\tilde{r}^{l}(t)$ 表示成距离门和速度门上目标回波的线性组合。对于信号带宽为 B 的雷达，目标距离分辨率为 $\tau_{\mathrm{res}}=1/B$；当采用 L 个相干脉冲进行处理时，目标多普勒分辨率为 $\nu_{\mathrm{res}}=1/(LT)$。因此，若以 τ_{res} 为间隔将观测时间 T 离散化，可以产生 $N=\lfloor T/\tau_{\mathrm{res}}\rfloor$ 个距离门；以 ν_{res} 为间隔将多普勒范围离散化，可以产生 L 个多普勒分辨单元或速度门，形成如图 1.15 所示的网格化距离-速度平面。对于第 k 个距离门、第 m 个速度门上的目标，第 l 个发射脉冲的单位反射强度回波可表示为

$$e^{j2\pi(m-(L-1)/2)\nu_{res}lT}\tilde{g}(t-lT-k\tau_{res}),\quad m=0,1,\cdots,L-1;k=0,1,\cdots,N-1 \tag{4.6}$$

当雷达目标只在距离门和速度门上存在时，$\tau_k\in\{k\tau_{res}\,|\,k=0,1,\cdots,N-1\}$，$\nu_k\in\{(m-(L-1)/2)\nu_{res}lT\,|\,m=0,1,\cdots,L-1\}$，即网格上目标情形，雷达接收到的由第$l$个发射脉冲产生的复基带信号（4.5）可表示为

$$\tilde{r}^l(t)=\sum_{k=0}^{N-1}\sum_{m=0}^{L-1}\tilde{\rho}_{k,m}e^{j2\pi(m-(L-1)/2)\nu_{res}lT}\tilde{g}(t-lT-k\tau_{res}) \tag{4.7}$$

其中，$\tilde{\rho}_{k,m}$为第k个距离门和第m个速度门上目标回波的发射系数。当目标存在时，$\tilde{\rho}_{k,m}\neq 0$；否则，$\tilde{\rho}_{k,m}=0$。式（4.7）表明，通过距离门和速度门上的回波波形(4.6)，可以表示雷达可能接收到的所有距离门和速度门上的目标回波。类似于静止目标情形，在实际环境中，目标不一定存在于离散化的距离门和速度门上，即非网格上目标；在这种情况下，根据插值原理，可以采用有限个距离门和速度门上目标回波进行近似表示[1]，或采用参数化波形匹配字典描述[56-58]（见第5章的讨论）。

与式（3.6）相对应，定义$\tilde{\psi}_k^l(t)=\tilde{g}(t-lT-k\tau_{res})$，我们把

$$\{e^{j2\pi(m-(L-1)/2)\nu_{res}lT}\tilde{\psi}_k^l(t),\quad m=0,1,\cdots,L-1,k=0,1,\cdots,N-1\} \tag{4.8}$$

称为运动目标回波的二维波形匹配字典。

式（4.7）可改写为

$$\begin{aligned}\tilde{r}^l(t)&=\sum_{k=0}^{N-1}\left(\sum_{m=0}^{L-1}\tilde{\rho}_{k,m}e^{j2\pi(m-(L-1)/2)\nu_{res}lT}\right)\tilde{\psi}_k^l(t)\\&=\sum_{k=0}^{N-1}\tilde{\alpha}_k^l\tilde{\psi}_k^l(t)\end{aligned} \tag{4.9}$$

其中

$$\tilde{\alpha}_k^l=\sum_{m=0}^{L-1}\tilde{\rho}_{k,m}e^{j2\pi(m-(L-1)/2)\nu_{res}lT} \tag{4.10}$$

表示了所有不同速度的目标在第k个距离门上的组合反射系数。式（4.9）具有式（3.7）相同的形式。因此，采用向量描述方式，式（4.9）可表示为

$$\tilde{r}^l(t)=\sum_{k=0}^{N-1}\tilde{\alpha}_k^l\tilde{\psi}_k^l(t)=\tilde{\boldsymbol{\Psi}}^l(t)\tilde{\boldsymbol{\alpha}}^l \tag{4.11}$$

其中，$\tilde{\boldsymbol{\Psi}}^l(t)=[\tilde{\psi}_0^l(t),\tilde{\psi}_1^l(t),\cdots,\tilde{\psi}_{N-1}^l(t)]$；$\tilde{\boldsymbol{\alpha}}^l=[\tilde{\alpha}_0^l,\tilde{\alpha}_1^l,\cdots,\tilde{\alpha}_{N-1}^l]^{\mathrm{T}}\in\mathbb{C}^N$表示组合反射系数向量。应当指出，一般情况下，组合反射系数$\tilde{\alpha}_n^l$并不直接对应于雷达目标，这是与静止目标所不同的。

式（4.11）说明了3.2节的正交压缩采样系统（图3.1）依然适用于运动目标回波的压缩采样，即将回波信号（4.1）通过正交压缩采样系统，可产生第l个

回波的正交压缩采样。根据3.2节的分析，$r_{\mathrm{IF}}^{l}(t)$通过正交压缩采样系统后产生的第l个回波的压缩测量向量可表示为

$$\tilde{\boldsymbol{y}}^{l}=\tilde{\boldsymbol{A}}\tilde{\boldsymbol{\alpha}}^{l},\quad l=0,1,\cdots,L-1 \tag{4.12}$$

其中，$\tilde{\boldsymbol{y}}^{l}=[\tilde{y}^{l}[0],\tilde{y}^{l}[1],\cdots,\tilde{y}^{l}[M-1]]^{\mathrm{T}}\in\mathbb{C}^{M}$；$\tilde{\boldsymbol{A}}\in\mathbb{C}^{M\times N}$是刻画正交压缩采样系统的感知矩阵（式（3.26）），压缩测量长度$M=\lfloor T/T_{\mathrm{cs}}\rfloor$，$T_{\mathrm{cs}}$是根据中频频率$F_{\mathrm{IF}}$和带通滤波带宽$B_{\mathrm{cs}}$决定的采样间隔。在后续的讨论中，正如1.5节分析的，为了保证噪声采样的白噪声特性，假设$T_{\mathrm{cs}}=1/B_{\mathrm{cs}}$，系统的降采样率为$\varDelta=B/B_{\mathrm{cs}}$。当$\tilde{\boldsymbol{\alpha}}^{l}$是稀疏向量时，可以通过稀疏重构技术重构稀疏向量$\tilde{\boldsymbol{\alpha}}^{l}$。

在噪声环境下①，雷达接收的回波信号（4.2）可表示为

$$r_{\mathrm{IF}}^{l}(t)\approx\sum_{k=1}^{K}\rho_{k}a(t-lT-\tau_{k})\cos(2\pi F_{\mathrm{IF}}t+2\pi\nu_{k}lT+\theta(t-lT-\tau_{k})+\phi_{k}')+w_{\mathrm{IF}}^{l}(t) \tag{4.13}$$

其中，$w_{\mathrm{IF}}^{l}(t)$是中心频率为F_{IF}、带宽为B、功率谱密度为$N_{w}/2$的双边带带通白噪声。相应的压缩测量方程为

$$\tilde{\boldsymbol{y}}^{l}=\tilde{\boldsymbol{A}}\tilde{\boldsymbol{\alpha}}^{l}+\tilde{\boldsymbol{w}}_{\mathrm{cs}}^{l},\quad l=0,1,\cdots,L-1 \tag{4.14}$$

根据3.4节的分析，$\tilde{\boldsymbol{w}}_{\mathrm{cs}}^{l}\in\mathbb{C}^{M}$是均值为零、方差为$\sigma_{\tilde{w}_{\mathrm{cs}}}^{2}=c\varDelta^{2}N_{w}B_{\mathrm{cs}}$的第$l$个脉冲回波中噪声信号的复压缩测量向量。

4.1.2　数据结构

在1.2节中，我们将脉冲多普勒雷达回波采样按照距离维采样和脉冲维采样，形成图1.9（b）所示的数据结构（图4.1（a））。其中，距离维采样是指每个脉冲回波按照奈奎斯特采样获取的数据，脉冲维采样是指雷达在一个相干处理间隔内对具有相同距离目标回波以脉冲重复间隔为采样间隔的采样数据。图4.1（a）中网格上的数据代表了对雷达回波在特定距离门和速度门上的采样。如果将4.1.1节讨论的脉冲重复间隔内的正交压缩采样数据代替图4.1（a）中的距离维采样，可以类似地形成图4.1（b）所示的数据结构。在图4.1（b）中，脉冲维采样具有图4.1（a）相同的采样；但是，距离维采样，由于存在压缩采样，采样数据远小于奈奎斯特采样数据，是奈奎斯特采样数据的M/N倍。因此，图4.1（b）中的距离维压缩采样不再直接对应于距离门的采样；或者说距离维压缩采样时刻不直接对应于目标的距离。为了方便，我们将压缩采样时刻定义为虚拟距离门（virtual range cell）时刻，在观测时间T内共有M个虚拟距离门。因此，图4.1（b）的网格上数据对应虚拟距离门和速度门上的采样。

① 在实际环境中，雷达接收的信号不可避免地还包括各类杂波和干扰信号。为了方便讨论，本章只讨论可加白噪声环境情形。

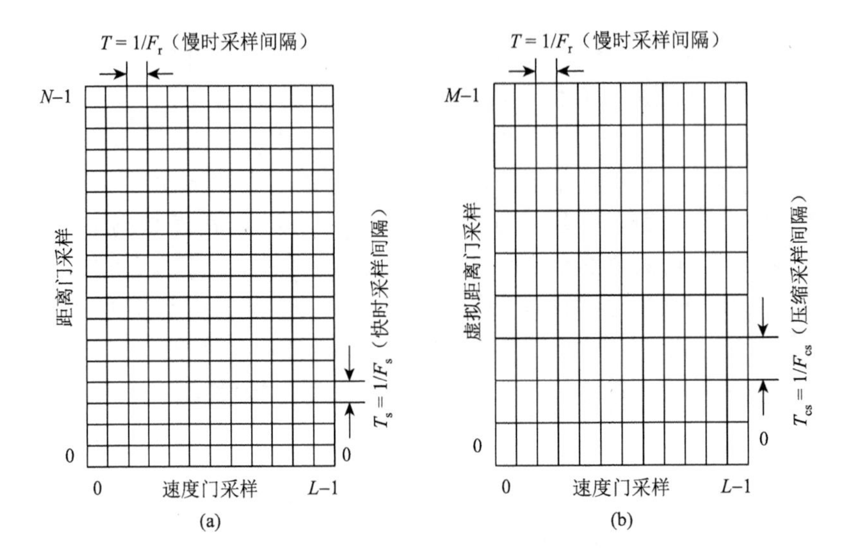

图 4.1　脉冲多普勒雷达采样信号的数据结构

（a）奈奎斯特采样；（b）正交压缩采样

图 4.1（b）的数据结构方便于 4.2 节和 4.3 节目标参数估计的理解。在数学上，可以将式（4.14）定义的 L 个脉冲回波压缩采样数据采用矩阵形式表示为

$$\tilde{\boldsymbol{Y}} = \tilde{\boldsymbol{A}}\tilde{\boldsymbol{\Theta}} + \tilde{\boldsymbol{W}}_{\text{cs}} \tag{4.15}$$

其中

$$\begin{cases} \tilde{\boldsymbol{Y}} = [\tilde{\boldsymbol{y}}^0, \tilde{\boldsymbol{y}}^1, \cdots, \tilde{\boldsymbol{y}}^{L-1}] \in \mathbb{C}^{M\times L} \\ \tilde{\boldsymbol{\Theta}} = [\tilde{\boldsymbol{\alpha}}^0, \tilde{\boldsymbol{\alpha}}^1, \cdots, \tilde{\boldsymbol{\alpha}}^{L-1}] \in \mathbb{C}^{N\times L} \\ \tilde{\boldsymbol{W}}_{\text{cs}} = [\tilde{\boldsymbol{w}}_{\text{cs}}^0, \tilde{\boldsymbol{w}}_{\text{cs}}^1, \cdots, \tilde{\boldsymbol{w}}_{\text{cs}}^{L-1}] \in \mathbb{C}^{M\times L} \end{cases} \tag{4.16}$$

4.2　压缩匹配滤波器

在讨论目标参数估计方法之前，首先论述压缩匹配滤波器——对距离维压缩采样信号进行匹配处理的滤波器，它同传统匹配滤波器一样，可使得其输出信噪比最大化[74]。

考虑式（4.14）描述的第 l 个回波的压缩测量向量，假设目标只在第 k 个距离门存在，则式（4.14）退化为

$$\tilde{\boldsymbol{y}}_k^l = \tilde{\boldsymbol{x}}_k^l + \tilde{\boldsymbol{w}}_{\text{cs}}^l \tag{4.17}$$

其中

$$\tilde{\boldsymbol{y}}_k^l = [\tilde{\boldsymbol{y}}_k^l[0], \tilde{\boldsymbol{y}}_k^l[1], \cdots, \tilde{\boldsymbol{y}}_k^l[M-1]]^{\mathrm{T}}$$
$$\tilde{\boldsymbol{x}}_k^l = [\tilde{\boldsymbol{x}}_k^l[0], \tilde{\boldsymbol{x}}_k^l[1], \cdots, \tilde{\boldsymbol{x}}_k^l[M-1]]^{\mathrm{T}}$$
$$\tilde{\boldsymbol{x}}_k^l[m] = \tilde{A}_{mk}\tilde{\alpha}_k^l$$

下标“$()_k$”表示与第 k 个距离门目标相关的量。定义 $\tilde{\boldsymbol{A}}_k$ 为感知矩阵 $\tilde{\boldsymbol{A}}$ 的第 k 个列向量，则根据 1.6.1 节的分析，可以发现实现对信号 $\tilde{\boldsymbol{x}}_k^l$ 匹配处理的匹配滤波为

$$\tilde{\boldsymbol{h}}_k^l = \kappa(\tilde{\boldsymbol{A}}_k)^* \text{或者} \tilde{\boldsymbol{h}}_k^l = (\tilde{\boldsymbol{A}}_k)^* \tag{4.18}$$

其中，κ 为常数；相应的匹配滤波输出为

$$\begin{aligned} z_k^l &= (\tilde{\boldsymbol{h}}_k^l)^{\mathrm{T}}\tilde{\boldsymbol{y}}_k^l = (\tilde{\boldsymbol{h}}_k^l)^{\mathrm{T}}\tilde{\boldsymbol{x}}_k^l + (\tilde{\boldsymbol{h}}_k^l)^{\mathrm{T}}\tilde{\boldsymbol{w}}_{\mathrm{cs}}^l \\ &= (\tilde{\boldsymbol{A}}_k)^{\mathrm{H}}\tilde{\boldsymbol{A}}_k\tilde{\alpha}_k^l + (\tilde{\boldsymbol{A}}_k)^{\mathrm{H}}\tilde{\boldsymbol{w}}_{\mathrm{cs}}^l \end{aligned} \tag{4.19}$$

最后一项利用了关系式 $\tilde{\boldsymbol{x}}_k^l = \tilde{\boldsymbol{A}}_k\tilde{\alpha}_k^l$。式（4.19）给出的匹配滤波输出，在内涵上等同于式（1.52）采用滑动滤波方式实现的只有一个距离门目标时全程奈奎斯特采样信号的匹配滤波。由于假设了只有第 k 个距离门上存在目标，匹配滤波输出其实给出了第 k 个距离门上目标组合反射系数的估计。根据式（1.47），匹配滤波输出的信噪比为

$$\mathrm{SNR}_{\mathrm{OUT}}^{\tilde{z}_{\mathrm{cs}}} = \frac{E}{\sigma_{\tilde{w}_{\mathrm{cs}}}^2} \tag{4.20}$$

其中，E 为第 k 个距离门目标回波的能量：

$$E = \| \tilde{\boldsymbol{x}}_k^l \|_2^2 = | \tilde{\alpha}_k^l |^2 \| \tilde{\boldsymbol{A}}_k \|_2^2 \tag{4.21}$$

式（4.18）给出的是第 k 个距离门上目标回波的匹配滤波。因此，不同距离门上的目标回波具有不同的匹配滤波，与 1.6.2 节采用完全一样的匹配滤波器不同，这是因为正交压缩采样系统中混频处理改变了不同距离门上目标回波的波形。综合考虑 N 个距离门上的目标，实现第 l 个脉冲回波压缩测量（4.14）的匹配滤波器可定义为下[①]：

$$\tilde{\boldsymbol{B}}^l = [\tilde{\boldsymbol{b}}_0^l, \tilde{\boldsymbol{b}}_1^l, \cdots, \tilde{\boldsymbol{b}}_{N-1}^l] = [\tilde{\boldsymbol{A}}_0, \tilde{\boldsymbol{A}}_1, \cdots, \tilde{\boldsymbol{A}}_{N-1}]^* = \tilde{\boldsymbol{A}}^* \tag{4.22}$$

则第 l 个回波压缩测量的匹配滤波输出为

$$\begin{aligned} \tilde{\boldsymbol{z}}^l &= (\tilde{\boldsymbol{B}}^l)^{\mathrm{T}}\tilde{\boldsymbol{y}}^l = (\tilde{\boldsymbol{B}}^l)^{\mathrm{T}}\tilde{\boldsymbol{A}}\tilde{\boldsymbol{\alpha}}^l + (\tilde{\boldsymbol{B}}^l)^{\mathrm{T}}\tilde{\boldsymbol{w}}_{\mathrm{cs}}^l \\ &= \tilde{\boldsymbol{A}}^{\mathrm{H}}\tilde{\boldsymbol{A}}\tilde{\boldsymbol{\alpha}}^l + \tilde{\boldsymbol{A}}^{\mathrm{H}}\tilde{\boldsymbol{w}}_{\mathrm{cs}}^l \end{aligned} \tag{4.23}$$

式（4.22）定义了 N 个匹配滤波器组成的匹配滤波器组，实现了 N 个距离门上目标回波的匹配滤波。习惯上，把式（4.22）定义的匹配滤波器称为压缩

① 尽管强调了第 l 个脉冲回波的匹配滤波器 $\tilde{\boldsymbol{B}}^l$，但是，不同脉冲回波的匹配滤波器是一样的，即 $\tilde{\boldsymbol{A}}^*$，这是因为在正交压缩采样系统中假设了不同的脉冲回波采用了相同的扩频序列。

匹配滤波器（compressive matched filter）[74]，这是因为它处理的数据是压缩采样数据。当感知矩阵 $\tilde{\boldsymbol{A}}$ 满足 RIP 条件时，矩阵 $\tilde{\boldsymbol{A}}$ 近似为列正交的，因此，式（4.23）的第 k 个元素等于式（4.19）给出的输出，即 $\tilde{z}^l[k]\approx z_k^l$ 或者是第 k 个距离门上组合目标反射系数的近似估计。在实际情况中，不同匹配滤波器之间并不是完全正交的，其他距离门上目标的回波将影响当前距离门上目标回波匹配处理的效果；因此，直接对距离维压缩采样信号进行匹配滤波处理难以获得合理有效的稀疏向量 $\tilde{\boldsymbol{\alpha}}^l$ 的估计。然而，压缩匹配滤波的基本形式（4.23）构成了其他稀疏估计方法（例如，第 2 章讨论的 l_1 优化算法和贪婪算法等）的基本运算单元，因此，压缩匹配滤波通常“隐含”在稀疏参数估计方法之中。

4.3 压缩域时延和多普勒的同时估计

在压缩采样雷达中，一种直接的目标参数估计方法是利用雷达回波信号的稀疏特性，将雷达目标参数估计问题转化为回波信号稀疏表示系数的重构问题，并根据恢复出的稀疏表示系数来确定目标参数。对于静止目标，可以采用式（3.7）的波形匹配字典稀疏表示回波信号；并通过求解式（3.28）或（3.29）中的稀疏重构问题，有效估计出目标的时延。类似地，对于本章讨论的运动目标，我们可以采用式（4.8）所示的二维波形匹配字典描述形式，联合 L 个回波正交压缩采样，通过求解稀疏重构问题估计出目标的时延和多普勒频率。这种采用二维波形匹配字典表示运动目标的回波方式，可同时估计出目标的时延-多普勒频率，本章把这种方法称为网格上目标时延和多普勒同时估计方法（simultaneous delay-Doppler estimation for on-grid targets，OnSiDeD）。

目标时延-多普勒同时估计方法，首先将 L 个脉冲回波压缩采样数据（4.15）表示成压缩测量方程。为此，定义矩阵 $\tilde{\boldsymbol{\Sigma}}\in\mathbb{C}^{N\times L}$ 和 $\tilde{\boldsymbol{F}}\in\mathbb{C}^{L\times L}$：

$$\tilde{\boldsymbol{\Sigma}}=\begin{bmatrix}\tilde{\rho}_{0,0} & \tilde{\rho}_{0,1} & \cdots & \tilde{\rho}_{0,L-1}\\ \tilde{\rho}_{1,0} & \tilde{\rho}_{1,1} & \cdots & \tilde{\rho}_{1,L-1}\\ \vdots & \vdots & & \vdots\\ \tilde{\rho}_{N-1,0} & \tilde{\rho}_{N-1,1} & \cdots & \tilde{\rho}_{N-1,L-1}\end{bmatrix} \tag{4.24}$$

$$\tilde{\boldsymbol{F}}^{\mathrm{T}}=[\tilde{\boldsymbol{a}}_0,\tilde{\boldsymbol{a}}_1,\cdots,\tilde{\boldsymbol{a}}_{L-1}] \tag{4.25}$$

其中，$\tilde{\boldsymbol{a}}_l=[\mathrm{e}^{\mathrm{j}2\pi(-1/2T)lT},\mathrm{e}^{\mathrm{j}2\pi(\nu_{\mathrm{res}}-1/2T)lT},\cdots,\mathrm{e}^{\mathrm{j}2\pi((L-1)\nu_{\mathrm{res}}-1/2T)lT}]^{\mathrm{T}}$；矩阵 $\tilde{\boldsymbol{F}}$ 是一个离散傅里叶变换矩阵。根据式（4.24）和式（4.25），式（4.16）定义的矩阵 $\tilde{\boldsymbol{\Theta}}$ 可分解为

$$\tilde{\boldsymbol{\Theta}}=\tilde{\boldsymbol{\Sigma}}\tilde{\boldsymbol{F}}^{\mathrm{T}} \tag{4.26}$$

因此，采样数据（4.15）可表示为

$$\tilde{\boldsymbol{Y}}=\tilde{\boldsymbol{A}}\tilde{\boldsymbol{\Sigma}}\tilde{\boldsymbol{F}}^{\mathrm{T}}+\tilde{\boldsymbol{W}}_{\mathrm{cs}} \tag{4.27}$$

定义 $\tilde{\boldsymbol{y}}=\mathrm{vec}(\tilde{\boldsymbol{Y}})\in\mathbb{C}^{ML}$，$\tilde{\boldsymbol{\sigma}}=\mathrm{vec}(\tilde{\boldsymbol{\Sigma}})\in\mathbb{C}^{NL}$ 和 $\tilde{\boldsymbol{w}}_{\mathrm{cs}}=\mathrm{vec}(\tilde{\boldsymbol{W}}_{\mathrm{cs}})\in\mathbb{C}^{ML}$ 分别为矩阵 $\tilde{\boldsymbol{Y}}$、$\tilde{\boldsymbol{\Sigma}}$ 和 $\tilde{\boldsymbol{W}}_{\mathrm{cs}}$ 的向量化向量，则根据矩阵向量化等式 $\mathrm{vec}(\tilde{\boldsymbol{B}}\tilde{\boldsymbol{\Sigma}}\tilde{\boldsymbol{C}}^{\mathrm{T}})=(\tilde{\boldsymbol{C}}\otimes\tilde{\boldsymbol{B}})\mathrm{vec}(\tilde{\boldsymbol{\Sigma}})$，可形成式（4.27）的向量化等式方程为

$$\tilde{\boldsymbol{y}}=(\tilde{\boldsymbol{F}}\otimes\tilde{\boldsymbol{A}})\tilde{\boldsymbol{\sigma}}+\tilde{\boldsymbol{w}}_{\mathrm{cs}} \tag{4.28}$$

其中，$\otimes$ 表示克罗内克积。

式（4.28）是联合 L 个脉冲回波的压缩测量方程，$\tilde{\boldsymbol{F}}\otimes\tilde{\boldsymbol{A}}$ 为感知矩阵。反射系数向量 $\tilde{\boldsymbol{\sigma}}$ 由网格上目标的反射系数组成，对于 K 个目标雷达环境，$\tilde{\boldsymbol{\sigma}}$ 中非零元素的个数 $\|\tilde{\boldsymbol{\sigma}}\|_0\leqslant 2K$。应当注意，在稀疏目标环境中，$\tilde{\boldsymbol{\sigma}}$ 是稀疏的；因此，可以采用稀疏重构方法重构稀疏向量 $\tilde{\boldsymbol{\sigma}}$：

$$\begin{cases}\hat{\boldsymbol{\sigma}}=\arg\min\limits_{\tilde{\boldsymbol{\sigma}}}\|\tilde{\boldsymbol{\sigma}}\|_1\\ \text{s.t.}\quad \|\tilde{\boldsymbol{y}}-(\tilde{\boldsymbol{F}}\otimes\tilde{\boldsymbol{A}})\tilde{\boldsymbol{\sigma}}\|_2\leqslant\varepsilon\end{cases} \tag{4.29}$$

其中，ε 是一个由测量噪声向量 $\tilde{\boldsymbol{w}}_{\mathrm{cs}}$ 决定的参数。当重构的 $\tilde{\boldsymbol{\sigma}}$ 中对应元素 $\tilde{\rho}_{k,m}\neq 0$ 时，估计的目标速度和距离分别为 $\lambda(m-(L-1)/2)\nu_{\mathrm{res}}/2$ 和 $c\tau_{\mathrm{res}}k/2$。

目标时延-多普勒同时估计方法具有较高的估计性能，但是，由于在稀疏表示目标回波时采用了二维波形匹配字典，式（4.28）的感知矩阵 $\tilde{\boldsymbol{F}}\otimes\tilde{\boldsymbol{A}}$ 维数急剧增加，从而导致问题（4.29）的存储空间和计算复杂度显著增大①，不利于实时求解。类似于传统脉冲多普勒雷达的时延和多普勒解耦处理，4.4 节讨论的时延-多普勒序贯估计方法将极大地降低存储空间的要求和计算复杂度。

式（4.29）定义的目标时延-多普勒同时估计方法在原理上等同于传统的脉冲多普勒二维匹配滤波处理，即速度维的匹配滤波和距离维的压缩匹配滤波，只是后者匹配滤波隐含在求解式（4.29）的稀疏重构算法中。为了区别于第 1 章的匹配滤波器，本章将速度维和距离维的匹配滤波分别称为多普勒域匹配滤波和压缩域匹配滤波。

4.4　压缩域时延和多普勒的序贯估计

根据图 1.9（b）或图 4.1（a）的数据结构，以及 1.5 节基于匹配滤波原理，讨论了时延和多普勒的序贯估计方法，如图 1.16 和图 1.17 所示。类似地，对图 4.1（b）压缩采样数据结构，也可以发展压缩域的时延和多普勒的序贯估计方法。这是因为在图 4.1（b）的数据结构中，同一虚拟距离门上的数据没有改

① 理论上，需要计算和存储感知矩阵 $\tilde{\boldsymbol{F}}\otimes\tilde{\boldsymbol{A}}$。但是，根据矩阵 $\tilde{\boldsymbol{F}}$ 的形成方式（4.25），可以发现矩阵 $\tilde{\boldsymbol{F}}$ 是一个离散傅里叶变换矩阵。因此，在算法实现时，可利用离散傅里叶变换特点有效地减少存储空间和降低计算量。

变速度门上目标速度信息，如式（4.11）和式（4.12）所示。因此，目标的多普勒频率可以采用 1.6 节的多普勒域匹配滤波——离散傅里叶变换进行估计。但是，对于目标时延，由于压缩采样，必须采用稀疏重构方法获取。

4.4.1 时延稀疏重构-多普勒匹配滤波处理

本小节的目标时延和多普勒估计方法就是首先通过稀疏重构估计组合目标的时延，然后采用多普勒域匹配滤波方法估计目标的多普勒信息，继而根据估计的多普勒信息确定目标的实际时延。这种处理方法等同于图 1.16 所示的处理原理，即首先估计目标时延，然后估计目标多普勒。我们把这种方法称为网格上目标时延-多普勒序贯估计方法（sequential delay-Doppler estimation for on-grid targets，OnSeDeD）。

考虑式（4.14）表示的压缩测量方程，通过稀疏重构可以估计出组合目标反射系数 $\tilde{\boldsymbol{\alpha}}^l$，即求解

$$\begin{cases}\hat{\boldsymbol{\alpha}}^l = \arg\min\limits_{\tilde{\boldsymbol{\alpha}}^l} \|\tilde{\boldsymbol{\alpha}}^l\|_1 \\ \text{s.t.} \quad \|\tilde{\boldsymbol{y}}^l - \tilde{\boldsymbol{A}}\tilde{\boldsymbol{\alpha}}^l\|_2 \leqslant \varepsilon^l, l = 0,1,\cdots,L-1\end{cases} \tag{4.30}$$

其中，ε^l 是一个由测量噪声向量 $\tilde{\boldsymbol{w}}_{\text{cs}}^l$ 决定的参数。应当注意，式（4.30）获得的 $\tilde{\boldsymbol{\alpha}}^l$ 只是决定了在距离门上可能存在的目标，而每个距离门上对应的目标必须联合目标的多普勒估计才能确定。从式（4.26）可知

$$\tilde{\boldsymbol{\Sigma}} = \tilde{\boldsymbol{\Theta}}\tilde{\boldsymbol{F}}^* \tag{4.31}$$

这是因为 $\tilde{\boldsymbol{F}}$ 是一个离散傅里叶变换矩阵且 $(\tilde{\boldsymbol{F}}^{\text{T}})(\tilde{\boldsymbol{F}}^*) = I$。式（4.31）的右边运算相当于对矩阵 $\tilde{\boldsymbol{\Theta}}$ 按行进行离散傅里叶变换，即对每个距离门的目标进行多普勒域匹配滤波或相干积累处理。因此，根据估计的 $\hat{\boldsymbol{\alpha}}^l$，形成估计的 $\tilde{\boldsymbol{\Theta}}$ 并按行进行离散傅里叶变换，即可获得 $\tilde{\boldsymbol{\Sigma}}$ 的估计；再根据估计的 $\tilde{\boldsymbol{\Sigma}}$ 确定的目标位置 (k,m) 检测，可计算出目标的距离和速度。离散傅里叶变换输出的是距离门和速度门信息，因此，目标检测可以采用 1.6.4 节的方法实施。

图 4.2 给出了时延稀疏重构-多普勒匹配滤波处理的具体流程。当回波信号按照奈奎斯特采样时，图 4.2 可退化为图 1.16 所示的快时-慢时匹配滤波脉冲多普勒处理，只是快时匹配滤波采用稀疏重构方式实现。

4.4.2 多普勒匹配滤波-时延稀疏重构处理

在图 4.2 的处理流程中，稀疏重构是目标信息获取的关键，组合反射系数 $\tilde{\boldsymbol{\alpha}}^l$

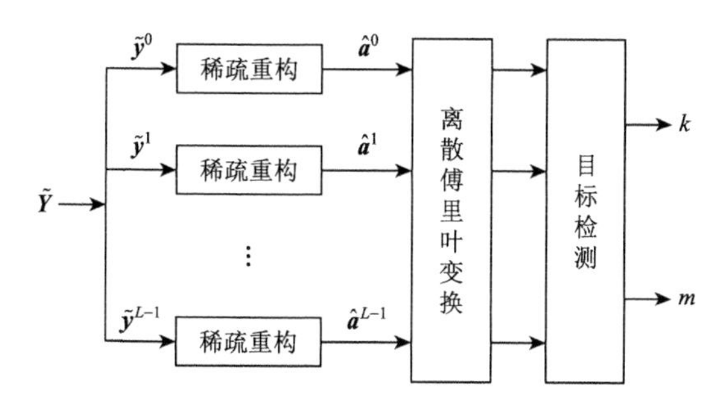

图 4.2　时延稀疏重构-多普勒匹配滤波处理框图

估计的准确性将直接影响目标参数估计的精度。组合反射系数一般通过稀疏重构算法进行估计。在业已发展的稀疏重构算法中，如 2.3 节所述的算法，稀疏重构性能受到压缩测量噪声 $\tilde{\boldsymbol{w}}_{\rm cs}^l$ 的影响，在低信噪比情况下重构性能急剧下降。因此，当回波信号中存在强噪声或杂波干扰时，不同脉冲间隔内估计出的组合反射系数向量 $\hat{\boldsymbol{\alpha}}^l$ 将存在较大的差异。另外，稀疏重构是一个非线性运算，不同脉冲间隔内的稀疏重构过程之间也存在着显著的差异，这将严重影响不同脉冲反射系数向量 $\tilde{\boldsymbol{\alpha}}^l$ 之间的严格相位关系，导致后续的离散傅里叶变换处理难以有效地实现相干积累。这是因为从式（4.31）可以看到，图 4.2 的离散傅里叶变换处理是建立在准确估计组合反射系数向量 $\tilde{\boldsymbol{\alpha}}^l$ 基础之上的。

那么，在图 4.2 的处理流程中，可否首先进行多普勒估计，然后进行目标距离的估计？这种处理思想等同于图 1.17 所示的处理流程，即首先利用多普勒域匹配滤波处理估计目标的多普勒，然后采用稀疏重构获取目标的时延。应当注意，多普勒域匹配滤波将显著改善输出信噪比，因此如果可以按照类同于图 1.17 的流程进行处理，稀疏目标估计性能将得到很大的提升。

考虑图 4.1（b）的数据结构。数据矩阵 $\tilde{\boldsymbol{Y}}_{\rm cs}$ 的每一行代表了同一虚拟距离门在不同脉冲间隔的正交压缩采样，从式（4.12）可以看出这个压缩采样并没有改变式（4.11）的相位关系或多普勒信息。因此，可以通过在每一个虚拟距离门的慢时采样上进行离散傅里叶变换处理来提取目标的多普勒信息。用 $\mathcal{F}(\bullet)$ 表示对矩阵“•”按行进行离散傅里叶变换的运算符，慢时采样上的离散傅里叶变换处理可表示为

$$\begin{aligned}\mathcal{F}(\tilde{\boldsymbol{Y}}) &= \mathcal{F}(\tilde{\boldsymbol{A}}\tilde{\boldsymbol{\Theta}}) + \mathcal{F}(\tilde{\boldsymbol{W}}_{\rm cs}) \\ &= \tilde{\boldsymbol{A}}\mathcal{F}(\tilde{\boldsymbol{\Theta}}) + \mathcal{F}(\tilde{\boldsymbol{W}}_{\rm cs})\end{aligned} \tag{4.32}$$

矩阵 $\tilde{\boldsymbol{Y}}$ 按行进行离散傅里叶变换等同于右乘一个离散傅里叶变换矩阵 $\tilde{\boldsymbol{F}}^*$。结合式（4.27），式（4.32）又可表示为

$$\mathcal{F}(\tilde{\boldsymbol{Y}}) = \tilde{\boldsymbol{Y}}\tilde{\boldsymbol{F}}^* = L\tilde{\boldsymbol{A}}\tilde{\boldsymbol{\Sigma}} + \tilde{\boldsymbol{W}}_{\rm cs}\tilde{\boldsymbol{F}}^* \tag{4.33}$$

令 $\bar{\boldsymbol{y}}^m$、$\tilde{\boldsymbol{\beta}}^m$ 和 $\bar{\boldsymbol{w}}_{\text{cs}}^m$ 分别为矩阵 $\tilde{\boldsymbol{Y}}\tilde{\boldsymbol{F}}^*$、$\tilde{\boldsymbol{\Sigma}}$ 和 $\tilde{\boldsymbol{W}}_{\text{cs}}\tilde{\boldsymbol{F}}^*$ 的第 m 列，式（4.33）可分解为如下 L 个方程①，

$$\bar{\boldsymbol{y}}^m = L\tilde{\boldsymbol{A}}\tilde{\boldsymbol{\beta}}^m + \bar{\boldsymbol{w}}_{\text{cs}}^m, \quad m = 0,1,\cdots,L-1 \tag{4.34}$$

式（4.34）给出了 L 个脉冲回波的压缩测量经多普勒域匹配滤波处理后的压缩测量方程；其中，$\bar{\boldsymbol{w}}_{\text{cs}}^m$ 是第 m 个多普勒单元噪声信号在多普勒域的复压缩测量向量。噪声矩阵 $\tilde{\boldsymbol{W}}_{\text{cs}}$ 或噪声向量 $\tilde{\boldsymbol{w}}_{\text{cs}}^l$ 右乘离散傅里叶变换矩阵 $\tilde{\boldsymbol{F}}^*$ 并不改变原噪声特性，因此，$\bar{\boldsymbol{w}}_{\text{cs}}^m$ 是均值为 0、方差为 $L\Delta^2 N_w B_{\text{cs}}$ 的白噪声向量。根据式（4.34），通过求解

$$\begin{cases} \hat{\boldsymbol{\beta}}^m = \arg\min\limits_{\tilde{\boldsymbol{\beta}}^m} \| \tilde{\boldsymbol{\beta}}^m \|_1 \\ \text{s.t.} \quad \| \bar{\boldsymbol{y}}^m - L\tilde{\boldsymbol{A}}\tilde{\boldsymbol{\beta}}^m \|_2 \leqslant \varepsilon^m, \quad m = 0,1,\cdots,L-1 \end{cases} \tag{4.35}$$

可以直接获取不同距离门和速度门上的目标反射系数。式（4.35）中，ε^m 是一个由测量噪声向量 $\bar{\boldsymbol{w}}_{\text{cs}}^m$ 决定的参数。因此，根据估计的 $\hat{\boldsymbol{\beta}}^m$，形成 $\tilde{\boldsymbol{\Sigma}}$ 的估计 $\hat{\boldsymbol{\Sigma}} = [\hat{\boldsymbol{\beta}}^0, \hat{\boldsymbol{\beta}}^1, \cdots, \hat{\boldsymbol{\beta}}^{L-1}]$；再根据估计的 $\hat{\boldsymbol{\Sigma}}$ 进行目标位置 (k,m) 检测，可计算出目标的距离和速度。同图 4.2 处理流程一样，目标检测也可以采用 1.6.4 节的方法实施。

图 4.3 给出了多普勒匹配滤波-时延稀疏重构处理的具体流程，我们把这种方法称为网格上目标多普勒-时延序贯估计方法（sequential Doppler-delay estimation for on-grid targets，OnSeDoD）。当对回波信号进行奈奎斯特采样时，图 4.3 的处理流程可退化为图 1.17 所示的慢时-快时匹配滤波脉冲多普勒处理，只是快时匹配滤波采用稀疏重构方式实现。

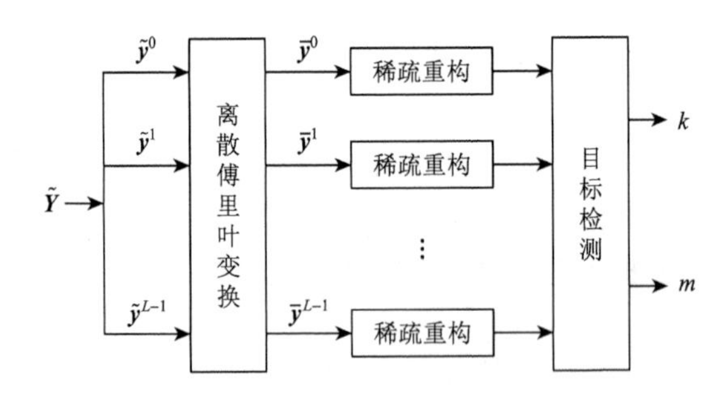

图 4.3 多普勒匹配滤波-时延稀疏重构处理框图

① 注意式（4.34）中的上标“ m ”与前面公式中上标“ l ”具有不同的内涵。上标 m 是指第 m 个多普勒单元，而上标 l 是指第 l 个脉冲。

4.4.3　性能比较分析

图 4.2 和图 4.3 的处理流程在结构上分别对应于 1.6 节的基于奈奎斯特数据的处理流程图 1.16 和图 1.17。图 1.16 和图 1.17 中的慢时和快时匹配滤波是线性滤波，因此，具有相同的目标估计性能。但是，对于图 4.2 和图 4.3 的处理流程，尽管只是交换了稀疏重构和离散傅里叶变换处理的顺序，由于稀疏重构是非线性处理，一般具有不同的目标估计性能。特别地，稀疏重构精度将直接影响目标估计性能。

图 4.3 的处理流程在目标估计性能上明显优于图 4.2 的处理流程，这是因为一方面压缩测量方程（4.34）的稀疏向量 $\tilde{\boldsymbol{\beta}}^m$ 比压缩测量方程（4.14）的稀疏向量 $\tilde{\boldsymbol{\alpha}}^l$ 具有更高的稀疏度，另一方面压缩测量方程（4.34）的信噪比也高于压缩测量方程（4.14）的信噪比。压缩测量方程（4.14）是回波脉冲经正交压缩采样后直接获得的，稀疏向量 $\tilde{\boldsymbol{\alpha}}^l$ 是式（4.11）定义的组合反射系数向量，包含了所有 L 个多普勒单元上目标的信息；而压缩测量方程（4.34）是多普勒匹配滤波后的等效形式，稀疏向量 $\tilde{\boldsymbol{\beta}}^m$ 只包含了第 m 个多普勒单元上目标的信息。因此，$\tilde{\boldsymbol{\beta}}^m$ 的稀疏数通常远低于 $\tilde{\boldsymbol{\alpha}}^l$ 的稀疏数，只有在极端的情况下，二者具有相同的稀疏数。根据第 2 章的压缩采样理论可知，$\tilde{\boldsymbol{\beta}}^m$ 的稀疏数越低，感知矩阵 $\tilde{\boldsymbol{A}}$ 的约束等距常数越小，稀疏重构的性能也越优。由于 $\tilde{\boldsymbol{\beta}}^m$ 的稀疏数通常远低于 $\tilde{\boldsymbol{\alpha}}^l$，在相同的信噪比条件下，式（4.34）的重构性能将优于式（4.14）。类似地，压缩测量方程（4.34）是多普勒匹配滤波的结果，因此，其信噪比高于压缩测量方程（4.14）的信噪比。考虑第 m 个多普勒单元上的第 k 个距离门目标，其在稀疏向量 $\tilde{\boldsymbol{\beta}}^m$ 和 $\tilde{\boldsymbol{\alpha}}^l$ 中的幅度分别为 $\tilde{\rho}_{n,m}$ 和 $\tilde{\rho}_{n,m}\mathrm{e}^{\mathrm{j}2\pi\nu_k(m-1)T}$，即二者具有相同的反射强度。但是，在式（4.34）中，经多普勒匹配滤波处理，根据 1.7.3 节的分析，多普勒域匹配滤波产生 L 倍的增益。因此，与式（4.14）相比，式（4.34）中的同一个距离门和速度门上目标信号的信噪比提高了 L 倍。由于距离稀疏重构性能与压缩测量的信噪比息息相关，且在信噪比较低时重构性能会急剧下降，因此，多普勒匹配滤波带来的信噪比增益将会显著改善后续距离稀疏重构处理的性能。

图 4.4 仿真比较了两种压缩域序贯估计方法（OnSeDeD 和 OnSeDoD）的目标估计性能随目标输入信噪比的变化情况，同时图中还给出了 4.3 节中压缩域时延-多普勒同时估计方法（OnSiDeD）的性能。由于目标的时延和多普勒频率均位于离散网格上，我们采用目标时延和多普勒频率网格的正确重构概率来衡量估计性能。在仿真中，雷达发射信号为线性调频信号，载频 $F_{\mathrm{RF}}=10\mathrm{GHz}$，

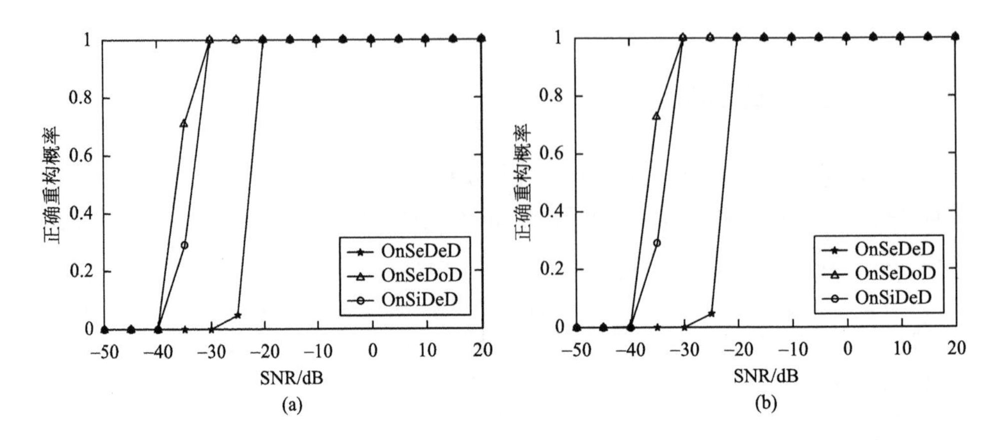

(a)　(b)

图 4.4 压缩域距离-多普勒序贯估计方法性能

（a）距离；（b）多普勒频率

信号带宽 $B = 100\text{MHz}$，脉冲宽度 $T_\text{b} = 10^{-5}\text{s}$，脉冲重复间隔 $T = 10^{-4}\text{s}$，相关处理间隔 $L = 100$。信号的距离分辨率和多普勒分辨率分别为1.5m和100Hz，目标距离范围和多普勒范围分别为1500～3000m和−5～5kHz。对于正交压缩采样系统，扩频序列 $p(t)$ 由变化间隔为 $1/B$ 的随机二相码组成；带通滤波器是带宽为 $B_\text{cs} = 25\text{MHz}$ 的理想滤波器，对应的采样速率是1/4奈奎斯特采样速率。稀疏重构采用 SPGL1 算法[32]实现。在图 4.4 中，假设存在 5 个目标，目标的距离和多普勒频率随机分布在离散距离-多普勒网格上，且所有目标反射系数的幅度相同、相位随机均匀分布在 $[-\pi, \pi]$ 范围内，即每个目标均具有相同的信噪比。图 4.4 中所有曲线都是经过 1000 次独立实验得到的。

由图 4.4 可知，多普勒匹配滤波-距离稀疏重构处理的抗噪声性能明显优于距离稀疏重构-多普勒匹配滤波处理，与压缩域时延-多普勒同时估计方法具有相近的性能①。应当指出，序贯估计方法的估计性能低于同时估计方法，但具有计算上的优势。图 4.5 给出了三种估计方法消耗的平均 CPU 时间。仿真软件采用 MATLAB 2011b，计算平台为 Window 7 64 位操作系统，Core i5-4590 CPU，8GB 内存。可以看出，序贯估计方法的计算开销远小于同时估计方法。

① 1.6 节中的图 1.16 和图 1.17 处理方法可从二维匹配滤波处理方法退化而来，具有一致的估计性能，这是因为在满足停-跳假设下可进行解耦处理。对本节的压缩域处理，尽管可进行解耦处理，但是由于稀疏重构属于非线性运算，图 4.2 和图 4.3 的序贯估计方法以及 4.2 节的同时估计方法之间没有等同性，因此具有不同的估计性能。

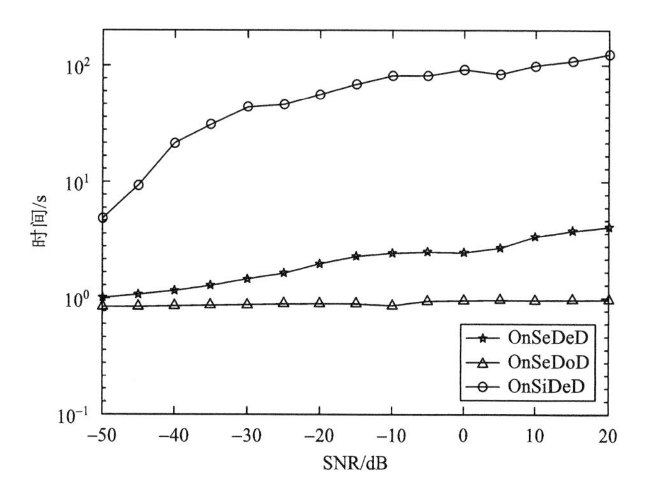

图 4.5　压缩域时延-多普勒序贯估计方法的计算时间

4.5　压缩采样脉冲多普勒处理

4.5.1　基本原理

4.4.1 节和 4.4.2 节讨论的两种压缩域时延-多普勒序贯估计方法都是首先在距离维进行稀疏重构处理和多普勒维进行匹配滤波处理，然后在距离-多普勒二维平面上获得目标反射系数的估计值，最后进行目标检测获得目标信息。本质上目标检测并不是在压缩域完成的，而是在重构出目标场景后，按照奈奎斯特采样下的传统检测方式进行的。由于雷达场景的稀疏特性，目标通常只存在于距离-速度二维平面的少数网格，因此并没有必要在完全重构出目标场景后再进行目标检测。与此同时，在 4.4 节的方法中，稀疏重构占据了整个处理流程中的主要计算开销。在图 4.2 和图 4.3 的处理中，式（4.30）和式（4.35）的距离稀疏重构问题均需要求解 L 次。如果能够减少稀疏重构次数，数字信号处理的计算负担将得到减轻。

通过对比图 4.2 和图 4.3 的处理流程可以发现，对于所有 L 个稀疏重构问题，图 4.2 中的稀疏向量 $\tilde{\boldsymbol{\alpha}}^l$ 均是非零向量，需要重构出所有的 $\tilde{\boldsymbol{\alpha}}^l$ 才能执行后续的多普勒估计。与之相反，图 4.3 中的稀疏向量 $\tilde{\boldsymbol{\beta}}^m$ 只包含第 m 个多普勒单元上的目标信息，对于大多数多普勒单元而言，稀疏向量 $\tilde{\boldsymbol{\beta}}^m$ 均为零向量，并不需要求解出式（4.35）中所有的时延稀疏重构问题。因此，多普勒匹配滤波-时延稀疏重构处理方法，如果在稀疏重构之前检测非零稀疏向量 $\tilde{\boldsymbol{\beta}}^m$，可减少稀疏重构问题次数。

基于上述分析，多普勒匹配滤波-时延稀疏重构处理方法可采用图 4.6 所示的处理流程实现。与图 4.3 的原始实现方案不同，图 4.6 的实现方案在多普勒域匹配滤波后进行目标检测，检测目标可能存在的多普勒单元；距离维的稀疏重构只在检测到的多普勒单元展开，用于决定相应多普勒单元对应的目标个数和时延。为了简化图形，图 4.6 中假设检测到了第 m 个多普勒单元，在第 k 个距离门上存在目标。相对于图 4.3，由于稀疏重构次数大幅减少，图 4.6 可显著降低信号处理的计算量，有利于实时处理。结合 4.4.3 节的仿真实验可以发现，图 4.6 实现的方案是目标估计精度高、计算量少的序贯估计方法。我们把这种方法称为压缩采样脉冲-多普勒处理（compressive sampling pulse-Doppler processing，CoSaPD）方法[55]。

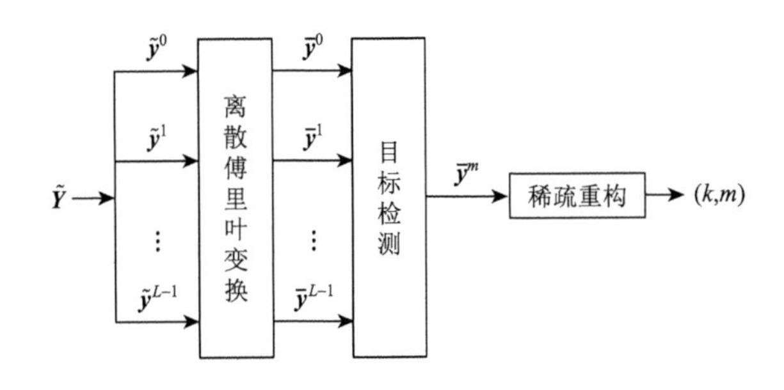

图 4.6　压缩采样脉冲多普勒处理框图

4.5.2　压缩域多普勒检测

图 4.6 所示的 CoSaPD 方法中，目标检测是基于慢时维匹配滤波处理后压缩域多普勒数据展开的，我们把这种目标检测称为压缩域多普勒检测[55]。压缩域多普勒检测就是根据式（4.34）计算的多普勒单元数据向量 $\bar{\boldsymbol{y}}^m$，判断第 m 个多普勒单元上是否存在目标，即判断向量 $\tilde{\boldsymbol{\beta}}^m$ 是否为非零向量。当 $\tilde{\boldsymbol{\beta}}^m=0$ 时，$L\tilde{\boldsymbol{A}}\tilde{\boldsymbol{\beta}}^m=0$；否则，$L\tilde{\boldsymbol{A}}\tilde{\boldsymbol{\beta}}^m\neq 0$。因此，基于向量 $\bar{\boldsymbol{y}}^m$ 的检测是一个标准的二元假设检测问题：

$$\begin{cases} H_0:\bar{\boldsymbol{y}}^m=\bar{\boldsymbol{w}}_{\text{cs}}^m \\ H_1:\bar{\boldsymbol{y}}^m=L\tilde{\boldsymbol{A}}\tilde{\boldsymbol{\beta}}^m+\bar{\boldsymbol{w}}_{\text{cs}}^m \end{cases} \tag{4.36}$$

传统的检测理论可以用于实现第 m 个多普勒单元上目标存在性的检测。

但是，从多普勒域压缩测量的形成方式可以看出，方程（4.34）是贝叶斯线性模型，通过对 $\overline{\boldsymbol{y}}^m$ 进行匹配滤波处理可提升目标信号的信噪比[①]，继而提高检测性能。$\overline{\boldsymbol{y}}^m$ 的匹配滤波输出可计算为

$$\tilde{\boldsymbol{A}}^{\mathrm{H}}\overline{\boldsymbol{y}}^m = L\tilde{\boldsymbol{A}}^{\mathrm{H}}\tilde{\boldsymbol{A}}\tilde{\boldsymbol{\beta}}^m + \tilde{\boldsymbol{A}}^{\mathrm{H}}\overline{\boldsymbol{w}}_{\mathrm{cs}}^m \tag{4.37}$$

其中，$\tilde{\boldsymbol{A}}^{\mathrm{H}}$ 是信号 $\tilde{\boldsymbol{A}}\tilde{\boldsymbol{\beta}}^m$ 的压缩域匹配滤波器。本节将根据 $\overline{\boldsymbol{y}}^m$ 的匹配滤波输出(4.37)，讨论一种压缩域多普勒检测方法，并对其检测性能进行仿真分析。

首先考虑噪声方差已知的情形。为了简化符号，定义 $\tilde{\boldsymbol{x}} = \tilde{\boldsymbol{A}}^{\mathrm{H}}\overline{\boldsymbol{y}}^m$，$\tilde{\boldsymbol{z}} = L\tilde{\boldsymbol{A}}^{\mathrm{H}}\tilde{\boldsymbol{A}}\tilde{\boldsymbol{\beta}}^m$，$\tilde{\boldsymbol{w}} = \tilde{\boldsymbol{A}}^{\mathrm{H}}\overline{\boldsymbol{w}}_{\mathrm{cs}}^m$，式（4.37）简化为

$$\tilde{\boldsymbol{x}} = \tilde{\boldsymbol{z}} + \tilde{\boldsymbol{w}} \tag{4.38}$$

对于一般感知矩阵而言，压缩域匹配滤波输出的噪声 $\tilde{\boldsymbol{w}}$ 不再是统计独立的。但是，正如在第 3 章所分析，当雷达信号具有平坦谱结构时，感知矩阵 $\tilde{\boldsymbol{A}}$ 的列向量之间是近似正交的。因此，可进一步假设 $\tilde{\boldsymbol{w}}$ 是均值为 0、方差为 $\sigma_{\tilde{w}}^2$ 的独立同分布的高斯白噪声，且根据式（3.62）可推导出 $\sigma_{\tilde{w}}^2 = Lc\Delta^2 N_w B_{\mathrm{cs}}$。4.4.3 节分析表明，压缩域匹配滤波处理提升了 $T_{\mathrm{b}}B_{\mathrm{cs}}$ 倍的信噪比。

式（4.38）可解释为第 m 个多普勒单元上的距离门等效测量数据，这是因为对列向量之间近似正交的感知矩阵 $\tilde{\boldsymbol{A}}$，$\tilde{\boldsymbol{z}} \approx \kappa\tilde{\boldsymbol{\beta}}^m$，其中，$\kappa$ 是常数。基于这一观察，可根据式（4.38)，首先对每个距离门目标进行检测，然后给出第 m 个多普勒单元上目标存在性检测。

对式（4.38)，第 k 个距离门数据 $\tilde{x}_k$ 的二元检测可表示为

$$\begin{cases} H_0 : \tilde{x}_k = \tilde{w}_k \\ H_1 : \tilde{x}_k = \tilde{z}_k + \tilde{w}_k \end{cases}, \quad k = 0,1,\cdots,N-1 \tag{4.39}$$

其中，$\tilde{w}_k$ 为均值为 0、方差为 $\sigma_{\tilde{w}}^2$ 的高斯随机变量。令 $\tilde{z}_k = |\tilde{z}_k|\mathrm{e}^{\mathrm{j}\theta}$，$A = |\tilde{z}_k|$，则检测问题（4.39）同第 1 章的检测问题（1.60）完全一致。在奈曼-皮尔逊准则下，线性门限检测可描述为

$$|\tilde{x}_k| \underset{H_0}{\overset{H_1}{\gtrless}} \lambda_k \sigma_{\tilde{w}} = T_k \tag{4.40}$$

其中，λ_k 是用来调节虚警概率的标称化因子。当第 k 个距离门上目标的虚警概率为 P_{FA}^k 时，有

$$\lambda_k = \sqrt{-2\ln P_{\mathrm{FA}}^k} \tag{4.41}$$

根据期望的虚警概率，在噪声方差已知的情况下，可以计算出期望的检测门限 $T_k = \lambda_k \sigma_{\tilde{w}}$。

---

① 图 4.3 的目标检测是在多普勒域匹配滤波和稀疏重构后进行的。应注意，稀疏重构从算法层面实现了压缩域匹配滤波。因此，图 4.3 的目标检测是根据距离-速度二维匹配滤波输出数据展开的，具有高的检测概率。图 4.6 的目标检测只是根据多普勒域匹配滤波输出数据展开，直接按照图 4.6 进行目标检测将降低目标检测概率。式（4.37）的运算解决了压缩域匹配滤波处理问题。采用压缩域匹配滤波的 CoSaPD 方法如图 4.9 所示。

应当指出，当感知矩阵 $\tilde{\boldsymbol{A}}$ 的列向量之间完全正交时，基于式（4.40）的检测可以获得第 m 个多普勒单元上的第 k 个距离门的目标信号的正确检测。但是，在实际中，感知矩阵 $\tilde{\boldsymbol{A}}$ 的列向量之间并不是完全正交的，压缩域匹配滤波将产生较为严重的旁瓣；如果采用式（4.40）的输出作为压缩域目标检测结果，容易产生大量的虚假目标。需要说明的是，压缩域时延-多普勒处理方法中目标检测的根本任务是检测第 m 个多普勒单元上是否有目标的存在，即向量 $\tilde{\boldsymbol{\beta}}^m$ 是否为非零向量。因此，虚假目标的存在，尽管提高了第 k 个距离门上的虚警概率，但是可增大向量 $\tilde{\boldsymbol{\beta}}^m$ 为非零向量的检测概率，如图 4.7 所示。图 4.7 中，$\tilde{\boldsymbol{A}}^{\mathrm{H}}\tilde{\boldsymbol{A}}$ 中的“×”表示非零旁瓣，$\tilde{\boldsymbol{\beta}}^m$ 中的“×”表示目标所处的距离单元。从图 4.7（a）可以看到，当 $\tilde{\boldsymbol{A}}$ 的列向量之间完全正交时，匹配滤波在目标存在的距离单元输出目标。但是，在图 4.7（b）中，由于匹配滤波旁瓣的影响，尽管在第 2 个距离单元上没有目标，匹配滤波在第 2 个距离单元上输出虚假目标。从非零向量 $\tilde{\boldsymbol{\beta}}^m$ 的检测角度分析，这个虚假目标增加了检测概率。

$$\underbrace{\begin{bmatrix}1&0&0&0&0\\0&1&0&0&0\\0&0&1&0&0\\0&0&0&1&0\\0&0&0&0&1\end{bmatrix}}_{\tilde{\boldsymbol{A}}^{\mathrm{H}}\tilde{\boldsymbol{A}}}\underbrace{\begin{bmatrix}0\\0\\0\\\times\\0\end{bmatrix}}_{\tilde{\boldsymbol{\beta}}^m}\propto\underbrace{\begin{bmatrix}0\\0\\0\\\times\\0\end{bmatrix}}_{\tilde{\boldsymbol{A}}^{\mathrm{H}}\tilde{\boldsymbol{A}}\tilde{\boldsymbol{\beta}}^m}$$

(a)

$$\underbrace{\begin{bmatrix}1&0&0&0&0\\0&1&0&\times&0\\0&0&1&0&0\\0&0&0&1&0\\0&0&0&0&1\end{bmatrix}}_{\tilde{\boldsymbol{A}}^{\mathrm{H}}\tilde{\boldsymbol{A}}}\underbrace{\begin{bmatrix}0\\0\\0\\\times\\0\end{bmatrix}}_{\tilde{\boldsymbol{\beta}}^m}\propto\underbrace{\begin{bmatrix}0\\\times\\0\\\times\\0\end{bmatrix}}_{\tilde{\boldsymbol{A}}^{\mathrm{H}}\tilde{\boldsymbol{A}}\tilde{\boldsymbol{\beta}}^m}$$

(b)

图 4.7　压缩域匹配滤波器旁瓣对检测性能的影响

（a）$\tilde{\boldsymbol{A}}^{\mathrm{H}}\tilde{\boldsymbol{A}}=\boldsymbol{I}$ 情形；（b）$\tilde{\boldsymbol{A}}^{\mathrm{H}}\tilde{\boldsymbol{A}}\neq\boldsymbol{I}$ 情形

为了进一步提高非零向量 $\tilde{\boldsymbol{\beta}}^m$ 的检测概率，可以联合不同距离门数据 $\tilde{x}_k$ 的检测，形成向量 $\tilde{\boldsymbol{\beta}}^m$ 的组合检测：

$$\sum_{k=1}^{N}u(|\tilde{x}_k|-\lambda_k\sigma_{\tilde{w}})\underset{H_0}{\overset{H_1}{\gtrless}}1 \tag{4.42}$$

其中，$u(\cdot)$ 是单位阶跃函数。检测流程如图 4.8 所示。

式（4.42）的检测性能与每个距离门目标的检测性能密切相关。假设第 k 个距离门目标的检测概率为 P_{D}^k，则可以推导出向量 $\tilde{\boldsymbol{\beta}}^m$ 的组合检测概率和虚警概率分别为

$$P_{\mathrm{D}}\approx 1-\prod_{k=1}^{N}(1-P_{\mathrm{D}}^k) \tag{4.43}$$

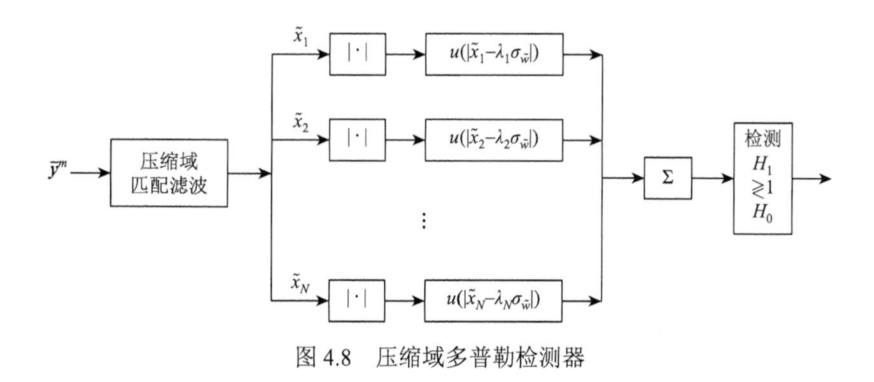

图 4.8　压缩域多普勒检测器

和

$$P_{\mathrm{FA}} \approx 1-\prod_{k=1}^{N}(1-P_{\mathrm{FA}}^{k}) \tag{4.44}$$

而根据式（1.67）和式（1.72），P_{FA}^{k} 和 P_{D}^{k} 可表示为

$$P_{\mathrm{FA}}^{k}=\exp\left(-\frac{\lambda_k^2}{2}\right) \tag{4.45}$$

和

$$P_{\mathrm{D}}^{k}=Q_M\left(\sqrt{2\mathrm{SNR}_{\mathrm{OUT}}^{\mathrm{CoSaPD}}},\sqrt{-2\ln P_{\mathrm{FA}}}\right) \tag{4.46}$$

其中，$\mathrm{SNR}_{\mathrm{OUT}}^{\mathrm{CoSaPD}}=(|\rho_0|^2 E_{\mathrm{b}}LB_{\mathrm{cs}})/(BN_w)$ 是 CoSaPD 处理流程输出信噪比（详见 4.5.3 节的分析）。

上述分析也说明了通过设置高的虚警概率，可提高非零向量 $\tilde{\boldsymbol{\beta}}^m$ 的检测概率。那么，虚假目标是否影响压缩域脉冲-多普勒处理（图 4.6）整体检测性能？图 4.6 处理流程是从降低图 4.3 流程计算量角度提出的，目标实际时延的估计是通过稀疏重构算法实现的。在稀疏重构算法中，稀疏向量非零元素的检测是算法的关键；因此，可以利用稀疏重构算法固有的检测能力有效地抑制高虚警概率引入的虚假目标，保持系统检测性能不受影响。4.6.3 节的仿真验证了这种检测策略的有效性。

在实际环境中，噪声参数 $\sigma_{\tilde{w}}$ 通常是未知的。为了保持虚警概率恒定，需要先估计参数 $\sigma_{\tilde{w}}$ 来设置检测门限。基于测量矩阵 $\tilde{\boldsymbol{A}}$ 列向量的近似正交性，可以认为压缩域匹配滤波后的噪声矩阵 $\tilde{\boldsymbol{A}}^{\mathrm{H}}\mathcal{F}(\tilde{\boldsymbol{W}}_{\mathrm{cs}})$ 是独立同分布的，且 $|(\tilde{\boldsymbol{A}}^{\mathrm{H}}\mathcal{F}(\tilde{\boldsymbol{W}}_{\mathrm{cs}}))_{i,j}|$（$1\leqslant i\leqslant N$，$1\leqslant j\leqslant L$）服从瑞利分布。因此，可以采用单元平均法[1]来获得 $\sigma_{\tilde{w}}$ 的最大似然估计：

$$\hat{\sigma}_{\tilde{w}}=\sqrt{\frac{2}{\pi}}\frac{\sum\limits_{(i,j)\in\Lambda}|(\tilde{\boldsymbol{A}}^{\mathrm{H}}\mathcal{F}(\tilde{\boldsymbol{W}}_{\mathrm{cs}}))_{i,j}|}{|\Lambda|} \tag{4.47}$$

其中，Λ是所有可用的(i,j)的集合；$|\Lambda|$表示Λ中元素的个数。对稀疏目标，目标的能量$\sum_{(i,j)\in\Lambda}|(\tilde{\boldsymbol{A}}^{\mathrm{H}}\tilde{\boldsymbol{A}}\mathcal{F}(\tilde{\boldsymbol{\Theta}}))_{i,j}|$通常远小于噪声$\sum_{(i,j)\in\Lambda}|(\tilde{\boldsymbol{A}}^{\mathrm{H}}\mathcal{F}(\tilde{\boldsymbol{W}}_{\mathrm{cs}}))_{i,j}|$的。因此，当$|\Lambda|$较大时，可以假设

$$\frac{\sum_{(i,j)\in\Lambda}|(\tilde{\boldsymbol{A}}^{\mathrm{H}}\mathcal{F}(\tilde{\boldsymbol{N}}_{\mathrm{cs}}))_{i,j}|}{|\Lambda|}\approx\frac{\sum_{(i,j)\in\Lambda}|(\tilde{\boldsymbol{A}}^{\mathrm{H}}\mathcal{F}(\tilde{\boldsymbol{S}}_{\mathrm{cs}}))_{i,j}|}{|\Lambda|} \tag{4.48}$$

在后续的仿真中，我们设置$|\Lambda|=NL$。那么，$\hat{\sigma}_{\tilde{w}}$可以表示为

$$\hat{\sigma}_{\tilde{w}}\approx\sqrt{\frac{2}{\pi}}\frac{\sum_{i=1}^{N}\sum_{j=1}^{L}|(\tilde{\boldsymbol{A}}^{\mathrm{H}}\mathcal{F}(\tilde{\boldsymbol{S}}_{\mathrm{cs}}))_{i,j}|}{NL} \tag{4.49}$$

因此可以得到多普勒单元的检测门限为$T_k=\lambda_k\hat{\sigma}_{\tilde{w}}$。

4.5.3 信号处理增益

1.7.3 节论述了采用奈奎斯特采样的脉冲多普勒雷达的信号处理增益，它与相干积累脉冲数和雷达信号时宽带宽积密切相关。本节讨论正交压缩采样雷达的信号处理增益。我们采用图 4.6 所示的压缩采样脉冲-多普勒处理流程，这是因为从前面几节的讨论可以看出，图 4.6 的处理流程是计算量最小且性能最优的压缩域脉冲多普勒处理技术。

图 4.6 的信号处理流程是图 4.3 处理流程的一种高效实现方式，为了提高目标检测和估计性能，都采用了多普勒域匹配滤波和压缩域匹配滤波处理，只是图 4.3 的“时域匹配滤波”隐含在稀疏重构处理算法中。一般说来，稀疏重构算法是一个非线性过程，难以给出这部分信号处理增益，但是，在图 4.6 的处理流程中，正如前面讨论的，为了提高目标检测概率，多普勒域匹配滤波处理输出数据，经压缩域匹配滤波处理后（式（4.37）），再进行目标检测。因此，图 4.6 的处理进一步可细化为图 4.9 所示的处理流程。图 4.9 的处理表面上采用了两次压缩域匹配滤波，第一次在目标检测之前，第二次是隐含在稀疏重构算法中；但是，这两次匹配滤波处理的都是多普勒域匹配滤波处理输出的数据，只相当于一次匹配滤波处理的作用。

图 4.9 的处理流程清楚地表明了两种匹配滤波处理，直接对应于图 1.17 所示的奈奎斯特采样的慢时-快时匹配滤波处理；因此，可以采用同样的原理研究信号处理增益。另外，从目标检测的角度分析，多普勒域匹配滤波和压缩域匹配滤波是可交换的；也就是正交压缩采样数据可以首先经压缩域匹配滤波，然后进行多普勒域匹配滤波，最后进行目标检测。这种处理方式，使得我们可以

直接使用正交压缩采样数据研究压缩域匹配滤波增益，避免了采用多普勒域匹配滤波输出数据（式（4.37）），简化了分析。

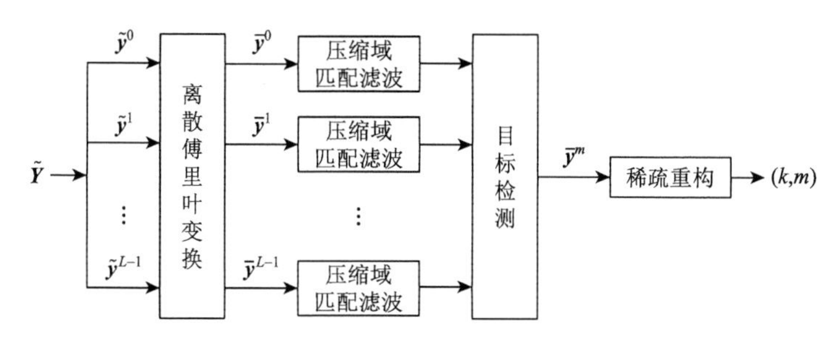

图 4.9　图 4.6 的等效处理流程

信号处理增益如式（1.91）所示，等于压缩域匹配滤波处理增益 $G_{\text{CMF}}^{\text{QuadCS}}$ 和多普勒域匹配滤波处理增益 $G_{\text{DMF}}^{\text{QuadCS}}$ 的乘积，即 $G_{\text{QuadCS}}=G_{\text{CMF}}^{\text{QuadCS}}\times G_{\text{DMF}}^{\text{QuadCS}}$，这是因为正交压缩采样系统没有产生输入信噪比的损失（见 3.4 节）。从前面几节的分析可以看出，多普勒域匹配滤波就是在不同虚拟距离门上的离散傅里叶变换，实现脉冲积累的作用。因此，多普勒域匹配滤波处理增益等于相干脉冲个数，即 $G_{\text{DMF}}^{\text{QuadCS}}=L$。

现在考虑压缩域匹配滤波处理增益 G_{CMF} 的计算。假设正交压缩采样系统满足 3.3 节的假设（1）～（4）。根据感知矩阵的分解式（3.35）和式（3.36），正交压缩采样系统输出压缩采样信号为

$$\tilde{\boldsymbol{y}}=\boldsymbol{\Phi}\tilde{\boldsymbol{r}}+\tilde{\boldsymbol{w}}_{\text{cs}} \tag{4.50}$$

其中，$\tilde{\boldsymbol{w}}_{\text{cs}}=\boldsymbol{\Phi}\tilde{\boldsymbol{w}}$。任意一个脉冲回波的压缩域匹配滤波输出信号可表示为

$$\boldsymbol{\Phi}^{\text{H}}\tilde{\boldsymbol{y}}=\boldsymbol{\Phi}^{\text{H}}\boldsymbol{\Phi}\tilde{\boldsymbol{r}}+\boldsymbol{\Phi}^{\text{H}}\tilde{\boldsymbol{w}}_{\text{cs}} \tag{4.51}$$

式（4.50）的第一项为目标信号部分，其能量可表示为

$$\|\boldsymbol{\Phi}\tilde{\boldsymbol{r}}\|_2^2=c\,|\,\rho_0\,|^2\,E_{\text{b}}B \tag{4.52}$$

第二项为噪声信号部分，根据式（3.62），该噪声是均值为 0、方差为 $c\Delta^2N_wB_{\text{cs}}$ 的白噪声向量。因此，式（4.51）定义的压缩域匹配滤波输出信噪比为

$$\text{SNR}_{\text{CMF}}^{\text{QuadCS}}=\frac{|\,\rho_0\,|^2\,E_{\text{b}}B}{\Delta^2N_wB_{\text{cs}}} \tag{4.53}$$

结合式（3.63），我们可以得出压缩域匹配滤波的增益为

$$G_{\text{CMF}}^{\text{QuadCS}}=\frac{\text{SNR}_{\text{CMF}}^{\text{QuadCS}}}{\text{SNR}_{\text{OUT}}^{\text{QuadCS}}}=\frac{|\,\rho_0\,|^2\,E_{\text{b}}B}{\Delta^2N_wB_{\text{cs}}}\Bigg/\left(\frac{|\,\rho_0\,|^2\,E_{\text{b}}}{\Delta T_{\text{b}}N_wB_{\text{cs}}}\right)$$

$$=\frac{1}{\varDelta}T_{\mathrm{b}}B=T_{\mathrm{b}}B_{\mathrm{cs}} \tag{4.54}$$

式（4.54）说明压缩域匹配滤波的增益也等于时宽带宽积，只是带宽为压缩采样带宽。但是，由于降采样的影响，其增益为奈奎斯特采样域匹配滤波的正交压缩采样的 M/N 。这一结论与 2.4 节讨论的噪声折叠效应产生的信噪比损失是一致的。

结合 $G_{\mathrm{CMF}}^{\mathrm{QuadCS}}$ 和 $G_{\mathrm{DMF}}^{\mathrm{QuadCS}}$ ，可知图 4.9 所示的 CoSaPD 处理流程产生

$$G_{\mathrm{QuadCS}}=G_{\mathrm{CMF}}^{\mathrm{QuadCS}}\times G_{\mathrm{DMF}}^{\mathrm{QuadCS}}=LT_{\mathrm{b}}B_{\mathrm{cs}} \tag{4.55}$$

倍的信噪比增益，压缩域匹配滤波输出信噪比为

$$\begin{aligned}\mathrm{SNR}_{\mathrm{OUT}}^{\mathrm{CoSaPD}}&=G_{\mathrm{QuadCS}}\times\mathrm{SNR}_{\mathrm{IN}}^{\mathrm{QuadCS}}\\&=LT_{\mathrm{b}}B_{\mathrm{cs}}\times\frac{|\rho_0|^2E_{\mathrm{b}}}{T_{\mathrm{b}}BN_w}=\frac{|\rho_0|^2E_{\mathrm{b}}LB_{\mathrm{cs}}}{BN_w}\end{aligned} \tag{4.56}$$

正交压缩采样系统根据带通滤波器带宽 B_{cs} 设置采样速率，实现信号低速采样，有效地解决了大带宽信号的采样问题。但是，从雷达信号处理的角度，式（4.55）表明选择窄带宽 B_{cs} 的带通滤波器将降低雷达信号处理增益，继而影响本章讨论的脉冲多普勒处理性能。因此，在实际情况中应综合考虑雷达工作环境和性能的要求，合理地设置带通滤波器带宽 B_{cs} 。

4.5.4　目标分辨率

本小节简单地分析压缩域脉冲多普勒处理方法的目标距离分辨率和速度分辨率。从上述讨论可以看到，压缩采样脉冲多普勒处理方法的根本是将雷达接收的信号分解成二维波形匹配字典（式（4.8））元素的线性组合（式（4.9））。应注意，二维波形匹配字典是根据目标距离分辨率和速度分辨率离散化目标距离范围和速度范围产生的。因此，本章讨论的脉冲多普勒处理方法可能达成的目标分辨率分别为 $\delta R=c/B$ 和 $\delta D=1/(LT)$ ，与式（1.88）和式（1.89）一致。

那么，我们是不是可以通过减小目标距离和速度的离散化间隔提高分辨率？就目标速度分辨率而言，这是不可能的，这是因为目标速度的估计同第 1 章介绍的方法基本一样，是通过对同一个（虚拟）距离门数据进行离散傅里叶变换获得的。但是，对于目标距离，本章的方法是通过稀疏重构方法估计的，因此，只要稀疏重构方法能够实现稀疏重构就能够实现高于分辨率 c/B 的目标距离估计。根据第 2 章和第 3 章的分析，我们又注意到稀疏目标可重构条件是由感知矩阵决定的。当目标距离离散化间隔小于分辨率间隔 c/B 时，感知矩阵难

以满足稀疏目标可重构条件，因此，根据当前可重构理论和实现技术，只能以“极低的概率”实现高于分辨率 c/B 的目标估计。

4.6　压缩采样脉冲多普勒处理性能仿真

4.6.1　计算流程

压缩采样脉冲多普勒雷达处理框图如图 4.6 所示。综合考虑 4.5 节的压缩域脉冲多普勒处理原理，我们可以给出表 4.1 所示的计算流程。

表 4.1　压缩采样脉冲多普勒处理计算流程

CoSaPD 计算流程
输入： 雷达参数、采样系统参数和采样数据 $\tilde{\boldsymbol{Y}}_{\text{cs}}$ 。 计算： （1）慢时域匹配滤波处理，即按行数据计算 $\tilde{\boldsymbol{Y}}_{\text{cs}}$ 的 DFT（4.33），获得 $\mathcal{F}(\tilde{\boldsymbol{Y}}_{\text{cs}})$； （2）按列分解 $\mathcal{F}(\tilde{\boldsymbol{Y}}_{\text{cs}})$（矩阵方程(4.33)），形成 L 个多普勒域压缩测量 $\overline{\boldsymbol{y}}_{\text{cs}}^{m}$（式(4.34)），$m=0,1,\cdots,L-1$； （3）压缩域匹配滤波处理，即计算式（4.37），获得 $\tilde{\boldsymbol{A}}^{\text{H}}\overline{\boldsymbol{y}}_{\text{cs}}^{m}$，　$m=0,1,\cdots,L-1$； （4）目标检测，即根据数据 $\tilde{\boldsymbol{A}}^{\text{H}}\overline{\boldsymbol{y}}_{\text{cs}}^{m}$，按照式（4.42）检测策略检测目标存在的多普勒单元：$m_1,m_2,\cdots$； （5）目标反射系数估计，即对目标存在的多普勒单元，根据式（4.35），获得同一速度门不同距离门的目标反射系数：$\hat{\boldsymbol{\beta}}^{m_1},\hat{\boldsymbol{\beta}}^{m_2},\cdots$； （6）根据数据 $\{\hat{\boldsymbol{\beta}}^{m_1},\hat{\boldsymbol{\beta}}^{m_2},\cdots\}$，判断目标存在的距离门和速度门。 输出： 目标距离和速度。

对于存在 K 个目标的雷达场景，压缩采样脉冲多普勒处理中稀疏重构的执行次数最多为 K 次，远小于图 4.6 所需的 L 次。

距离估计是在速度门上目标检测后通过稀疏重构进行的，式（4.37）的压缩域匹配滤波提升了信噪比，有利于提升检测概率。那么，图 4.6 的距离估计是否可以不采用稀疏重构技术，而直接通过式（4.37）采用最小二乘算法实现？答案是否定的！应当注意，空域匹配滤波 $\tilde{\boldsymbol{A}}^{\text{H}}$ 是一个从低维空间到高维空间的映射过程，$\tilde{\boldsymbol{A}}^{\text{H}}\tilde{\boldsymbol{A}}$ 是一个低秩矩阵，在向量 $\tilde{\boldsymbol{\beta}}^{m}$ 没有稀疏性约束的情况下，式（4.37）具有无穷多个解。在实现过程中，向量 $\tilde{\boldsymbol{\beta}}^{m}$ 的稀疏重构可以以式（4.37）作为测量模型，其中，矩阵 $\tilde{\boldsymbol{A}}^{\text{H}}\tilde{\boldsymbol{A}}$ 是感知矩阵。但是，这种实现是没有必要的，这是因为高性能的稀疏重构算法内部都隐含了空域匹配滤波处理。因此，表 4.1 所示的计算流程中，对于估计的多普勒单元，仍然采用式（4.35）进行稀疏重构以实现目标距离的估计。

4.6.2　检测性能仿真

本小节通过仿真分析来评估压缩域多普勒检测器的检测性能。脉冲多普勒雷达和正交压缩采样系统的参数与 4.4.3 节仿真参数一致。在仿真中，假定雷达回波中存在 3 个目标，目标的时延和多普勒在非模糊区域内随机产生，且具有相同的信噪比。考虑两种雷达场景：一是目标的时延和多普勒均位于离散网格上，即不考虑目标的跨骑损失[1]对算法性能的影响；二是目标的时延和多普勒频率完全随机产生，即目标在时延和多普勒维均可能存在跨骑损失。

首先，研究压缩域多普勒检测器的恒虚警率检测性能，目标的时延和多普勒频率均假设位于离散网格上。图 4.10 给出了 $B_{\mathrm{cs}}=12.5\mathrm{MHz}$ 时，不同信噪比情况下虚警概率随标称化因子的变化情况。显然，当标称化因子不变时，噪声功率的变化不会影响虚警概率，这与式（4.44）的理论结果是一致的。在 $B_{\mathrm{cs}}=25\mathrm{MHz}$ 时，也可以得到类似的结果。

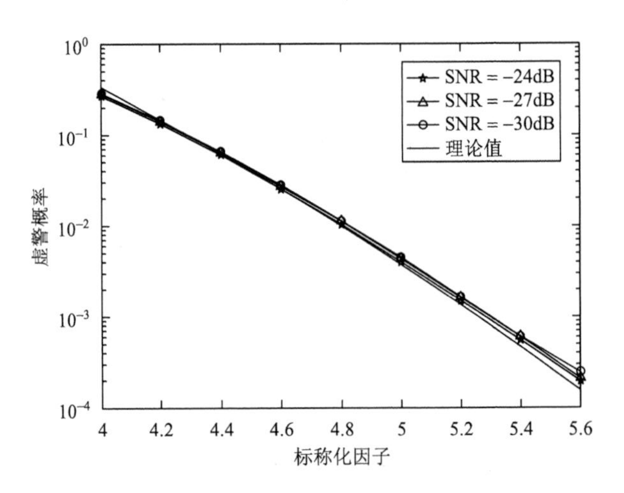

图 4.10　压缩域多普勒检测器的虚警概率随标称化因子变化的性能曲线

其次，研究压缩域多普勒检测器的接收机工作特性（receiver operating characteristic，ROC）曲线。同样地，目标的时延和多普勒频率均假设位于离散网格上。图 4.11 将压缩域多普勒检测器和传统检测器的 ROC 曲线进行了比较，其中，目标信噪比为−30dB。从图中可以看出，信噪比增益的差距使得压缩域多普勒检测器的检测性能弱于传统检测器。在奈奎斯特采样率下，二维匹配滤波的处理使得信噪比增益为 $T_{\mathrm{b}}BL$，而在基于正交压缩采样的欠奈奎斯特采样率下，压缩域匹配滤波和多普勒域匹配滤波联合处理增益为 $T_b B_{cs} L$ 。随着带通滤波器带宽 B_{cs} 的增加，处理增益 $T_b B_{cs} L$ 相应增加，检测性能随之提升。

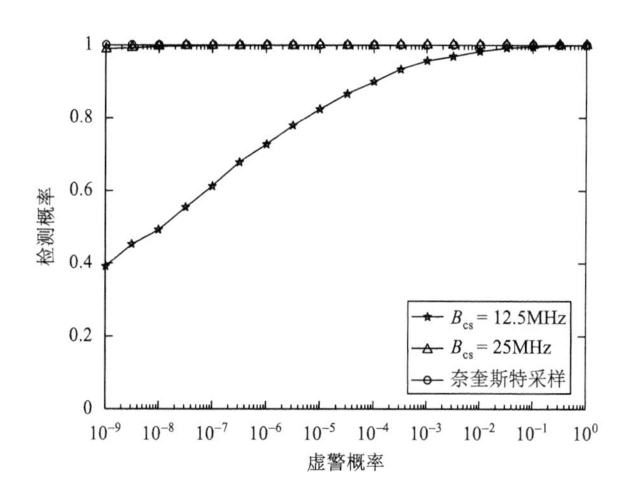

图 4.11　压缩域多普勒检测器的 ROC 曲线（SNR = −30dB）

在仿真中，奈奎斯特采样、$B_{cs}=25\text{MHz}$ 和 $B_{cs}=12.5\text{MHz}$ 对应的处理增益分别为 50dB、44dB 和 41dB，对应的检测前的信噪比分别为 20dB、14dB 和 11dB。这使得在 $B_{cs}=25\text{MHz}$ 和 $B_{cs}=12.5\text{MHz}$ 时，压缩域多普勒检测器分别有 6dB 和 9dB 的信噪比损失。可以看出，当 $B_{cs}=25\text{MHz}$ 时，即正交压缩采样率为 1/4 奈奎斯特采样率时，在仿真的 P_{FA} 范围内，压缩域多普勒检测器有着接近传统检测器的性能。由图 4.11 可知，较高的虚警概率意味着较高的检测概率。如 4.5.2 节所述，通过设置一个较高的虚警概率，可以提高压缩域多普勒检测器的检测概率。然后，在后续的距离估计中，利用稀疏重构算法的固有检测能力来抑制引入的虚假目标。我们将在 4.6.3 节证实这种检测策略的有效性。

图 4.12 进一步展示了 $P_{FA}=10^{-2}$ 时，检测性能随输入信噪比的变化情况。从图中可以看出，即使在输入信噪比为−30dB 时，压缩域多普勒检测器仍然能够以 1/8 的奈奎斯特采样率实现和传统检测器相似的性能。

最后，研究真实环境中压缩域多普勒检测器的检测性能，即目标的距离和多普勒完全随机产生。图 4.13 给出了在这种情形下的检测器 ROC 曲线。比较图 4.13（a）与图 4.11 可以发现，检测性能有所下降。这是因为当目标没有位于离散多普勒网格上时，多普勒频谱泄漏会使得目标功率相比于目标位于网格上时有所下降；而当目标没有位于离散距离网格上时，感知矩阵的误差会使得式（4.37）中压缩域匹配滤波的性能下降。当目标信噪比较高时

（图 4.13（b）），目标的距离和多普勒跨骑损失对检测概率的影响得到补偿，检测概率相应提高。

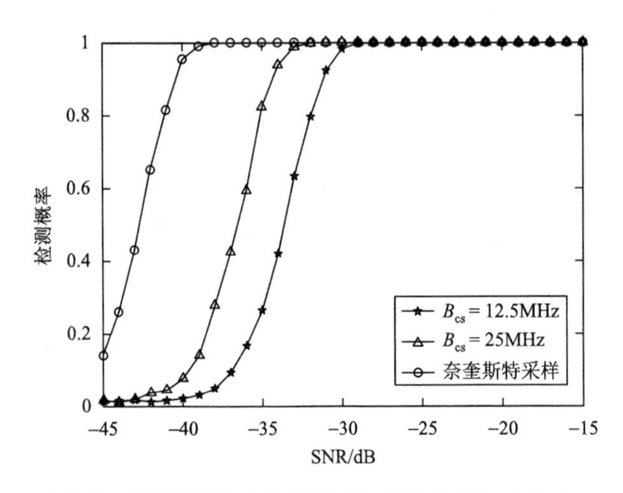

图 4.12　压缩域多普勒检测器的检测概率随信噪比变化情况（$P_{FA}=10^{-2}$）

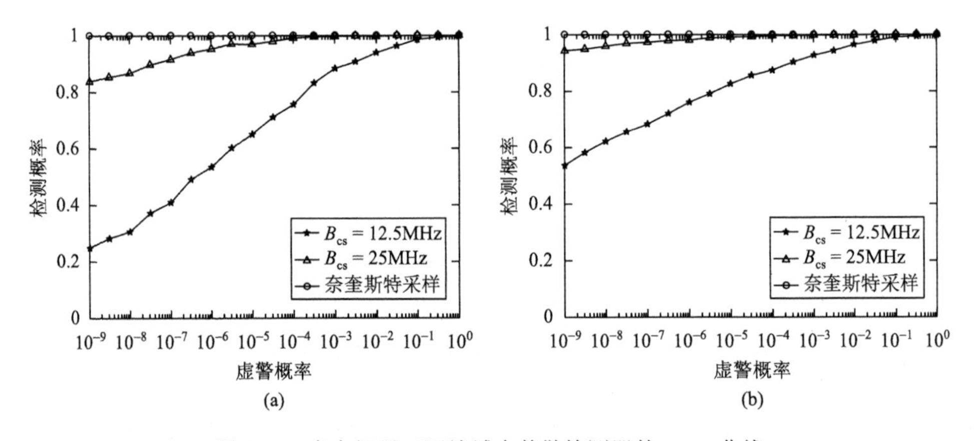

图 4.13　真实场景下压缩域多普勒检测器的 ROC 曲线

（a）SNR = −30dB；（b）SNR = −27dB

4.6.3　目标估计性能仿真

从 4.4 节和 4.5 节的讨论可以看出，CoSaPD 方法是正交压缩采样雷达计算量小且性能优的目标参数估计方法。本小节模拟仿真 CoSaPD 方法的性能。

为了评估 CoSaPD 方法的效能，本小节首先检验压缩域多普勒检测器虚警概率较高时，CoSaPD 的目标检测性能；然后验证 CoSaPD 的目标估计性能，并将其与经典脉冲多普勒处理[1]和 4.4.1 节的时延稀疏重构-多普勒匹配滤波处理进行比较。由于 4.4.2 节的多普勒匹配滤波-时延稀疏重构处理与 CoSaPD 的性能几乎一致，在此就不再给出具体分析。在本小节的仿真中，脉冲多普勒雷达和正交压缩采样系统的参数设置与 4.6.2 节参数一致。

在 4.5.2 节中，我们提出一种利用稀疏重构算法的固有检测能力，通过设置较高的虚警概率来提高压缩域多普勒检测器检测概率的策略。定义 CoSaPD 处理后的虚警概率为 CoSaPD 虚警概率，图 4.14 给出了 CoSaPD 虚警概率随着压缩域多普勒检测器虚警概率 P_{F} 变化的曲线。从图中可以看到，即使多普勒检测时虚警概率很高，稀疏重构算法仍然能够保证 CoSaPD 虚警概率保持在一个合理的范围内。只是这种多普勒单元高虚警概率的检测方法会增加稀疏重构的执行次数，从而增加了距离估计的计算量。

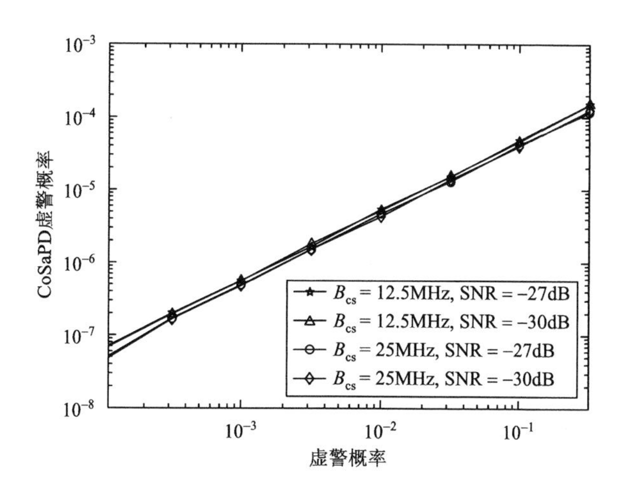

图 4.14　CoSaPD 虚警概率随压缩域检测器虚警概率变化的性能曲线

下面，我们研究 CoSaPD 的估计性能。我们以目标成功估计概率作为性能指标。当目标准确位于距离-多普勒离散网格上时，一次成功估计是指准确地估计出距离和多普勒频率；当目标的距离和多普勒频率连续分布时，一次成功估计是指估计出的距离或多普勒频率与真实的距离或多普勒频率的误差分别小于半个分辨单元。在仿真中，设置雷达回波中存在 5 个反射强度相同的目标。为了检验 CoSaPD 的目标分辨能力，我们设置前 2 个目标具有相同的距离，另 2 个目标具有相同的多普勒频率，最后一个目标的距离和多普勒频率随机产生。

首先，考虑 5 个目标都位于离散网格上的情形。图 4.15 给出了成功估计概率随信噪比变化的曲线。设置压缩域多普勒检测器的虚警概率 $P_{\mathrm{F}} = 0.025$，即

$\lambda_k = 4.6$。从图中可以看到，CoSaPD 的性能远优于距离稀疏重构-多普勒匹配滤波处理，并且即使在输入信噪比为–30dB 时依然能够以 1/8 奈奎斯特采样率实现和传统处理方法相同的性能。这是因为 CoSaPD 是离散傅里叶变换处理后再进行距离估计，而离散傅里叶变换处理将信噪比提升了 L 倍，显著改善了后续稀疏重构的性能。由图 4.14 可知，虽然 $P_F = 0.025$ 会使得压缩域多普勒检测器的虚警概率较高，但是这不会影响 CoSaPD 的检测能力。另外，相比于距离稀疏重构-多普勒匹配滤波处理，CoSaPD 的另一个优势是计算开销较低。在设置的仿真环境中，直接处理方法需要进行 100 次稀疏重构，而通过图 4.16 可以

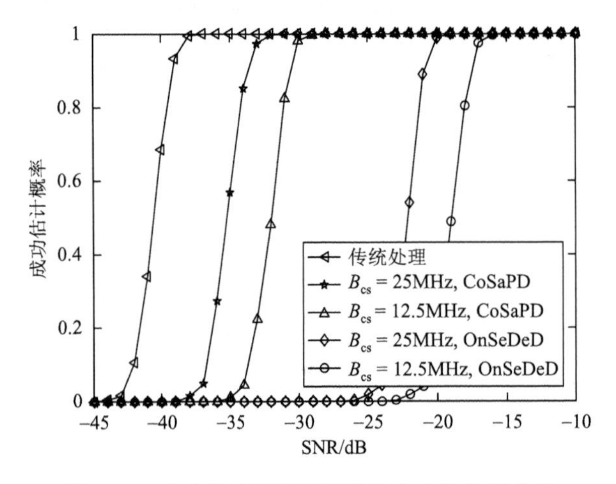

图 4.15　成功估计概率随信噪比变化的性能曲线

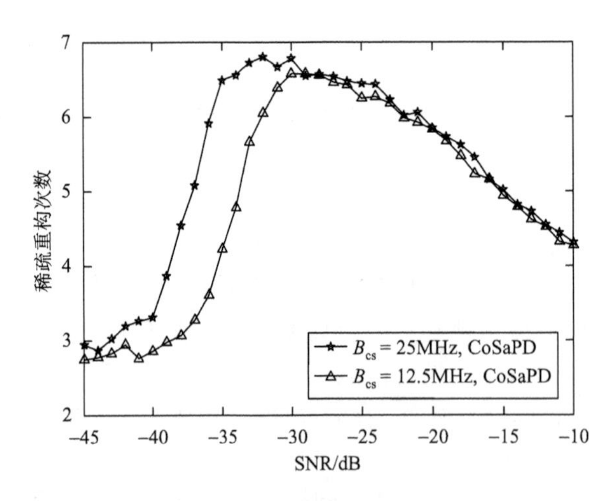

图 4.16　稀疏重构次数随信噪比变化的性能曲线

看出，CoSaPD 最多只需要进行 7 次稀疏向量重构，且随着信噪比的增大，稀疏重构的次数逐渐接近于存在目标的多普勒单元数（本实验中存在目标的多普勒单元数为 4）。

其次，研究目标距离和多普勒频率完全随机分布时的成功估计概率。与图 4.15 相比，图 4.17 中 CoSaPD 的估计性能有所下降。但是，CoSaPD 仍然比距离稀疏重构-多普勒匹配滤波处理更适合实际环境。如 4.4.1 节所述，时延稀疏重构-多普勒匹配滤波处理需要先根据压缩采样数据对目标的复反射系数通过稀疏重构进行估计。稀疏重构会使得反射系数在幅度和相位上都存在估计误差，而相位误差会直接影响后续离散傅里叶变换中的多普勒估计的性能，使得该方法的性能进一步下降。与时延稀疏重构-多普勒匹配滤波处理不同，CoSaPD 是在离散傅里叶变换后的数据上进行多普勒频率估计，这使得距离估计不会受到多普勒相位的影响。图 4.18 给出了 CoSaPD 中稀疏重构的执行次数。与图 4.16 不同的是，稀疏重构次数随着信噪比的升高而增加，这是因为目标偏离网格对压缩域多普勒检测性能的影响，会随着信噪比的增加逐渐起主导作用，从而导致多普勒检测概率的上升。

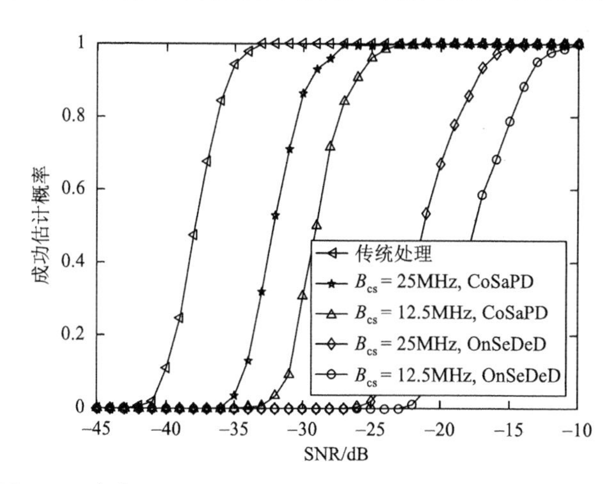

图 4.17　真实场景下，成功估计概率随信噪比变化的性能曲线

最后，研究强目标掩盖条件下弱目标的估计性能。在经典脉冲多普勒处理中，匹配滤波会产生距离旁瓣，使得弱目标会被强目标的旁瓣所掩盖。在本节实验中，我们设置两个目标位于相同的多普勒单元上，而弱目标在强目标的第一个旁瓣内。图 4.19 给出了弱目标的估计性能，其中，SNR_1 和 SNR_2 分别表示强目标和弱目标的输入信噪比，CoSaPD 对应的压缩带宽为 $B_{cs} = 12.5\mathrm{MHz}$。从图中可以看出，当两个目标的信噪比相差很大时，CoSaPD 的性能要优于经典的脉冲多普勒处理。

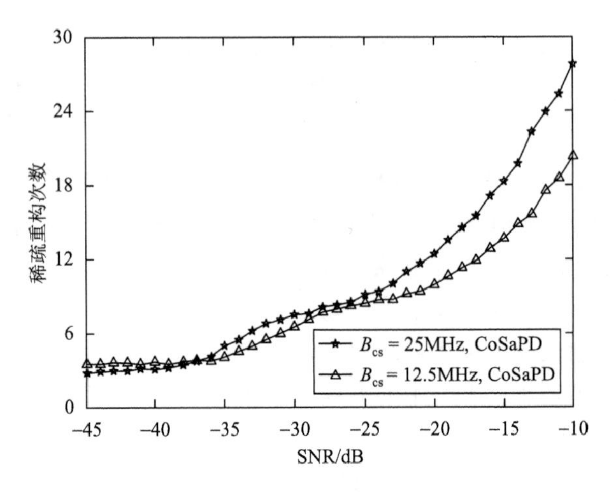

图 4.18　真实场景下，稀疏重构次数随信噪比变化的性能曲线

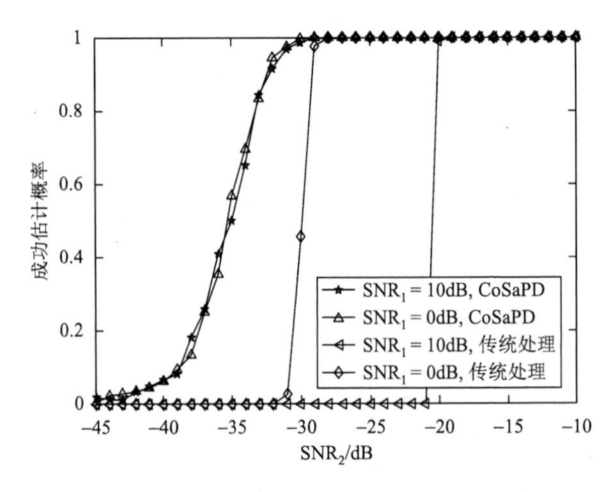

图 4.19　两个相邻目标情况下，CoSaPD 对弱目标的估计性能

4.7　本 章 小 结

本章主要研究了正交压缩采样雷达的脉冲多普勒处理问题，给出了几种压缩采样脉冲多普勒处理框架。本章从回波采样数据结构、压缩域时延-多普勒估计原理、压缩域多普勒检测和压缩采样脉冲多普勒处理四个方面做了深入的讨论；分析了不同处理方法原理和性能优势。理论分析和计算机仿真实验都表明压缩采样脉冲多普勒处理是一种有效的压缩域脉冲多普勒处理方法。

第5章　非网格上目标时延-多普勒参数估计

第 4 章讨论了网格上目标的脉冲多普勒处理方法，对于检测到的目标，可以获得精确的距离和速度估计。当目标偏离网格时，即非网格上目标情形，目标参数估计精度随着偏离量的增大而减小。网格上目标和非网格上目标是相对的，与网格尺寸大小密切相关；对小尺寸网格而言，大尺寸网格划分的非网格上目标可能是网格上目标。本书讨论的网格是根据目标距离分辨率和速度分辨率进行划分的，目标参数偏离量小于相应分辨率的$1/2$，因此，可采用小于目标分辨率的网格提高目标估计精度。但是，小尺寸网格将产生大维数的稀疏字典，增加目标估计的运算量，难以实现实时处理。同时，更为重要的是小尺寸网格增强了稀疏字典的相关性[70]，稀疏重构条件很难保证成立，稀疏重构性能下降。另外，由于频谱泄漏效应，邻近非网格上目标之间会产生较强的相互干扰，弱目标被强目标所掩盖，导致目标个数和参数难以正确估计。

在压缩采样理论中，非网格上目标估计属于非网格或偏离网格压缩感知（compressed sensing off the grid）问题[47]。人们根据不同应用背景发展了不同的偏离网格压缩感知理论[47, 70, 75-78]，其中之一是在参数估计的应用中，形成参数化的稀疏表示，采用成熟的参数估计技术[79, 80]或发展新型参数估计技术[75-78]，实现参数估计。由于估计参数没有被限定在特定的网格上，因此可以获得高精度的参数估计。本章根据脉冲多普勒雷达目标回波信号结构，形成目标时延和多普勒为参数的回波信号参数化稀疏表示，发展目标时延和多普勒的估计方法。与第 4 章的目标参数同时估计和序贯估计相对应，本章的方法也分为同时估计方法和序贯估计方法。特别地，本章的序贯估计方法采用空/时域谱估计技术，极大地提高了计算效率和估计性能。

5.1　非网格上目标回波参数化表示与压缩采样

考虑 4.1 节描述的信号模型（式（4.2）），即第l个发射脉冲产生的第l个中频回波信号：

$$r_{\mathrm{IF}}^{l}(t)=\sum_{k=1}^{K}\rho_k a(t-lT-\tau_k)\cos(2\pi F_{\mathrm{IF}}t+2\pi\nu_k lT+\theta(t-lT-\tau_k)+\phi_k')\tag{5.1}$$

其中，$l=0,1,\cdots,L-1$，L为相干脉冲数；τ_k和ν_k分别为第k个目标的时延和多普勒频率；$r_{\mathrm{IF}}^l(t)$是由第l个发射脉冲产生的第l个回波，$t\in[lT,(l+1)T]$，其相应的复基带信号$\tilde{r}^l(t)$为

$$\tilde{r}^l(t)\triangleq r_{\mathrm{I}}^l(t)+\mathrm{j}r_{\mathrm{Q}}^l(t)=\sum_{k=1}^{K}\tilde{\rho}_k\mathrm{e}^{\mathrm{j}2\pi\nu_k lT}\tilde{g}(t-lT-\tau_k) \tag{5.2}$$

其中，$\tilde{g}(t)=a(t)\mathrm{e}^{\mathrm{j}\theta(t)}$，$\tilde{\rho}_k=\rho_k\mathrm{e}^{\mathrm{j}\phi_k'}$。本章研究的问题与第 4 章一样，通过对$L$个回波信号$r_{\mathrm{IF}}^l(t)(l=0,1,\cdots,L-1)$的采样和处理，估计$K$个目标参数，即时延$\tau_k$、多普勒频率$\nu_k$和反射系数$\rho_k$，$k=0,1,\cdots,K-1$。同样地，为了简化分析，假定目标的距离和速度均在雷达的非模糊区域，即$\tau_k<T$和$|\nu_k|<1/(2T)$，并假定在一个相干处理间隔内，目标位于一个距离门，且保持速度不变。对于该类回波信号，时延和多普勒分辨率分别为$\tau_{\mathrm{res}}=1/B$和$\nu_{\mathrm{res}}=1/(LT)$。与第 4 章不同的是，本章不再假设目标距离和速度位于距离-速度平面网格上。因此，复基带信号$\tilde{r}^l(t)$不能够采用二维离散化波形匹配字典表示（式（4.7））。但是，类似于波形匹配字典的定义（式（4.8）），本章定义一个参数化的波形匹配字典：

$$\left\{\mathrm{e}^{\mathrm{j}2\pi\nu lT}\tilde{\psi}^l(t,\tau)\middle|0<\tau<T,-\frac{1}{2T}<\nu<\frac{1}{2T}\right\} \tag{5.3}$$

其中，$\tilde{\psi}^l(t,\tau)=\tilde{g}(t-lT-\tau)$。参数化字典的时延参数$\tau$和多普勒参数$\nu$可在非模糊区域内连续取值。式（5.2）可改写为

$$\tilde{r}^l(t)=\sum_{k=1}^{K}\tilde{\rho}_k\mathrm{e}^{\mathrm{j}2\pi\nu_k lT}\tilde{\psi}^l(t,\tau_k),\quad t\in[lT,(l+1)T] \tag{5.4}$$

我们将式（5.4）称为非网格上目标回波信号的参数化表示。当目标是网格上目标时，式（5.4）等同于式（4.7）。

现采用正交压缩采样系统对第l个回波信号（5.1）进行采样。类似于 3.2 节的推导过程，正交压缩采样系统输出的压缩复包络信号$\tilde{y}^l(t)$可表示为

$$\begin{aligned}\tilde{y}^l(t)&=\int_{-\infty}^{+\infty}h_{\mathrm{BP}}(\tau)\mathrm{e}^{-\mathrm{j}2\pi F_{\mathrm{IF}}\tau}p(t-\tau)\tilde{r}^l(t-\tau)\mathrm{d}\tau\\&=\sum_{k=0}^{K-1}\tilde{\rho}_k\mathrm{e}^{\mathrm{j}2\pi\nu_k lT}\int_{-\infty}^{+\infty}h_{\mathrm{BP}}(t-\tau)\mathrm{e}^{-\mathrm{j}2\pi F_{\mathrm{IF}}(t-\tau)}p(\tau)\tilde{\psi}^l(\tau,\tau_k)\mathrm{d}\tau\end{aligned} \tag{5.5}$$

其中，$h_{\mathrm{BP}}(t)$是带通滤波器的冲激响应。当采用低通滤波器$h_{\mathrm{LP}}(t)$表示带通滤波器$h_{\mathrm{BP}}(t)$时，即

$$h_{\mathrm{BP}}(t)=h_{\mathrm{LP}}(t)\cos(2\pi F_{\mathrm{IF}}t) \tag{5.6}$$

式（5.5）转化为

$$\tilde{y}^l(t)=\sum_{k=0}^{K-1}\tilde{\rho}_k\mathrm{e}^{\mathrm{j}2\pi\nu_k lT}\int_{-\infty}^{+\infty}h_{\mathrm{LP}}(t-\tau)p(\tau)\tilde{\psi}^l(\tau,\tau_k)\mathrm{d}\tau \tag{5.7}$$

则第l个中频回波信号（5.1）的正交压缩采样等同于

$$
\begin{aligned}
\tilde{y}^l[m] &= \tilde{y}^l(t)\big|_{t=lT+mT_{\mathrm{cs}}} \\
&= \sum_{k=0}^{K-1} \tilde{\rho}_k \mathrm{e}^{\mathrm{j}2\pi\nu_k lT} \int_{-\infty}^{+\infty} h_{\mathrm{LP}}(mT_{\mathrm{cs}}-\tau)p(\tau)\tilde{\psi}^l(\tau,\tau_k)\mathrm{d}\tau
\end{aligned} \tag{5.8}
$$

其中，T_{cs} 为压缩采样间隔；$m=0,1,\cdots,M-1$；$M=\lfloor T/T_{\mathrm{cs}}\rfloor$ 为在观测时长 T 内的压缩采样个数。类似于 3.3 节的分析，假设调制信号 $p(t)$ 是码片速率 $B_{\mathrm{p}}=cB$ 的随机二相码周期信号，在第 l 个脉冲观测时间范围内，$t\in[lT,(l+1)T]$，式（5.8）可有效地近似为

$$
\begin{aligned}
\tilde{y}^l[m] &= \sum_{k=0}^{K-1} \tilde{\rho}_k \mathrm{e}^{\mathrm{j}2\pi\nu_k lT} \sum_{n=0}^{cN-1} \int_{lT+nT_{\mathrm{s}}/c}^{lT+(n+1)T_{\mathrm{s}}/c} h_{\mathrm{LP}}(mT_{\mathrm{cs}}-\tau)p(\tau)\tilde{\psi}^l(\tau,\tau_k)\mathrm{d}\tau \\
&\approx \sum_{k=0}^{K-1} \tilde{\rho}_k \mathrm{e}^{\mathrm{j}2\pi\nu_k lT} \sum_{n=0}^{cN-1} \frac{T_{\mathrm{s}}\varepsilon_n}{c} h_{\mathrm{LP}}(mT_{\mathrm{cs}}-nT_{\mathrm{s}}/c)\tilde{\psi}^l(nT_{\mathrm{s}}/c,\tau_k) \\
&= \sum_{n=0}^{cN-1} \frac{T_{\mathrm{s}}\varepsilon_n}{c} h_{\mathrm{LP}}(mT_{\mathrm{cs}}-nT_{\mathrm{s}}/c)\left(\sum_{k=0}^{K-1} \tilde{\rho}_k \mathrm{e}^{\mathrm{j}2\pi\nu_k lT} \tilde{\psi}^l(nT_{\mathrm{s}}/c,\tau_k)\right)
\end{aligned} \tag{5.9}
$$

其中，T_{s} 为奈奎斯特采样间隔；$n=0,1,\cdots,N-1$，$N=\lfloor T/T_{\mathrm{s}}\rfloor$ 为在观测时长 T 内的奈奎斯特采样个数。

应注意，式（5.9）最后括弧项的内容表示了复基带信号 $\tilde{r}^l(t)$ 以 T_{s}/c 为采样间隔的采样。因此，定义离散化的参数化字典：

$$
\tilde{\boldsymbol{\psi}}(\tau)=[\tilde{\psi}^0(0,\tau),\tilde{\psi}^0(T_{\mathrm{s}}/c,\tau),\cdots,\tilde{\psi}^0((cN-1)T_{\mathrm{s}}/c,\tau)]^{\mathrm{T}}\in\mathbb{C}^{cN} \tag{5.10}
$$

可以将复基带信号 $\tilde{r}^l(t)$ 的采样信号表示为

$$
\tilde{\boldsymbol{r}}^l=\sum_{k=0}^{K-1}\tilde{\rho}_k\mathrm{e}^{\mathrm{j}2\pi\nu_k lT}\tilde{\boldsymbol{\psi}}(\tau_k) \tag{5.11}
$$

其中，$\tilde{\boldsymbol{r}}^l=[\tilde{r}^l(lT),\tilde{r}^l(lT+T_{\mathrm{s}}/c),\cdots,\tilde{r}^l(lT+(cN-1)T_{\mathrm{s}}/c)]^{\mathrm{T}}\in\mathbb{C}^{cN}$。

定义 $\boldsymbol{H}=[H_{mn}]\in\mathbb{R}^{M\times cN}$，$\boldsymbol{P}=(1/c)\mathrm{diag}\{\varepsilon_n\}\in\mathbb{R}^{cN\times cN}$，其中，矩阵 $\boldsymbol{H}$ 刻画了带通滤波和低速采样，$H_{mn}=T_{\mathrm{s}}h_{\mathrm{LP}}(mT_{\mathrm{cs}}-nT_{\mathrm{s}}/c)$，而矩阵 $\boldsymbol{P}$ 刻画了随机调制处理。定义压缩测量向量：

$$
\tilde{\boldsymbol{y}}^l=[\tilde{y}^l[0],\cdots,\tilde{y}^l[M-1]]^{\mathrm{T}}\in\mathbb{C}^M \tag{5.12}
$$

则采用矩阵形式，可将式（5.9）表示为

$$
\tilde{\boldsymbol{y}}^l=\boldsymbol{HP}\tilde{\boldsymbol{r}}^l \tag{5.13}
$$

在压缩测量方程中，矩阵 $\boldsymbol{HP}$ 称为测量矩阵。因此，式（5.13）又可简化为

$$
\tilde{\boldsymbol{y}}^l=\tilde{\boldsymbol{\Phi}}\tilde{\boldsymbol{r}}^l \tag{5.14}
$$

其中[①]，$\boldsymbol{\Phi}=[\Phi_{mn}]=\boldsymbol{HP}\in\mathbb{R}^{M\times cN}$

① 本节给出的压缩测量矩阵 $\tilde{\boldsymbol{\Phi}}$ 是根据正交压缩采样系统获得的。其实，式（5.14）具有通用性，不同的模信转换可以导出不同的测量矩阵。因此，本章后续处理方法也适用于其他类型的模信转换系统。

$$\Phi_{mn} = \frac{T_s \varepsilon_n h_{LP}(mT_{cs} - nT_s / c)}{c} \tag{5.15}$$

式（5.14）与式（4.12）都表示了对中频信号的压缩采样；但是其内涵不同，式（5.14）是对稀疏回波信号的压缩测量，而式（4.12）表示的是对稀疏向量的压缩测量。

在实际系统中，雷达接收的信号还包含噪声信号，如式（4.50）所示。因此，压缩测量方程为

$$\tilde{\boldsymbol{y}}^l = \tilde{\boldsymbol{\Phi}}\tilde{\boldsymbol{r}}^l + \tilde{\boldsymbol{w}}_{cs}^l \tag{5.16}$$

其中，$\tilde{\boldsymbol{w}}_{cs}^l \in \mathbb{C}^M$ 是均值为零、方差为 $\sigma_{\tilde{w}_{cs}}^2$ 的第 l 个脉冲回波中噪声 $w_{IF}^l(t)$ 的复压缩测量向量。对功率谱密度为 $N_w / 2$、带宽为 B、中心频率为 F_{IF} 的带通高斯白噪声 $w_{IF}^l(t)$，$\sigma_{\tilde{w}_{cs}}^2 = c\Delta^2 N_w B_{cs}$，其中，$\Delta = T_{cs} / T_s$ 为降采样率。

式（5.16）是非网格上雷达目标参数估计的基本模型。本章将根据模型（5.16）发展有效的目标距离和多普勒参数估计方法。

5.2 时延-多普勒参数估计克拉默-拉奥下界

众所周知，在参数估计理论中，克拉默-拉奥下界（Cramer-Rao low bound，CRLB）是所有无偏估计方法的方差所能够达到的下限，对于评价参数估计方法的有效性具有重要的参考价值[79, 80]。为了评估本章后续估计方法的性能，本节研究压缩采样脉冲多普勒雷达的时延-多普勒参数估计 CRLB[81]。

将 L 个脉冲的测量向量 $\tilde{\boldsymbol{y}}^l$ 和 $\tilde{\boldsymbol{w}}_{cs}^l$ 分别向量化，即定义

$$\tilde{\boldsymbol{y}} = \text{vec}([\tilde{\boldsymbol{y}}^0, \tilde{\boldsymbol{y}}^1, \cdots, \tilde{\boldsymbol{y}}^{L-1}]) \in \mathbb{C}^{LM}$$

$$\tilde{\boldsymbol{w}}_{cs} = \text{vec}([\tilde{\boldsymbol{w}}_{cs}^0, \tilde{\boldsymbol{w}}_{cs}^1, \cdots, \tilde{\boldsymbol{w}}_{cs}^{L-1}]) \in \mathbb{C}^{LM}$$

则根据式（5.11）和式（5.16），可获得 L 个脉冲的联合测量方程：

$$\tilde{\boldsymbol{y}} = \sum_{k=1}^{K} \tilde{\rho}_k \tilde{\boldsymbol{\alpha}}(\nu_k) \otimes \tilde{\boldsymbol{\Phi}}\tilde{\boldsymbol{\psi}}(\tau_k) + \tilde{\boldsymbol{w}}_{cs} \tag{5.17}$$

其中，$\tilde{\boldsymbol{\alpha}}(\nu_k) = [1, e^{j2\pi\nu_k lT}, \cdots, e^{j2\pi\nu_k (L-1)T}]^T \in \mathbb{C}^L$；$\tilde{\boldsymbol{w}}_{cs}$ 是服从均值为 0、方差为 $\sigma_{\tilde{w}_{cs}}^2 = c\Delta^2 N_w B_{cs}$ 的独立同分布复高斯随机向量。为了表述方便，我们将目标参数统一采用实向量 $\boldsymbol{\eta}$ 来表示，即 $\boldsymbol{\eta} = [\boldsymbol{\tau}^T, \boldsymbol{\nu}^T, \boldsymbol{\rho}_R^T, \boldsymbol{\rho}_I^T]^T \in \mathbb{R}^{4K}$；其中，$\boldsymbol{\tau} = [\tau_1, \cdots, \tau_K]^T$ 和 $\boldsymbol{\nu} = [\nu_1, \cdots, \nu_K]^T$ 分别表示目标的时延向量和速度向量，$\boldsymbol{\rho}_R = [\text{Re}(\tilde{\rho}_1), \cdots, \text{Re}(\tilde{\rho}_K)]^T$ 和 $\boldsymbol{\rho}_I = [\text{Im}(\tilde{\rho}_1), \cdots, \text{Im}(\tilde{\rho}_K)]^T$ 分别为复反射系数的实部和虚部。在没有噪声的情况下，式（5.17）转化为

$$\tilde{\boldsymbol{z}}(\boldsymbol{\eta}) \triangleq \sum_{k=1}^{K} \tilde{\rho}_k \tilde{\boldsymbol{\alpha}}(\nu_k) \otimes \tilde{\boldsymbol{\Phi}}\tilde{\boldsymbol{\psi}}(\tau_k) \tag{5.18}$$

CRLB 的推导是一个烦琐的过程，可通过求解费希尔信息矩阵（Fisher information matrix，FIM）逆的对角元素获得[79, 80]。在独立同分布复高斯噪声背景下，用于参数向量 $\boldsymbol{\eta}$ 估计的费希尔信息矩阵定义为

$$\mathrm{FIM}(i,j)=\frac{2}{\sigma^2}\mathrm{Re}\left(\frac{\partial \tilde{z}^{\mathrm{H}}}{\partial \eta_i}\frac{\partial \tilde{z}}{\partial \eta_j}\right),\quad i=1,2,\cdots,4K;j=1,2,\cdots,4K \tag{5.19}$$

其中，η_i 是参数向量 $\boldsymbol{\eta}$ 的第 i 个元素。当 η_i 为时延或多普勒频率参数时，式（5.19）中的偏导数表示为

$$\frac{\partial \tilde{z}}{\partial \tau_i}=\tilde{\rho}_i\tilde{\boldsymbol{a}}(\nu_i)\otimes\tilde{\boldsymbol{\Phi}}\frac{\partial \tilde{\boldsymbol{\psi}}(\tau_i)}{\partial \tau_i} \tag{5.20}$$

$$\frac{\partial \tilde{z}}{\partial \nu_i}=\tilde{\rho}_i\frac{\partial \tilde{\boldsymbol{a}}(\nu_i)}{\partial \nu_i}\otimes\tilde{\boldsymbol{\Phi}}\tilde{\boldsymbol{\psi}}(\tau_i) \tag{5.21}$$

当 η_i 为复反射系数的实部 $\mathrm{Re}(\tilde{\rho}_i)$ 和虚部 $\mathrm{Im}(\tilde{\rho}_i)$ 时，式（5.19）中的偏导数表示为

$$\frac{\partial \tilde{z}}{\partial\,\mathrm{Re}(\tilde{\rho}_i)}=\tilde{\boldsymbol{a}}(\nu_i)\otimes\tilde{\boldsymbol{\Phi}}\tilde{\boldsymbol{\psi}}(\tau_i) \tag{5.22}$$

$$\frac{\partial \tilde{z}}{\partial\,\mathrm{Im}(\tilde{\rho}_i)}=\mathrm{j}\tilde{\boldsymbol{a}}(\nu_i)\otimes\tilde{\boldsymbol{\Phi}}\tilde{\boldsymbol{\psi}}(\tau_i) \tag{5.23}$$

根据参数向量 $\boldsymbol{\eta}$ 的定义，可将费希尔信息矩阵进行分块，得到如下的分块矩阵描述形式：

$$\mathrm{FIM}=\begin{bmatrix}\mathrm{FIM}_{\boldsymbol{\tau}\boldsymbol{\tau}} & \mathrm{FIM}_{\boldsymbol{\nu}\boldsymbol{\tau}}^{\mathrm{T}} & \mathrm{FIM}_{\boldsymbol{\rho}_R\boldsymbol{\tau}}^{\mathrm{T}} & \mathrm{FIM}_{\boldsymbol{\rho}_I\boldsymbol{\tau}}^{\mathrm{T}}\\ \mathrm{FIM}_{\boldsymbol{\nu}\boldsymbol{\tau}} & \mathrm{FIM}_{\boldsymbol{\nu}\boldsymbol{\nu}} & \mathrm{FIM}_{\boldsymbol{\rho}_R\boldsymbol{\nu}}^{\mathrm{T}} & \mathrm{FIM}_{\boldsymbol{\rho}_I\boldsymbol{\nu}}^{\mathrm{T}}\\ \mathrm{FIM}_{\boldsymbol{\rho}_R\boldsymbol{\tau}} & \mathrm{FIM}_{\boldsymbol{\rho}_R\boldsymbol{\nu}} & \mathrm{FIM}_{\boldsymbol{\rho}_R\boldsymbol{\rho}_R} & \mathrm{FIM}_{\boldsymbol{\rho}_I\boldsymbol{\rho}_R}^{\mathrm{T}}\\ \mathrm{FIM}_{\boldsymbol{\rho}_I\boldsymbol{\tau}} & \mathrm{FIM}_{\boldsymbol{\rho}_I\boldsymbol{\nu}} & \mathrm{FIM}_{\boldsymbol{\rho}_I\boldsymbol{\rho}_R} & \mathrm{FIM}_{\boldsymbol{\rho}_I\boldsymbol{\rho}_I}\end{bmatrix} \tag{5.24}$$

其中，每个子矩阵的维数均为 $K\times K$ 的：

$$\mathrm{FIM}_{\boldsymbol{\tau}\boldsymbol{\tau}}(i,j)=\frac{2}{\sigma^2}\mathrm{Re}\left(\tilde{\rho}_i^*\tilde{\rho}_j\boldsymbol{a}(\nu_i)^{\mathrm{H}}\boldsymbol{a}(\nu_j)\frac{\partial \tilde{\boldsymbol{\psi}}(\tau_i)^{\mathrm{H}}}{\partial \tau_i}\tilde{\boldsymbol{\Phi}}^{\mathrm{H}}\tilde{\boldsymbol{\Phi}}\frac{\partial \tilde{\boldsymbol{\psi}}(\tau_j)}{\partial \tau_j}\right)$$

$$\mathrm{FIM}_{\boldsymbol{\nu}\boldsymbol{\nu}}(i,j)=\frac{2}{\sigma^2}\mathrm{Re}\left(\tilde{\rho}_i^*\tilde{\rho}_j\frac{\partial \boldsymbol{a}(\nu_i)^{\mathrm{H}}}{\partial \nu_i}\frac{\partial \boldsymbol{a}(\nu_j)}{\partial \nu_j}\tilde{\boldsymbol{\psi}}(\tau_i)^{\mathrm{H}}\tilde{\boldsymbol{\Phi}}^{\mathrm{H}}\tilde{\boldsymbol{\Phi}}\tilde{\boldsymbol{\psi}}(\tau_j)\right)$$

$$\mathrm{FIM}_{\boldsymbol{\nu}\boldsymbol{\tau}}(i,j)=\frac{2}{\sigma^2}\mathrm{Re}\left(\tilde{\rho}_i^*\tilde{\rho}_j\frac{\partial \boldsymbol{a}(\nu_i)^{\mathrm{H}}}{\partial \nu_i}\boldsymbol{a}(\nu_j)\tilde{\boldsymbol{\psi}}(\tau_i)^{\mathrm{H}}\tilde{\boldsymbol{\Phi}}^{\mathrm{H}}\tilde{\boldsymbol{\Phi}}\frac{\partial \tilde{\boldsymbol{\psi}}(\tau_j)}{\partial \tau_j}\right)$$

$$\mathrm{FIM}_{\boldsymbol{\rho}_R\boldsymbol{\tau}}(i,j)=\frac{2}{\sigma^2}\mathrm{Re}\left(\tilde{\rho}_j\boldsymbol{a}(\nu_i)^{\mathrm{H}}\boldsymbol{a}(\nu_j)\tilde{\boldsymbol{\psi}}(\tau_i)^{\mathrm{H}}\tilde{\boldsymbol{\Phi}}^{\mathrm{H}}\tilde{\boldsymbol{\Phi}}\frac{\partial \tilde{\boldsymbol{\psi}}(\tau_j)}{\partial \tau_j}\right)$$

$$\mathrm{FIM}_{\rho_R \boldsymbol{\nu}}(i,j)=\frac{2}{\sigma^2}\mathrm{Re}\left(\tilde{\rho}_j \boldsymbol{a}(\nu_i)^{\mathrm{H}}\frac{\partial \boldsymbol{a}(\nu_j)}{\partial \nu_j}\tilde{\boldsymbol{\psi}}(\tau_i)^{\mathrm{H}}\tilde{\boldsymbol{\Phi}}^{\mathrm{H}}\tilde{\boldsymbol{\Phi}}\tilde{\boldsymbol{\psi}}(\tau_j)\right)$$

$$\mathrm{FIM}_{\rho_I \boldsymbol{\tau}}(i,j)=\frac{2}{\sigma^2}\mathrm{Im}\left(\tilde{\rho}_j \boldsymbol{a}(\nu_i)^{\mathrm{H}}\boldsymbol{a}(\nu_j)\tilde{\boldsymbol{\psi}}(\tau_i)^{\mathrm{H}}\tilde{\boldsymbol{\Phi}}^{\mathrm{H}}\tilde{\boldsymbol{\Phi}}\frac{\partial \tilde{\boldsymbol{\psi}}(\tau_j)}{\partial \tau_j}\right)$$

$$\mathrm{FIM}_{\rho_I \boldsymbol{\nu}}(i,j)=\frac{2}{\sigma^2}\mathrm{Im}\left(\tilde{\rho}_j \boldsymbol{a}(\nu_i)^{\mathrm{H}}\frac{\partial \boldsymbol{a}(\nu_j)}{\partial \nu_j}\tilde{\boldsymbol{\psi}}(\tau_i)^{\mathrm{H}}\tilde{\boldsymbol{\Phi}}^{\mathrm{H}}\tilde{\boldsymbol{\Phi}}\tilde{\boldsymbol{\psi}}(\tau_j)\right)$$

$$\mathrm{FIM}_{\rho_R \rho_R}(i,j)=\mathrm{FIM}_{\rho_I \rho_I}(i,j)=\frac{2}{\sigma^2}\mathrm{Re}(\boldsymbol{a}(\nu_i)^{\mathrm{H}}\boldsymbol{a}(\nu_j)\tilde{\boldsymbol{\psi}}(\tau_i)^{\mathrm{H}}\tilde{\boldsymbol{\Phi}}^{\mathrm{H}}\tilde{\boldsymbol{\Phi}}\tilde{\boldsymbol{\psi}}(\tau_j))$$

$$\mathrm{FIM}_{\rho_I \rho_R}(i,j)=\frac{2}{\sigma^2}\mathrm{Im}(\boldsymbol{a}(\nu_i)^{\mathrm{H}}\boldsymbol{a}(\nu_j)\tilde{\boldsymbol{\psi}}(\tau_i)^{\mathrm{H}}\tilde{\boldsymbol{\Phi}}^{\mathrm{H}}\tilde{\boldsymbol{\Phi}}\tilde{\boldsymbol{\psi}}(\tau_j))$$

定义

$$\boldsymbol{A}=\begin{bmatrix}\mathrm{FIM}_{\boldsymbol{\tau}\boldsymbol{\tau}} & \mathrm{FIM}_{\boldsymbol{\nu}\boldsymbol{\tau}}^{\mathrm{T}}\\ \mathrm{FIM}_{\boldsymbol{\nu}\boldsymbol{\tau}} & \mathrm{FIM}_{\boldsymbol{\nu}\boldsymbol{\nu}}\end{bmatrix} \tag{5.25}$$

$$\boldsymbol{B}=\begin{bmatrix}\mathrm{FIM}_{\rho_R\boldsymbol{\tau}} & \mathrm{FIM}_{\rho_R\boldsymbol{\nu}}\\ \mathrm{FIM}_{\rho_I\boldsymbol{\tau}} & \mathrm{FIM}_{\rho_I\boldsymbol{\nu}}\end{bmatrix} \tag{5.26}$$

$$\boldsymbol{C}=\begin{bmatrix}\mathrm{FIM}_{\rho_R\rho_R} & \mathrm{FIM}_{\rho_I\rho_R}^{\mathrm{T}}\\ \mathrm{FIM}_{\rho_I\rho_R} & \mathrm{FIM}_{\rho_I\rho_I}\end{bmatrix} \tag{5.27}$$

则

$$\mathrm{FIM}=\begin{bmatrix}\boldsymbol{A} & \boldsymbol{B}^{\mathrm{T}}\\ \boldsymbol{B} & \boldsymbol{C}\end{bmatrix} \tag{5.28}$$

根据分块矩阵求逆公式[82]，可获得FIM 的逆为

$$\mathrm{FIM}^{-1}=\begin{bmatrix}\boldsymbol{D} & -\boldsymbol{D}^{-1}\boldsymbol{B}^{\mathrm{T}}\boldsymbol{C}^{-1}\\ -\boldsymbol{C}^{-1}\boldsymbol{B}\boldsymbol{D} & \boldsymbol{C}^{-1}(\boldsymbol{I}+\boldsymbol{B}\boldsymbol{D}\boldsymbol{B}^{\mathrm{T}})\end{bmatrix} \tag{5.29}$$

其中，子矩阵 $\boldsymbol{D}$ 和子矩阵 $\boldsymbol{A}$ 具有相同的大小：

$$\boldsymbol{D}=(\boldsymbol{A}-\boldsymbol{B}^{\mathrm{T}}\boldsymbol{C}^{-1}\boldsymbol{B})^{-1} \tag{5.30}$$

目标距离和速度的 CRLB 分别为子矩阵 $\boldsymbol{D}$ 相应的对角元素：

$$\begin{cases}\mathrm{CRB}_{\tau_k}=\boldsymbol{D}_{k,k}\\ \mathrm{CRB}_{\nu_k}=\boldsymbol{D}_{k+K,k+K}\end{cases},\quad k=1,2,\cdots,K \tag{5.31}$$

式（5.31）是根据测量方程（5.17）计算的目标 CRLB，具有很强的通用性，不仅适用于正交压缩采样系统，也适用于其他类型的模信转换系统。对于一般的非网格上雷达目标场景，难以给出式（5.31）的显式表达式，一般来说，只

能通过计算机仿真分析基于式（5.17）可能达到的目标参数估计性能。但是，对于特殊的目标场景，目标 CRLB（5.31）可进一步简化，并借助于简化关系式分析目标估计精度与目标信噪比、采样系统和雷达参数之间的关系。文献[81]给出了单一目标和网格上目标的 CRLB，并对影响 CRLB 的参数进行了分析仿真实验，结果表明目标的时延和多普勒频率的 CRLB 与目标信噪比SNR、发射脉冲个数L和采样速率压缩比M/N密切相关，呈反比关系。也就是说，CRLB 随着目标信噪比、发射脉冲个数和采样速率压缩比的增大而减小。这个结论与传统的奈奎斯特采样雷达是一致的，因此，对于正交压缩采样雷达也有类似的结论。此外，文献[81]还仿真分析了不同类型 AIC 对 CRLB 的影响，仿真实验证明 AIC 对 CRLB 的影响甚微，这对实际应用是相当重要的，可根据实现和处理的难度选择合适的 AIC。

5.3　目标参数同时估计技术

同 4.3 节一致，本节讨论非网格上目标参数（时延、多普勒频率和反射系数）的同时估计问题，即联合L个回波正交压缩采样（5.16），同时估计目标参数。

考虑式（5.17）描述的联合测量方程，在最小均方误差准则下，目标参数联合估计问题可表示为

$$\{\hat{\rho}_k,\hat{\tau}_k,\hat{\nu}_k\}=\arg\min_{\{\tilde{\rho}_k,\tau_k,\nu_k\}}\left\|\tilde{\boldsymbol{y}}-\sum_{k=1}^{K}\tilde{\rho}_k\tilde{\boldsymbol{a}}(\nu_k)\otimes\tilde{\boldsymbol{\Phi}}\tilde{\boldsymbol{\psi}}(\tau_k)\right\|_2^2 \tag{5.32}$$

式（5.32）是目标时延和多普勒参数估计的一般优化模型，直接求解该模型是一个关于目标时延和多普勒频率高度非线性的优化问题。在压缩感知文献中，根据目标稀疏性，人们提出了多种不同的求解方法（见第 2 章）。应当注意，式（5.17）定义的测量模型属于“平移不变类”信号，可采用稀疏平移不变信号估计技术实现参数估计[75-78]。一般来说，这些方法在低维数据情况下，具有较好的性能；但是，在高维数据情况下，计算量大，估计性能下降。为了方便，我们把直接求解式（5.32）的方法称为非网格上目标时延-多普勒的同时估计（simultaneous delay-Doppler estimation for off-grid targets，OffSiDeD）方法。

在平移不变类信号估计技术中，文献[77]发展的参数扰动 OMP（parameter perturbed orthogonal matching pursuit，PPOMP）算法是针对稀疏雷达目标估计发展起来的，具有相对高的估计精度和计算上的优势。作为本章方法的比较算法，我们简单介绍 PPOMP 算法的基本流程。

PPOMP 算法是将参数扰动技术与贪婪类 OMP 算法进行有效融合而发展起来的一种偏离网格参数估计技术。该方法继承了贪婪类算法计算量小的优点，同时利用参数扰动技术解决了偏离网格参数引起的基失配问题。

考虑式（5.17），定义

$$\tilde{\boldsymbol{a}}(\boldsymbol{\varphi}_i) = \tilde{\boldsymbol{\alpha}}(\nu_i) \otimes \tilde{\boldsymbol{\Phi}} \tilde{\boldsymbol{\psi}}(\tau_i) \tag{5.33}$$

其中，$\boldsymbol{\varphi}_i$ 是目标时延和多普勒组成的参数对 $\boldsymbol{\varphi}_i = (\tau_i, \nu_i)$。则式（5.17）可改写为

$$\tilde{\boldsymbol{y}} = \sum_{i=1}^{N} \tilde{\rho}_i \tilde{\boldsymbol{a}}(\boldsymbol{\varphi}_i) + \tilde{\boldsymbol{w}}_{\text{cs}} \tag{5.34}$$

PPOMP 算法将目标参数 $\boldsymbol{\varphi}_i$ 表示成 $\boldsymbol{\varphi}_i = \boldsymbol{\theta}_i + \delta\boldsymbol{\theta}_i$；其中，$\boldsymbol{\theta}_i$ 是距离 $\boldsymbol{\varphi}_i$ 最近的网格参数，$\delta\boldsymbol{\theta}_i = (\delta\tau_i, \delta\nu_i)$ 是与其偏差值，而且 $|\delta\tau_i| < 1/2\tau_{\text{res}}$ 和 $|\delta\nu_i| < 1/2\nu_{\text{res}}$。在式（5.34）定义的模型中，我们不言而喻地假设共有 N 个可能网格，并将目标下标“k”用网格下标“i”代替。当目标在其最近的网格上存在时，$\tilde{\rho}_i \neq 0$；否则 $\tilde{\rho}_i = 0$，目标不存在。这种表示的实质是将目标参数离散化，表示成网格上参数和偏离网格参数。

PPOMP 算法的基本思想是，首先基于目标参数在最邻近离散网格处进行一阶泰勒级数展开，获得对非网格目标回波信号的近似表示；然后利用 OMP 算法逐次搜索出与目标参数最邻近的离散网格 $\boldsymbol{\theta}_i$；最后利用约束非线性优化技术求解目标参数与最邻近离散网格参数的偏差值 $\delta\boldsymbol{\theta}_i$。将式（5.34）在 $\boldsymbol{\theta}_i$ 处进行一阶泰勒级数展开，我们可以得到

$$\begin{aligned} \tilde{\boldsymbol{y}} &= \sum_{i=1}^{N} \tilde{\rho}_i \tilde{\boldsymbol{a}}(\boldsymbol{\theta}_i + \delta\boldsymbol{\theta}_i) + \tilde{\boldsymbol{w}}_{\text{cs}} \\ &\approx \sum_{i=1}^{N} \tilde{\rho}_i \tilde{\boldsymbol{a}}(\boldsymbol{\theta}_i) + \tilde{\rho}_i \delta\boldsymbol{\theta}_i \left. \frac{\partial \tilde{\boldsymbol{a}}(\boldsymbol{\theta})}{\partial \boldsymbol{\theta}} \right|_{\boldsymbol{\theta}=\boldsymbol{\theta}_i} + \tilde{\boldsymbol{w}}_{\text{cs}} \end{aligned} \tag{5.35}$$

因此，PPOMP 算法在利用 OMP 算法进行目标参数最邻近的离散网格 $\boldsymbol{\theta}_i$ 搜索时，采用近似模型：

$$\tilde{\boldsymbol{y}} = \sum_{i=1}^{N} \tilde{\rho}_i \tilde{\boldsymbol{a}}(\boldsymbol{\theta}_i) + \tilde{\boldsymbol{w}}_{\text{cs}} \tag{5.36}$$

而在目标参数偏差值估计时，采用模型：

$$\begin{cases} \{\hat{\boldsymbol{\rho}}, \delta\hat{\boldsymbol{\theta}}\} = \arg\min\limits_{\{\tilde{\rho}_i, \delta\boldsymbol{\theta}_i\}} \left\| \tilde{\boldsymbol{y}} - \sum\limits_{i=1}^{N} \tilde{\rho}_i \tilde{\boldsymbol{a}}(\boldsymbol{\theta}_i + \delta\boldsymbol{\theta}_i) \right\|_2 \\ \text{s.t.} \quad |\delta\tau_i| < 1/2\tau_{\text{res}}, \quad |\delta\nu_i| < 1/2\nu_{\text{res}} \end{cases} \tag{5.37}$$

PPOMP 算法是一个逐次搜索的过程，通过迭代的方式实现目标参数的估计，其具体流程如表 5.1 所示。

表 5.1　PPOMP 算法流程

输入：

　　离散化字典 $\{\tilde{\boldsymbol{a}}(\boldsymbol{\theta}_1),\cdots,\tilde{\boldsymbol{a}}(\boldsymbol{\theta}_N)\}$ 、压缩测量 $\tilde{\boldsymbol{y}}$ 、终止条件 ε 。

初始化：

　　残差 $\tilde{\boldsymbol{r}}^0=\tilde{\boldsymbol{y}}$ ，离散网格支撑集 $\Lambda^0=\varnothing$ ，残差能量 $e=\|\tilde{\boldsymbol{r}}^0\|_2$ ，迭代变量 $k=1$ 。

计算：

　　（1）搜索一个最邻近离散网格：

$$j^*=\arg\max_{1\leqslant j\leqslant N}|\tilde{\boldsymbol{a}}(\boldsymbol{\theta}_j)^{\mathrm{H}}\tilde{\boldsymbol{r}}^{k-1}|$$

　　并将该网格加入搜索出的支撑集中 $\Lambda^k=\Lambda^{k-1}\cup\{j^*\}$ ；

　　（2）采用约束非线性最小二乘算法，求解问题：

$$\begin{cases}\{\hat{\boldsymbol{\rho}},\delta\hat{\boldsymbol{\theta}}\}=\arg\min\limits_{\{\tilde{\rho}_i,\delta\boldsymbol{\theta}_i\}}\left\|\tilde{\boldsymbol{y}}-\sum\limits_{i=1}^{N}\tilde{\rho}_i\tilde{\boldsymbol{a}}(\boldsymbol{\theta}_i+\delta\boldsymbol{\theta}_i)\right\|_2\\ \text{s.t.}\quad|\delta\tau_i|<1/2\tau_{\mathrm{res}},\quad|\delta\nu_i|<1/2\nu_{\mathrm{res}}\end{cases}$$

　　（3）更新残差

$$\tilde{\boldsymbol{r}}^k=\tilde{\boldsymbol{y}}-\sum_{i=1}^{k}\tilde{\rho}_i\tilde{\boldsymbol{a}}(\boldsymbol{\theta}_i+\delta\hat{\boldsymbol{\theta}}_i)$$

　　（4）计算残差能量 $e=\|\tilde{\boldsymbol{r}}^k\|_2$ ，如果 $e\leqslant\varepsilon$ ，终止迭代；否则， $k=k+1$ ，转到步骤（1）。

输出：

　　$\Lambda^k,\{\delta\hat{\theta}_1,\cdots,\delta\hat{\theta}_k\},\{\hat{\alpha}_1,\cdots,\hat{\alpha}_k\}$ 。

PPOMP 算法是参数扰动类算法，在实现过程中如果将目标参数最邻近离散网格的搜索采用其他类型的稀疏估计算法，我们又可以得到其他类型的 OffSiDeD 方法。

本章根据目标距离参数和多普勒参数可解耦特性，讨论两种序贯估计方法，即目标时延-多普勒序贯估计方法和目标多普勒-时延序贯估计方法。这两种方法充分利用谱估计的研究成果，具有计算量小、分辨率高和估计精度高的性能优势。

5.4　目标时延-多普勒序贯估计方法

本节根据回波模型（5.1）或（5.2），按照目标具有相同速度不同距离的划分方式，分解回波模型，讨论非网格上目标的时延-多普勒序贯估计（sequential delay-Doppler estimation for off-grid targets，OffSeDeD）方法；其中，目标距离估计采用空间谱估计技术实现，而目标的多普勒参数采用线谱估计技术估计。

5.4.1　基于时延的目标分组信号模型

本节讨论的 OffSeDeD 方法，首先估计目标时延，然后估计目标多普勒。这种序贯估计思想是基于观测目标中具有不同时延分类形成的。考虑式（5.1）描述的回波信号。假定在这K个目标中，有K_τ个目标具有不同的时延（$K_\tau \leqslant K$），且每个时延τ_i对应$K_{\tau,i}$个不同的多普勒频率ν_{ij}（$j=1,\cdots,K_{\tau,i}$），$\sum_{i=1}^{K_\tau} K_{\tau,i}=K$，则第$l$个中频回波信号为

$$r_{\mathrm{IF}}^l(t)=\sum_{i=1}^{K_\tau}\sum_{j=1}^{K_{\tau,i}}\rho_{ij}a(t-lT-\tau_i)\cos(2\pi F_{\mathrm{IF}}t+2\pi\nu_{ij}lT+\theta(t-lT-\tau_i)+\phi_{ij}^l) \tag{5.38}$$

采用参数化波形匹配字典（5.3），可以将（5.38）的复基带信号$\tilde{r}^l(t)$表示为

$$\tilde{r}^l(t)=\sum_{i=1}^{K_\tau}\sum_{j=1}^{K_{\tau,i}}\tilde{\rho}_{ij}\mathrm{e}^{\mathrm{j}2\pi\nu_{ij}lT}\tilde{\psi}^l(t,\tau_i) \tag{5.39}$$

其中，$\tilde{\rho}_{ij}=\rho_{ij}\mathrm{e}^{\mathrm{j}\phi_{ij}^l}$是时延-多普勒频率参数为$(\tau_i,\nu_{ij})$的目标的复反射系数。定义$K_\tau$个长度为$L$的离散序列$\{\tilde{\rho}_i[l]\}$（$i=1,\cdots,K_\tau$）：

$$\tilde{\rho}_i[l]=\sum_{j=1}^{K_{\tau,i}}\tilde{\rho}_{ij}\mathrm{e}^{\mathrm{j}2\pi\nu_{ij}lT},\quad l=0,1,\cdots,L-1 \tag{5.40}$$

则式（5.39）又可表示为

$$\tilde{r}^l(t)=\sum_{i=1}^{K_\tau}\tilde{\rho}_i[l]\tilde{\psi}^l(t,\tau_i) \tag{5.41}$$

类似于5.1节的推理，可以获得中频回波（5.38）通过正交压缩采样系统的压缩测量为

$$\tilde{\boldsymbol{y}}^l=\boldsymbol{\Phi}\tilde{\boldsymbol{r}}^l=\sum_{i=1}^{K_\tau}\tilde{\rho}_i[l]\boldsymbol{\Phi}\tilde{\boldsymbol{\psi}}(\tau_i) \tag{5.42}$$

定义

$$\begin{cases}\tilde{\boldsymbol{\Psi}}=[\tilde{\boldsymbol{\psi}}(\tau_1),\tilde{\boldsymbol{\psi}}(\tau_2),\cdots,\tilde{\boldsymbol{\psi}}(\tau_{K_\tau})]\\ \tilde{\boldsymbol{\theta}}^l=[\tilde{\rho}_1[l],\tilde{\rho}_2[l],\cdots,\tilde{\rho}_{K_\tau}[l]]^{\mathrm{T}}\end{cases} \tag{5.43}$$

则在噪声环境下式（5.42）可改写为

$$\tilde{\boldsymbol{y}}^l=\boldsymbol{\Phi}\tilde{\boldsymbol{\Psi}}\tilde{\boldsymbol{\theta}}^l+\tilde{\boldsymbol{w}}_{\mathrm{cs}}^l \tag{5.44}$$

式（5.44）具有式（5.16）相同的形式。类似于式（5.17）的向量化过程，可以形成式（5.32）的联合估计模型，采用同时估计技术实现目标参数的联合估计。

5.4.2 基于波束域子空间波达方向估计技术的时延估计

OffSeDeD 方法中的时延估计可采用阵列信号处理中的波达方向估计（direction-of-arrival estimation，DOA）技术实现。定义

$$\tilde{\boldsymbol{Y}} = [c\tilde{\boldsymbol{y}}^0, c\tilde{\boldsymbol{y}}^1, \cdots, c\tilde{\boldsymbol{y}}^{L-1}] \in \mathbb{C}^{M\times L}$$
$$\tilde{\boldsymbol{\Theta}} = [\boldsymbol{\theta}^0, \boldsymbol{\theta}^1, \cdots, \boldsymbol{\theta}^{L-1}] \in \mathbb{C}^{K_\tau\times L}$$
$$\tilde{\boldsymbol{W}} = [\tilde{\boldsymbol{w}}_{\mathrm{cs}}^0, \tilde{\boldsymbol{w}}_{\mathrm{cs}}^1, \cdots, \tilde{\boldsymbol{w}}_{\mathrm{cs}}^{L-1}] \in \mathbb{C}^{M\times L}$$

则对一个相干处理间隔内回波信号的压缩测量（5.44），采用矩阵形式可表示为

$$\tilde{\boldsymbol{Y}} = \boldsymbol{\Phi}\tilde{\boldsymbol{\Psi}}\tilde{\boldsymbol{\Theta}} + \tilde{\boldsymbol{W}} \tag{5.45}$$

从式（5.43）可以看出，矩阵 $\tilde{\boldsymbol{\Psi}}$ 包含目标距离参数，但不包含其他目标参数；同样地，目标多普勒频率和反射系数只包含在矩阵 $\tilde{\boldsymbol{\Theta}}$ 中。因此，包含在矩阵 $\tilde{\boldsymbol{\Psi}}$ 中的目标参数和包含在 $\tilde{\boldsymbol{\Theta}}$ 中的目标参数可以分别进行估计，这就是所谓的时延-多普勒解耦处理，可显著降低根据式（5.45）进行同步估计的求解难度。本小节根据矩阵 $\tilde{\boldsymbol{\Psi}}$ 形成特点，讨论基于波束空间[83]（beamspace）波达方向估计技术的目标时延估计方法。

根据式（5.10），时延 $\tau = 0$ 时参数化字典的采样向量为 $\tilde{\boldsymbol{\psi}}(0)$，时延为 $\tau = \tau_i$ 时参数化字典的采样向量为 $\tilde{\boldsymbol{\psi}}(\tau_i)$。记 $\hat{\boldsymbol{\psi}}(0)$ 为 $\tilde{\boldsymbol{\psi}}(0)$ 关于时间 t 离散向量的离散傅里叶变换向量，$\hat{\boldsymbol{\psi}}(\tau_i)$ 为 $\tilde{\boldsymbol{\psi}}(\tau_i)$ 关于时间 t 离散向量的离散傅里叶变换向量，则 $\hat{\boldsymbol{\psi}}(\tau_i)$ 和 $\hat{\boldsymbol{\psi}}(0)$ 元素之间的关系为

$$\hat{\psi}_k(\tau_i) = \mathrm{e}^{-\mathrm{j}2\pi k\tau_i/T}\hat{\psi}_k(0), \quad k = 0,1,\cdots,cN-1$$

定义

$$\tilde{\boldsymbol{G}} = \mathrm{diag}(\hat{\psi}_0(0), \hat{\psi}_1(0), \cdots, \hat{\psi}_{cN-1}(0))$$
$$\tilde{\boldsymbol{b}}(\tau_i) = [1, \mathrm{e}^{-\mathrm{j}2\pi\tau_i/T}, \cdots, \mathrm{e}^{-\mathrm{j}2\pi(cN-1)\tau_i/T}]^{\mathrm{T}}$$

则可将 $\hat{\boldsymbol{\psi}}(\tau_i)$ 表示为

$$\hat{\boldsymbol{\psi}}(\tau_i) = \tilde{\boldsymbol{G}}\tilde{\boldsymbol{b}}(\tau_i) \tag{5.46}$$

$\hat{\boldsymbol{\psi}}(\tau_i)$ 的逆离散傅里叶变换即为参数化字典元素的采样向量 $\tilde{\boldsymbol{\psi}}(\tau_i)$，因此，定义 $\tilde{\boldsymbol{F}} \in \mathbb{C}^{cN\times cN}$ 为离散傅里叶变换矩阵，其第 (i,k) 个元素为 $\tilde{\boldsymbol{F}}_{ik} = \mathrm{e}^{-\mathrm{j}2\pi(i-1)(k-1)/(cN)}$，因此可以得到

$$\tilde{\boldsymbol{\psi}}(\tau_i) = \tilde{\boldsymbol{F}}^{-1}\tilde{\boldsymbol{G}}\tilde{\boldsymbol{b}}(\tau_i) \tag{5.47}$$

式（5.47）表明包含在 $\tilde{\boldsymbol{\psi}}(\tau_i)$ 中的时延参数 τ_i 转化为向量 $\tilde{\boldsymbol{b}}(\tau_i)$ 的指数因子。

根据式（5.47），式（5.43）定义的矩阵 $\tilde{\boldsymbol{\Psi}}$ 可表示为

$$\begin{aligned}\tilde{\boldsymbol{\Psi}} &= [\tilde{\boldsymbol{\psi}}(\tau_1), \tilde{\boldsymbol{\psi}}(\tau_2), \cdots, \tilde{\boldsymbol{\psi}}(\tau_{K_\tau})] \\ &= \tilde{\boldsymbol{F}}^{-1}\tilde{\boldsymbol{G}}[\tilde{\boldsymbol{b}}(\tau_1), \tilde{\boldsymbol{b}}(\tau_2), \cdots, \tilde{\boldsymbol{b}}(\tau_{K_\tau})]\end{aligned}$$

定义 $\tilde{\boldsymbol{B}} = [\tilde{\boldsymbol{b}}(\tau_1), \tilde{\boldsymbol{b}}(\tau_2), \cdots, \tilde{\boldsymbol{b}}(\tau_{K_\tau})] \in \mathbb{C}^{cN\times K_\tau}$，则矩阵 $\tilde{\boldsymbol{\Psi}}$ 可分解为

$$\tilde{\boldsymbol{\Psi}} = \tilde{\boldsymbol{F}}^{-1}\tilde{\boldsymbol{G}}\tilde{\boldsymbol{B}} \tag{5.48}$$

因此，一个相干处理间隔内回波信号的压缩测量式（5.45）可分解为

$$\tilde{\boldsymbol{Y}} = \tilde{\boldsymbol{\Phi}}\tilde{\boldsymbol{F}}^{-1}\tilde{\boldsymbol{G}}\tilde{\boldsymbol{B}}\tilde{\boldsymbol{\Theta}} + \tilde{\boldsymbol{W}} \tag{5.49}$$

现在讨论式（5.49）与阵列信号处理中的波达方向估计问题之间的关系。考虑图 5.1 所示的波束空间均匀线性阵列处理结构[83]。假设阵列工作在自由空间中，由 cN 个相邻间距为 d 的阵元组成；阵列接收的信号经波束形成器或空域滤波器 $\tilde{\boldsymbol{H}} \in \mathbb{C}^{M\times cN}$ 处理输出 M 路波束空间的信号，如图 5.1 所示。当信号 $\tilde{s}(t)$ 从远区场以波达方向 ϑ 到达阵时，阵元 1 接收的信号相对于阵元 0 延迟 $(d\sin\vartheta)/c'$，阵元 2 接收的信号相对于阵元 0 延迟 $2(d\sin\vartheta)/c'$，其他阵元信号延迟依次类推，其中，c' 为光速。以阵元 0 为参考阵元，在无噪情形下，阵列在时刻 t 接收的信号 $\tilde{x}(t)$ 可表示为

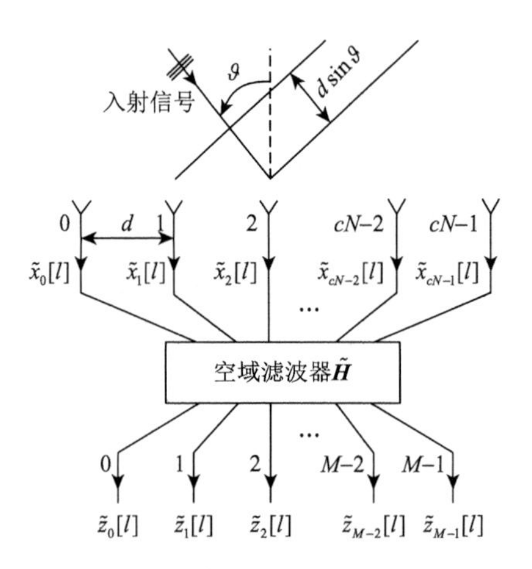

图 5.1　波束空间线性阵列模型

$$\begin{cases} \tilde{x}_0(t) = \tilde{s}(t) \\ \tilde{x}_1(t) = \tilde{s}(t)\mathrm{e}^{-\mathrm{j}2\pi((d\sin\vartheta)/\lambda)} \\ \quad\vdots \\ \tilde{x}_{cN-1}(t) = \tilde{s}(t)\mathrm{e}^{-\mathrm{j}2\pi((d\sin\vartheta)/\lambda)(cN-1)} \end{cases} \tag{5.50}$$

其中，$\lambda = c'/F_\mathrm{c}$ 为信号波长；F_c 为 $\tilde{s}(t)$ 的载波频率。定义

$$\tilde{\boldsymbol{x}}(t) = [\tilde{x}_0(t), \tilde{x}_1(t), \cdots, \tilde{x}_{cN-1}(t)]^\mathrm{T} \in \mathbb{C}^{cN}$$

$$\tilde{\boldsymbol{v}}(\vartheta) = [1, \mathrm{e}^{-\mathrm{j}2\pi((d\sin\vartheta)/\lambda)}, \cdots, \mathrm{e}^{-\mathrm{j}2\pi((d\sin\vartheta)/\lambda)(cN-1)}]^\mathrm{T} \in \mathbb{C}^{cN}$$

分别为阵列信号向量和阵列导向向量，则阵列接收信号（5.50）的矩阵形式为

$$\tilde{\boldsymbol{x}}(t) = \tilde{\boldsymbol{v}}(\vartheta)\tilde{s}(t) \tag{5.51}$$

现假设有 K_τ 个远区场信号 $\tilde{s}_1(t),\tilde{s}_2(t),\cdots,\tilde{s}_{K_\tau}(t)$，分别来自不同方向 $\vartheta_1,\vartheta_2,\cdots,\vartheta_{K_\tau}$，则根据线性叠加原理，阵列在时刻 t 接收的信号 $\tilde{\boldsymbol{x}}(t)$ 为

$$\begin{aligned}\tilde{\boldsymbol{x}}(t) &= \tilde{\boldsymbol{v}}(\vartheta_1)\tilde{s}_1(t)+\tilde{\boldsymbol{v}}(\vartheta_2)\tilde{s}_2(t)+\cdots+\tilde{\boldsymbol{v}}(\vartheta_{K_\tau})\tilde{s}_{K_\tau}(t)\\ &= \tilde{\boldsymbol{V}}\tilde{\boldsymbol{s}}(t)\end{aligned}\tag{5.52}$$

其中

$$\tilde{\boldsymbol{V}}=[\tilde{\boldsymbol{v}}(\vartheta_1),\tilde{\boldsymbol{v}}(\vartheta_2),\cdots,\tilde{\boldsymbol{v}}(\vartheta_{K_\tau})]\in\mathbb{C}^{cN\times K_\tau},\quad \tilde{\boldsymbol{s}}(t)=[\tilde{s}_1(t),\tilde{s}_2(t),\cdots,\tilde{s}_{K_\tau}(t)]^{\mathrm{T}}\in\mathbb{C}^{K_\tau}$$

分别称为阵列的导向矩阵和信源矩阵。现对阵列信号 $\tilde{\boldsymbol{x}}(t)$ 进行采样，假设在观测时间内共有 L 个采样时刻，则所有时刻接收的信号可表示为

$$\tilde{\boldsymbol{X}}=\tilde{\boldsymbol{V}}\tilde{\boldsymbol{S}}\tag{5.53}$$

其中

$$\begin{aligned}\tilde{\boldsymbol{X}}&=[\tilde{\boldsymbol{x}}[0],\tilde{\boldsymbol{x}}[1],\cdots,\tilde{\boldsymbol{x}}[L-1]]\in\mathbb{C}^{cN\times L}\\ \tilde{\boldsymbol{S}}&=[\tilde{\boldsymbol{s}}[0],\tilde{\boldsymbol{s}}[1],\cdots,\tilde{\boldsymbol{s}}[L-1]]\in\mathbb{C}^{K_\tau\times L}\end{aligned}$$

经空域滤波处理，我们可以获得在无噪情形下波束空间输出的信号 $\tilde{\boldsymbol{Z}}\in\mathbb{C}^M$ 为

$$\tilde{\boldsymbol{Z}}=\tilde{\boldsymbol{H}}\tilde{\boldsymbol{X}}=\tilde{\boldsymbol{H}}\tilde{\boldsymbol{V}}\tilde{\boldsymbol{S}}\tag{5.54}$$

将式（5.49）中的矩阵 $\tilde{\boldsymbol{B}}$ 与式（5.54）中的矩阵 $\tilde{\boldsymbol{V}}$ 进行比较，如果定义阵列信号的空域频率 $f_i=(d\sin\vartheta_i)/\lambda$ 而且

$$f_i=\begin{cases}\tau_i/T, & 0\leqslant\tau_i<T/2\\ \tau_i/T-1, & T/2\leqslant\tau_i<T\end{cases}$$

则可以发现矩阵 $\tilde{\boldsymbol{B}}$ 就是由 K_τ 个空间频率为 f_i 的导向向量组成的导向矩阵 $\tilde{\boldsymbol{V}}$。类似地，矩阵 $\tilde{\boldsymbol{\Theta}}$ 等同于 K_τ 个空域信号组成的信源矩阵 $\tilde{\boldsymbol{S}}$，而矩阵 $\tilde{\boldsymbol{\Phi}}\tilde{\boldsymbol{F}}^{-1}\tilde{\boldsymbol{G}}$ 等同于形成 M 个波束空间的空域滤波器 $\tilde{\boldsymbol{H}}$。因此，压缩测量式（5.49）与式（5.54）定义的波束空间波达方向估计模型完全一致；当矩阵 $\tilde{\boldsymbol{\Phi}}\tilde{\boldsymbol{F}}^{-1}\tilde{\boldsymbol{G}}$ 是有效的波束形成矩阵时，可以采用波束空间波达方向估计技术实现目标时延参数的有效估计。假定 $\hat{f}_i$ 是第 i 个信号源空间频率的估计值，则可根据 $\hat{\tau}_i=T\,\mathrm{mod}(\hat{f}_i+1,1)$ 得到对应的时延 τ_i 的估计值，其中，“mod”表示取余数运算。

从波束空间波达方向估计理论可知[83]，当矩阵 $\tilde{\boldsymbol{\Phi}}\tilde{\boldsymbol{F}}^{-1}\tilde{\boldsymbol{G}}$ 是行满秩时，矩阵 $\tilde{\boldsymbol{\Phi}}\tilde{\boldsymbol{F}}^{-1}\tilde{\boldsymbol{G}}$ 是有效的波束形成矩阵。注意，矩阵 $\tilde{\boldsymbol{G}}$ 是对角矩阵，矩阵 $\tilde{\boldsymbol{F}}$ 是傅里叶矩阵，因此，只要矩阵 $\tilde{\boldsymbol{\Phi}}$ 是行满秩的，矩阵 $\tilde{\boldsymbol{\Phi}}\tilde{\boldsymbol{F}}^{-1}\tilde{\boldsymbol{G}}$ 就是行满秩的。对于矩阵 $\tilde{\boldsymbol{\Phi}}$，我们有如下关系：

$$\begin{aligned}\tilde{\boldsymbol{\Phi}}\tilde{\boldsymbol{\Phi}}^{\mathrm{H}}&=\boldsymbol{H}\boldsymbol{P}\boldsymbol{P}^{\mathrm{H}}\boldsymbol{H}^{\mathrm{H}}=\boldsymbol{H}\boldsymbol{H}^{\mathrm{H}}\\ &=\frac{cN}{M}\boldsymbol{I}_M\end{aligned}\tag{5.55}$$

其中，最后一个等式利用了关系式（3.44）。因此，矩阵 $\tilde{\boldsymbol{\Phi}}$ 是行满秩的，矩阵

$\tilde{\boldsymbol{\Phi}}\tilde{\boldsymbol{F}}^{-1}\tilde{\boldsymbol{G}}$是有效的波束形成矩阵，我们可以根据式（5.49）采用波束空间波达方向估计技术实现目标距离的估计。

波束空间波达方向估计，因其在减少计算量、鲁棒性估计、自适应响应时间等方面的性能优势，获得了深入的研究，产生了大量有效的估计方法[83-85]。但是，对于问题（5.49），噪声$\tilde{\boldsymbol{W}}$是独立同分布的高斯测量噪声，当矩阵$\tilde{\boldsymbol{\Theta}}$是行满秩的或等效的空域信号源是相互独立的时，可以采用最基本的信号源之间以及与背景噪声是相互独立的波束空间波达方向估计技术实现目标时延的估计。

根据上小节的目标分组模型，对于时延为τ_i的目标，如果其对应的多普勒频率ν_{ij}（$j=1,\cdots,K_{\tau,i}$）中，存在至少一个ν_{ij}不同于其他$K-1$个多普勒频率，可以证明矩阵$\tilde{\boldsymbol{\Theta}}$是行满秩的。其实，记矩阵$\tilde{\boldsymbol{\Theta}}$的行向量为$\tilde{\boldsymbol{\beta}}_i^{\mathrm{T}}$（$i=1,2,\cdots,K_\tau$），行满秩的$\tilde{\boldsymbol{\Theta}}$意味着行向量$\tilde{\boldsymbol{\beta}}_i^{\mathrm{T}}$是线性独立的，即存在常数$k_i$，当且仅当$k_1=\cdots=k_{K_\tau}=0$时，等式$\sum_{i=1}^{K_\tau}k_i\tilde{\boldsymbol{\beta}}_i=0$才成立。

为了证明行向量$\tilde{\boldsymbol{\beta}}_i^{\mathrm{T}}$是线性独立的，对于时延为$\tau_i$的目标，不失一般性，假设多普勒频率$\nu_{i1}$不同于其他$K-1$个多普勒频率，根据式（5.40），$\tilde{\boldsymbol{\beta}}_i=\sum_{j=1}^{K_{\tau,i}}\tilde{\rho}_{ij}\tilde{\boldsymbol{b}}^*(\nu_{ij})$。因此，$\sum_{i=1}^{K_\tau}k_i\tilde{\boldsymbol{\beta}}_i=0$可表示为

$$\sum_{i=1}^{K_\tau}\tilde{\rho}_{i1}k_i\tilde{\boldsymbol{b}}^*(\nu_{i1})+\sum_{i=1}^{K_\tau}\sum_{j=2}^{K_{\tau,i}}k_i\tilde{\rho}_{ij}\tilde{\boldsymbol{b}}^*(\nu_{ij})=0 \tag{5.56}$$

其中，$\boldsymbol{b}(\nu_{ij})=[1,\mathrm{e}^{-\mathrm{j}2\pi\nu_{ij}T},\cdots,\mathrm{e}^{-\mathrm{j}2\pi\nu_{ij}(L-1)T}]^{\mathrm{T}}$。

对于任意的i（$i=1,2,\cdots,K_\tau$），由于$\nu_{i1}\neq\nu_{i'j}$（$i'=1,2,\cdots,K_\tau$；$j=2,3,\cdots,K_{\tau,i}$），$\tilde{\boldsymbol{b}}^*(\nu_{i1})$与$\tilde{\boldsymbol{b}}^*(\nu_{i'j})$是不相关的，因此式（5.56）成立的前提是

$$\sum_{i=1}^{K_\tau}\tilde{\rho}_{i1}k_i\tilde{\boldsymbol{b}}^*(\nu_{i1})=0 \tag{5.57}$$

由于$\tilde{\rho}_{i1}$为非零常数，且所有的$\tilde{\boldsymbol{b}}^*(\nu_{i1})$（$i=1,2,\cdots,K_\tau$）均是线性独立的，式（5.57）仅在$k_1=\cdots=k_{K_\tau}=0$时成立。

在实际雷达应用中，如果存在多个目标的雷达场景，矩阵$\tilde{\boldsymbol{\Theta}}$是行满秩的条件很容易满足。当回波信号不满足该条件时，问题（5.49）变为波达方向估计中的相干源估计问题。在这种情况下，需要对回波信号进行预处理才能实现“相关源的波达方向估计”。对于阵元空间波达方向估计问题，我们可采用已有的相干源信号预处理技术，如空间平滑技术、前向后向平滑技术等[86]。但是，对于式（5.49）中的波束空间波达方向估计问题，由于阵元空间信号$\tilde{\boldsymbol{B}}\tilde{\boldsymbol{\Theta}}$是未知

的，不能直接进行空间平滑预处理。我们可以利用插值阵列技术对式（5.49）中的数据 $\tilde{\boldsymbol{Y}}$ 进行插值处理，得到一个 M 阵元的等效插值均匀线性阵列，然后在插值阵列上进行空间平滑处理来估计目标时延[56, 87]。

5.4.3　基于线谱估计技术的多普勒频率估计

在估计出目标时延参数 τ_i（$i=1,\cdots,K_\tau$）之后，OffSeDeD 方法采用线谱估计技术实现目标多普勒频率估计。根据式（5.45），可知矩阵 $\tilde{\boldsymbol{\Theta}}$ 的最小二乘估计为

$$\hat{\boldsymbol{\Theta}} = (\tilde{\boldsymbol{\Phi}}\tilde{\boldsymbol{\Psi}})^{\dagger}\tilde{\boldsymbol{Y}} + (\tilde{\boldsymbol{\Phi}}\tilde{\boldsymbol{\Psi}})^{\dagger}\tilde{\boldsymbol{W}} \tag{5.58}$$

其中，$\boldsymbol{A}^{\dagger} = \boldsymbol{A}^{\mathrm{H}}(\boldsymbol{A}\boldsymbol{A}^{\mathrm{H}})^{-1}$ 表示穆尔-彭罗斯伪逆矩阵（Moore-Penrose pseudo-inverse matrix）。应注意矩阵 $\tilde{\boldsymbol{\Phi}}$ 是压缩采样系统产生的随机矩阵，其统计行为决定了矩阵 $\tilde{\boldsymbol{\Phi}}\tilde{\boldsymbol{\Psi}}$ 秩的大小。根据式（3.53）和式（3.55），矩阵满足 $\mathbb{E}(\boldsymbol{\Phi}^{\mathrm{H}}\boldsymbol{\Phi}) = \boldsymbol{I}_{cN}$。因此，统计意义上矩阵 $\tilde{\boldsymbol{\Phi}}\tilde{\boldsymbol{\Psi}}$ 是列满秩的，等于 K，这是因为

$$\mathbb{E}((\tilde{\boldsymbol{\Phi}}\tilde{\boldsymbol{\Psi}})^{\mathrm{H}}\tilde{\boldsymbol{\Phi}}\tilde{\boldsymbol{\Psi}}) = \tilde{\boldsymbol{\Psi}}^{\mathrm{H}}\mathbb{E}(\tilde{\boldsymbol{\Phi}}^{\mathrm{H}}\tilde{\boldsymbol{\Phi}})\tilde{\boldsymbol{\Psi}} = \tilde{\boldsymbol{\Psi}}^{\mathrm{H}}\tilde{\boldsymbol{\Psi}} \tag{5.59}$$

而矩阵 $\tilde{\boldsymbol{\Psi}}$ 的秩等于 K。对于列满秩的 $\tilde{\boldsymbol{\Phi}}\tilde{\boldsymbol{\Psi}}$，$(\tilde{\boldsymbol{\Phi}}\tilde{\boldsymbol{\Psi}})^{\dagger}\tilde{\boldsymbol{\Phi}}\tilde{\boldsymbol{\Psi}} = \boldsymbol{I}$。因此，有

$$\hat{\boldsymbol{\Theta}} = \tilde{\boldsymbol{\Theta}} + (\tilde{\boldsymbol{\Phi}}\tilde{\boldsymbol{\Psi}})^{\dagger}\tilde{\boldsymbol{W}} \tag{5.60}$$

记 $\tilde{\boldsymbol{\Theta}}$ 的第 i 个行向量为 $\tilde{\boldsymbol{\beta}}_i = [\tilde{\rho}_i[0], \tilde{\rho}_i[1], \cdots, \tilde{\rho}_i[L-1]]^{\mathrm{T}}$，$\hat{\boldsymbol{\Theta}}$ 的第 i 个行向量为 $\hat{\boldsymbol{\beta}}_i = [\hat{\rho}_i[0], \hat{\rho}_i[1], \cdots, \hat{\rho}_i[L-1]]^{\mathrm{T}}$，$(\tilde{\boldsymbol{\Phi}}\tilde{\boldsymbol{\Psi}})^{\dagger}\tilde{\boldsymbol{W}}$ 的第 i 个行向量为 $\tilde{\boldsymbol{n}}_i^{\mathrm{T}}$，则

$$\hat{\boldsymbol{\beta}}_i = \tilde{\boldsymbol{\beta}}_i + \tilde{\boldsymbol{n}}_i = \sum_{j=1}^{K_{\tau,i}} \tilde{\rho}_{ij}\tilde{\boldsymbol{\alpha}}(\nu_{ij}) + \tilde{\boldsymbol{n}}_i, \quad i = 1, \cdots, K_\tau \tag{5.61}$$

其中，向量 $\tilde{\boldsymbol{\alpha}}(\nu) = [1, \mathrm{e}^{\mathrm{j}2\pi\nu lT}, \cdots, \mathrm{e}^{\mathrm{j}2\pi\nu(L-1)T}]^{\mathrm{T}}$ 如式（5.17）定义。

从式（5.61）可以看出，式（5.60）可分解成 K_τ 个独立方程，其中，第 i 个方程只与多普勒频率 ν_{ij}（$j=1,\cdots,K_{\tau,i}$）有关。因此，我们对每个时延 τ_i 对应的多普勒频率 ν_{ij}，可通过式（5.61）进行独立的估计。应注意，式（5.61）是一个参数化线谱估计（line spectrum estimation）问题，具有大量成熟的算法可用于估计 ν_{ij}，如零化滤波器法和子空间法[85]等。为了保证式（5.61）的解存在，要求 $L \geqslant 2\max(K_{\tau,i})$，实际雷达系统通常是满足该条件的。

5.4.4　算法实现和计算复杂度分析

从上述分析和讨论可以看出，OffSeDeD 方法就是对雷达一个相干处理间隔内的回波信号，采用空域/时域谱估计技术序贯地估计目标时延和多普勒频率。

信号空域/时域谱估计是一个相对成熟的研究领域，在过去的半个世纪里，发展了大量有效的估计算法和实现技术[79, 80]。因此，任何波束空间波达方向估计技术和线谱估计技术都可应用于 OffSeDeD 方法的实现。需要说明的是，OffSeDeD 方法在实现时要求已知不同时延 K_τ 的个数和每个时延对应的多普勒个数 $K_{\tau,i}$（$i=1,\cdots,K_\tau$）。这个问题在谱估计理论中称为“模型阶数选择”，可采用赤池信息判据（Akaike information criterion）或贝叶斯信息判据（Bayesian information criterion）方法来解决[79]。OffSeDeD 方法计算流程如表 5.2 所示。

表 5.2　OffSeDeD 方法计算流程

输入：

雷达参数、测量矩阵和采样数据 $\tilde{\boldsymbol{Y}}$ 。

计算：

（1）根据 $\tilde{\boldsymbol{Y}}$ ，采用波束空间波达方向估计技术，获得时延 $\hat{\tau}_i$ （$i=1,\cdots,K_\tau$）的估计；

（2）根据 $\tilde{\boldsymbol{Y}}$ 和 $\hat{\tau}_i$ ，形成 K_τ 个线谱测量（5.61）；

（3）采用线谱估计技术求解（5.61），获得多普勒频率 v_{ij} （$i=1,\cdots,K_\tau$， $j=1,\cdots,K_{\tau,i}$）的估计。

输出：

目标距离和速度。

因此，OffSeDeD 方法的实现复杂度，与采用的空间谱估计技术和线谱估计技术密切相关。本节讨论 OffSeDeD 方法的计算复杂度，其中时延估计采用波束空间求根多重信号分类（multiple signal classification，MUSIC）算法[84]和波束空间谱 MUSIC 算法[83]，多普勒频率估计采用信号参数估计旋转不变技术[88]（estimating signal parameters via rotational invariance technique，ESPRIT）算法；之所以选择这些方法是因为它们在谱估计理论中具有很强的典型性[80]。在这样的选择下，OffSeDeD 方法具有两种实现形式，即波束空间求根-MUSIC + ESPRIT 和波束空间谱 MUSIC + ESPRIT。为了便于描述，我们将这两种实现分别记为 OffSeDeD-1 和 OffSeDeD-2。

在时延估计阶段，波束空间 MUSIC 算法主要包含两个步骤：特征分解和波达方向搜索。特征分解的计算复杂度为$\mathcal{O}(L^2M+M^3)$ [89]。在求根 MUSIC 算法中，波达方向搜索的计算复杂度为$\mathcal{O}(N^3)$ [89]；在谱 MUSIC 算法中，波达方向搜索的计算复杂度为$\mathcal{O}(DMN^2)$ [89]，其中，D 是奈奎斯特网格间距和搜索网格间距的比值。在多普勒频率估计阶段，我们首先需要从矩阵 $\tilde{\boldsymbol{Y}}$ 中提取出矩阵 $\hat{\boldsymbol{\Theta}}$ ，对应的计算复杂度为$\mathcal{O}(KM^2+KLM)$ 。对于任意两个目标的时延和多普勒频率均不相同的情况，式（5.58）需要求解的次数最多，此时我们需要运行 ESPRIT 算法 K 次，总的计算量为$\mathcal{O}(KL^3)$ 。综上所述，OffSeDeD-1 的计算复杂度为$\mathcal{O}(L^2M+M^3)+\mathcal{O}(N^3)+\mathcal{O}(KM^2+KLM)+\mathcal{O}(KL^3)$ ，OffSeDeD-2 的计算复杂度为$\mathcal{O}(L^2M+M^3)+\mathcal{O}(DMN^2)+\mathcal{O}(KM^2+KLM)+\mathcal{O}(KL^3)$。在压缩采样雷达中，$K(\text{or } D) < L \ll M < N$。因此，OffSeDeD-1 和 OffSeDeD-2 的计算复杂度可分别近似为$\mathcal{O}(N^3)$和$\mathcal{O}(DMN^2)$。

但是，在两种具体实现中，OffSeDeD-1 和 OffSeDeD-2 分别采用求根搜索和网格搜索的方式估计时延。因此，OffSeDeD-1 具有更高的计算复杂度。但是，OffSeDeD-1 具有更高的估计精度，OffSeDeD-2 的估计精度受到网格间距的限制。5.6 节的仿真实验也验证了这一结论。

5.5　目标多普勒-时延序贯估计方法

5.4 节的目标参数估计方法，按照目标具有相同时延不同多普勒的划分方式，将目标时延和多普勒高维联合估计问题（5.32）转化为采用空间谱技术实现时延估计、线谱估计实现多普勒频率估计的序贯估计技术。成熟的谱估计技术应用极大地降低了联合估计的计算量，提高了估计精度。本节按照目标具有相同多普勒不同时延的划分方式，分解回波模型（5.1），给出非网格上目标的多普勒-时延序贯估计方法（sequential Doppler-delay estimation for off-grid targets，OffSeDoD）。

5.5.1　基于多普勒频率的目标分组信号模型

与 5.4 节的信号模型不同，OffSeDoD 方法将目标根据多普勒频率的不同进行分组。对于式（5.1）描述的回波信号，假定在这 K 个目标中，有 K_ν（$K_\nu < L$）个目标具有不同的多普勒频率，且每个多普勒频率 ν_i 对应 $K_{\nu,i}$ 个不同的时延 τ_{ij}（$j=1,\cdots,K_{\nu,i}$），$\sum_{i=1}^{K_\nu} K_{\nu,i}=K$，则第 l 个中频回波信号为

$$r_{\mathrm{IF}}^l(t) \approx \sum_{i=1}^{K_\nu}\sum_{j=1}^{K_{\nu,i}} \rho_{ij} a(t-lT-\tau_{ij})\cos(2\pi F_{\mathrm{IF}}t + 2\pi\nu_i lT + \theta(t-lT-\tau_{ij}) + \phi_{ij}') \tag{5.62}$$

采用参数化波形匹配字典（5.3），可以将（5.62）的复基带信号 $\tilde{r}^l(t)$ 表示为

$$\tilde{r}^l(t) = \sum_{i=1}^{K_\nu} \mathrm{e}^{\mathrm{j}2\pi\nu_i lT} \sum_{j=1}^{K_{\nu,i}} \tilde{\rho}_{ij}\tilde{\psi}^l(t,\tau_{ij}), \quad t\in[lT,(l+1)T] \tag{5.63}$$

其中，$\tilde{\rho}_{ij}=\rho_{ij}\mathrm{e}^{\mathrm{j}\phi_{ij}'}$ 是时延-多普勒频率参数为(τ_{ij},ν_i)的目标的复反射系数。

类似于 5.4 节推理，可以获得在噪声背景下，中频回波（5.62）通过正交压缩采样系统的压缩测量为

$$
\begin{aligned}
\tilde{\boldsymbol{y}}^l &= \tilde{\boldsymbol{\Phi}}\tilde{\boldsymbol{r}}^l + \tilde{\boldsymbol{w}}_{\text{cs}}^l = \sum_{i=1}^{K_\nu} \mathrm{e}^{\mathrm{j}2\pi\nu_i lT} \sum_{j=1}^{K_{\nu,i}} \tilde{\rho}_{ij} \tilde{\boldsymbol{\Phi}}\tilde{\boldsymbol{\psi}}(\tau_{ij}) + \tilde{\boldsymbol{w}}_{\text{cs}}^l \\
&= \sum_{i=1}^{K_\nu} \mathrm{e}^{\mathrm{j}2\pi\nu_i lT} \tilde{\boldsymbol{\Phi}}\tilde{\boldsymbol{\psi}}_i + \tilde{\boldsymbol{w}}_{\text{cs}}^l
\end{aligned}
\tag{5.64}
$$

其中

$$
\tilde{\boldsymbol{\psi}}_i = \sum_{j=1}^{K_{\nu,i}} \tilde{\rho}_{ij} \tilde{\boldsymbol{\psi}}(\tau_{ij}) \tag{5.65}
$$

定义

$$
\begin{aligned}
\hat{\boldsymbol{\Psi}} &= [\tilde{\boldsymbol{\psi}}_1, \tilde{\boldsymbol{\psi}}_2, \cdots, \tilde{\boldsymbol{\psi}}_{K_\nu}] \\
\hat{\boldsymbol{\theta}}^l &= [\mathrm{e}^{\mathrm{j}2\pi\nu_1 lT}, \mathrm{e}^{\mathrm{j}2\pi\nu_2 lT}, \cdots, \mathrm{e}^{\mathrm{j}2\pi\nu_{K_\nu} lT}]^{\mathrm{T}}
\end{aligned}
\tag{5.66}
$$

则式（5.64）可改写为

$$
\tilde{\boldsymbol{y}}^l = \tilde{\boldsymbol{\Phi}}\hat{\boldsymbol{\Psi}}\hat{\boldsymbol{\theta}}^l + \tilde{\boldsymbol{w}}_{\text{cs}}^l, \quad l = 0, \cdots, L-1 \tag{5.67}
$$

同前述方法一样，根据压缩测量（5.67），可采用式（5.32）获得目标参数的估计。

5.5.2 基于子空间波达方向估计技术的多普勒频率估计

与 OffSeDeD 方法不同，OffSeDoD 方法首先估计目标的多普勒频率。定义

$$
\hat{\boldsymbol{\Theta}} = [\hat{\boldsymbol{\theta}}^0, \hat{\boldsymbol{\theta}}^1, \cdots, \hat{\boldsymbol{\theta}}^{L-1}] \in \mathbb{C}^{K_\nu \times L}
$$

则可将式（5.67）表示成

$$
\tilde{\boldsymbol{Y}} = \tilde{\boldsymbol{\Phi}}\hat{\boldsymbol{\Psi}}\hat{\boldsymbol{\Theta}} + \tilde{\boldsymbol{W}} \tag{5.68}
$$

式（5.68）与式（5.45）具有相同的形式，但是一些矩阵内涵不同，正如本章所定义的。

同模型（5.45）一样，也可对模型（5.68）进行时延-多普勒解耦处理。根据矩阵 $\hat{\boldsymbol{\Theta}}$ 和 $\hat{\boldsymbol{\Psi}}$ 的形成，可以发现目标多普勒频率包含在矩阵 $\hat{\boldsymbol{\Theta}}$ 中，而目标的时延和目标的反射系数包含在矩阵 $\hat{\boldsymbol{\Psi}}$ 中。本小节讨论目标的多普勒频率估计问题。

对式（5.68）的两边进行矩阵转置运算，可以得到

$$
\tilde{\boldsymbol{Y}}^{\mathrm{T}} = \hat{\boldsymbol{\Theta}}^{\mathrm{T}}\hat{\boldsymbol{\Psi}}^{\mathrm{T}}\tilde{\boldsymbol{\Phi}}^{\mathrm{T}} + \tilde{\boldsymbol{W}}^{\mathrm{T}} \tag{5.69}
$$

根据矩阵 $\hat{\boldsymbol{\Theta}}^{\mathrm{T}}$ 的定义，可以发现矩阵 $\hat{\boldsymbol{\Theta}}^{\mathrm{T}}$ 共有 K_ν 列，且每列可表示为 $\tilde{\boldsymbol{a}}(\nu_i) = [1, \mathrm{e}^{\mathrm{j}2\pi\nu_i T}, \cdots, \mathrm{e}^{\mathrm{j}2\pi\nu_i (L-1)T}]^{\mathrm{T}}$。因此，如果将矩阵 $\tilde{\boldsymbol{\Theta}}^{\mathrm{T}}$ 看作导向矩阵，将矩阵 $\hat{\boldsymbol{\Psi}}^{\mathrm{T}}\tilde{\boldsymbol{\Phi}}^{\mathrm{T}}$ 看作由 K_ν 个源信号组成的源矩阵，可以发现式（5.69）与式（5.49）基本相似，描述了“由 L 个阵元组成的均匀线阵的波达方向估计问题”。矩阵 $\hat{\boldsymbol{\Psi}}^{\mathrm{T}}\tilde{\boldsymbol{\Phi}}^{\mathrm{T}}$ 的第 i 行

表示空间频率为 $f_i = \nu_i T \in (-1/2, 1/2)$ 的源信号，波达信号的快拍数等于单个脉冲周期内压缩采样的个数 M。包含在矩阵 $\hat{\boldsymbol{\Psi}}$ 内的目标时延和反射系数等未知参数，不会影响目标多普勒频率的估计。因此，可采用经典的子空间波达方向估计方法估计出多普勒频率[79, 80]，如 MUSIC 和 ESPRIT 等。与 5.4.2 节中时延估计采用的波束空间波达方向估计方法不同，本小节中多普勒频率估计采用的是阵元空间波达方向估计方法。

式（5.69）定义的波达方向估计模型，如果任意两个不同的多普勒频率上的目标时延不完全相同，源信号矩阵 $\hat{\boldsymbol{\Psi}}^{\mathrm{T}}\tilde{\boldsymbol{\Phi}}^{\mathrm{T}}$ 是行满秩的，可采用经典的子空间波达方向估计方法估计出多普勒频率。但是，在实际雷达场景中，可能存在多个目标具有相同的时延和不同的多普勒频率，式（5.69）中的源信号矩阵 $\hat{\boldsymbol{\Psi}}^{\mathrm{T}}\tilde{\boldsymbol{\Phi}}^{\mathrm{T}}$ 不是行满秩的，致使多普勒频率估计问题变为相干源信号波达方向估计问题。在这种情况下，我们可采用相干源信号预处理技术（如空间平滑技术（spatial smoothing technique）[87]等）实现多普勒频率的估计。

5.5.3　降维最小二乘时延估计方法

在估计出目标多普勒频率参数后，一种直接估计时延 τ_{ij} 和反射系数 $\tilde{\rho}_{ij}$（$i = 1,2,\cdots,K_\nu$，$j = 1,2,\cdots,K_{\nu,i}$）的方法是求解如下的非线性优化问题：

$$\{\hat{\rho}_{ij}, \hat{\tau}_{ij}\} = \arg\min_{\{\tilde{\rho}_{ij}, \tau_{ij}\}} \| \tilde{\boldsymbol{Y}} - \tilde{\boldsymbol{\Phi}}\hat{\boldsymbol{\Psi}}\hat{\boldsymbol{\Theta}} \|_{\mathrm{F}}^2 \tag{5.70}$$

其中，矩阵 $\tilde{\boldsymbol{\Phi}}\hat{\boldsymbol{\Psi}}\hat{\boldsymbol{\Theta}}$ 可表示为 $\tilde{\boldsymbol{\Phi}}\hat{\boldsymbol{\Psi}}\hat{\boldsymbol{\Theta}} = \sum_{i=1}^{K_\nu} \tilde{\boldsymbol{\Phi}}\tilde{\boldsymbol{\psi}}_i \tilde{\boldsymbol{a}}^{\mathrm{T}}(\nu_i)$。对式（5.70）中的矩阵进行向量化处理，式（5.70）可转化为如下问题：

$$\{\hat{\rho}_{ij}, \hat{\tau}_{ij}\} = \arg\min_{\{\tilde{\rho}_{ij}, \tau_{ij}\}} \left\| \operatorname{vec}(\tilde{\boldsymbol{Y}}) - \sum_{i=1}^{K_\nu} \tilde{\boldsymbol{a}}(\nu_i) \otimes \tilde{\boldsymbol{\Phi}} \sum_{j=1}^{K_{\nu,i}} \tilde{\rho}_{ij} \tilde{\boldsymbol{\psi}}(\tau_{ij}) \right\|_2^2 \tag{5.71}$$

可以看出，问题（5.71）是一个特殊的非线性优化问题，不仅包含未知参数也包含未知参数个数，可采用压缩域参数估计方法进行求解[75-77]。但是，还应注意问题（5.71）是一个高维优化问题，直接求解计算复杂度高。本小节将问题（5.71）分解为 K_ν 个子问题，每个子问题的维数为 M，对应于多普勒频率为 ν_i 的目标的时延和反射系数估计，显著地降低了直接求解的计算复杂度。

在式（5.69）中，矩阵 $\hat{\boldsymbol{\Theta}}$ 是一个范德蒙德矩阵，因此它是行满秩的，满足 $\hat{\boldsymbol{\Theta}}\hat{\boldsymbol{\Theta}}^{\dagger} = \boldsymbol{I}$，其中，$\hat{\boldsymbol{\Theta}}^{\dagger} = \hat{\boldsymbol{\Theta}}^{\mathrm{H}}(\hat{\boldsymbol{\Theta}}\hat{\boldsymbol{\Theta}}^{\mathrm{H}})^{-1}$ 是矩阵 $\tilde{\boldsymbol{\Theta}}$ 的穆尔-彭罗斯伪逆。在式（5.68）的两端同时右乘矩阵 $\hat{\boldsymbol{\Theta}}^{\dagger}$，可以得到

$$\tilde{\boldsymbol{Y}}\hat{\boldsymbol{\Theta}}^{\dagger} = \tilde{\boldsymbol{\Phi}}\hat{\boldsymbol{\Psi}}\hat{\boldsymbol{\Theta}}\hat{\boldsymbol{\Theta}}^{\dagger} + \tilde{\boldsymbol{W}}\hat{\boldsymbol{\Theta}}^{\dagger} = \tilde{\boldsymbol{\Phi}}\hat{\boldsymbol{\Psi}} + \tilde{\boldsymbol{W}}\hat{\boldsymbol{\Theta}}^{\dagger} \tag{5.72}$$

定义 $\tilde{\boldsymbol{y}}^{\nu_i}$ 和 $\tilde{\boldsymbol{w}}_{\mathrm{cs}}^{\nu_i}$ 分别是矩阵 $\tilde{\boldsymbol{Y}}\hat{\boldsymbol{\Theta}}^{\dagger}$ 和矩阵 $\tilde{\boldsymbol{W}}\hat{\boldsymbol{\Theta}}^{\dagger}$ 的第 i 列，同时注意式（5.65）和式（5.66），则可以将式（5.72）分解成 K_ν 个独立的方程：

$$\tilde{\boldsymbol{y}}^{\nu_i}=\tilde{\boldsymbol{\Phi}}\tilde{\boldsymbol{\psi}}_i+\tilde{\boldsymbol{w}}_{\mathrm{cs}}^{\nu_i}=\sum_{j=1}^{K_{\nu,i}}\tilde{\rho}_{ij}\tilde{\boldsymbol{\Phi}}\tilde{\boldsymbol{\psi}}(\tau_{ij})+\tilde{\boldsymbol{w}}_{\mathrm{cs}}^{\nu_i},\quad i=1,2,\cdots,K_\nu \tag{5.73}$$

这就是说，向量 $\tilde{\boldsymbol{y}}^{\nu_i}$ 是向量 $\tilde{\boldsymbol{\psi}}_i$ 在测量噪声为 $\tilde{\boldsymbol{w}}_{\mathrm{cs}}^{\nu_i}$ 环境下的压缩测量。因此，问题（5.71）可转化为分别独立地求解 K_ν 个子问题：

$$\{\hat{\rho}_{ij},\hat{\tau}_{ij}\}=\arg\min_{\{\tilde{\rho}_{ij},\tau_{ij}\}}\left\|\tilde{\boldsymbol{y}}^{\nu_i}-\sum_{j=1}^{K_{\nu,i}}\tilde{\rho}_{ij}\tilde{\boldsymbol{\Phi}}\tilde{\boldsymbol{\psi}}(\tau_{ij})\right\|_2^2,\quad i=1,2,\cdots,K_\nu \tag{5.74}$$

与问题（5.71）相比，问题（5.74）中测量信号的维数降低了 L 倍，可显著地降低计算复杂度。

式（5.74）的分解求解策略就是第 4 章中 CoSaPD 方法的时延估计方法。其实，当所有目标的多普勒频率都在离散奈奎斯特采样网格上时，矩阵 $\hat{\boldsymbol{\Theta}}$ 是一个部分傅里叶矩阵，式（5.68）右乘矩阵 $\hat{\boldsymbol{\Theta}}^{\dagger}$ 等同于按行进行离散傅里叶变换，在这种情况下，式（5.73）就是 CoSaPD 方法通过对矩阵 $\tilde{\boldsymbol{Y}}$ 按行进行离散傅里叶变换得到的。当目标的多普勒频率不在离散网格上时，矩阵 $\hat{\boldsymbol{\Theta}}$ 不再是一个部分傅里叶矩阵，可采用式（5.73）的方式进行分解处理。

需要指出的是，除了能够进行降维分解处理，式（5.72）还可有效提高式（5.73）中测量向量 $\tilde{\boldsymbol{\Phi}}\tilde{\boldsymbol{\psi}}_i$ 的信噪比。定义 $\tilde{\boldsymbol{b}}(\nu_i)$ 为矩阵 $\hat{\boldsymbol{\Theta}}^{\dagger}$ 的第 i 列，对于每个多普勒频率 ν_i，根据 $\hat{\boldsymbol{\Theta}}\hat{\boldsymbol{\Theta}}^{\dagger}=\boldsymbol{I}$，可以得到

$$\tilde{\boldsymbol{a}}(\nu_i)^{\mathrm{T}}\tilde{\boldsymbol{b}}(\nu_j)=\begin{cases}1, & i=j\\0, & i\neq j\end{cases} \tag{5.75}$$

定义正交投影矩阵 $\tilde{\boldsymbol{P}}_i=\boldsymbol{I}_N-\tilde{\boldsymbol{\Theta}}_i(\tilde{\boldsymbol{\Theta}}_i^{\mathrm{H}}\tilde{\boldsymbol{\Theta}}_i)^{-1}\tilde{\boldsymbol{\Theta}}_i^{\mathrm{H}}$，其中

$$\tilde{\boldsymbol{\Theta}}_i=[\tilde{\boldsymbol{a}}(\nu_1),\cdots,\tilde{\boldsymbol{a}}(\nu_{i-1}),\tilde{\boldsymbol{a}}(\nu_{i+1}),\cdots,\tilde{\boldsymbol{a}}(\nu_{K_\nu})]\in\mathbb{C}^{L\times(K_\nu-1)}$$

则根据式（5.75），可以得到

$$\tilde{\boldsymbol{b}}(\nu_i)=\frac{\tilde{\boldsymbol{P}}_i^{*}\tilde{\boldsymbol{a}}(\nu_i)^{*}}{\tilde{\boldsymbol{a}}(\nu_i)^{\mathrm{T}}\tilde{\boldsymbol{P}}_i^{*}\tilde{\boldsymbol{a}}(\nu_i)^{*}} \tag{5.76}$$

根据 $\tilde{\boldsymbol{w}}_{\mathrm{cs}}^{\nu_i}$ 的定义，可得

$$\tilde{\boldsymbol{w}}_{\mathrm{cs}}^{\nu_i}=\frac{\tilde{\boldsymbol{W}}\tilde{\boldsymbol{P}}_i^{*}\tilde{\boldsymbol{a}}(\nu_i)^{*}}{\tilde{\boldsymbol{a}}(\nu_i)^{\mathrm{T}}\tilde{\boldsymbol{P}}_i^{*}\tilde{\boldsymbol{a}}(\nu_i)^{*}} \tag{5.77}$$

则噪声 $\tilde{\boldsymbol{w}}_{\mathrm{cs}}^{\nu_i}$ 的功率为 $\mathbb{E}(\|\tilde{\boldsymbol{w}}_{\mathrm{cs}}^{l}\|_2^2\|\tilde{\boldsymbol{P}}_i\tilde{\boldsymbol{a}}(\nu_i)\|_2^2/|\tilde{\boldsymbol{a}}(\nu_i)^{\mathrm{T}}\tilde{\boldsymbol{P}}_i^{*}\tilde{\boldsymbol{a}}(\nu_i)^{*}|^2)$。对于多普勒频率相同的同一组目标而言，式（5.64）和式（5.73）中的压缩测量向量 $\tilde{\boldsymbol{\Phi}}\tilde{\boldsymbol{\psi}}_i$ 具有相同的功率。因此，对式(5.72)进行分解处理后，信噪比改善倍数为 $|\tilde{\boldsymbol{a}}(\nu_i)^{\mathrm{T}}\tilde{\boldsymbol{P}}_i^{*}\tilde{\boldsymbol{a}}(\nu_i)^{*}|^2/\|\tilde{\boldsymbol{P}}_i\tilde{\boldsymbol{a}}(\nu_i)\|_2^2\leqslant L$。当所有目标的多普勒频率都在奈奎斯特采样离散网格上时，所

有的 $\tilde{\boldsymbol{a}}(\nu_i)$ 之间是相互正交的，$\tilde{\boldsymbol{P}}_i=\boldsymbol{I}_N$，$|\tilde{\boldsymbol{a}}(\nu_i)^{\mathrm{T}}\tilde{\boldsymbol{P}}_i^*\tilde{\boldsymbol{a}}(\nu_i)^*|^2/\|\tilde{\boldsymbol{P}}_i\tilde{\boldsymbol{a}}(\nu_i)\|_2^2=L$，这与 CoSaPD 方法中的结果一致。在 CoSaPD 方法中，按行进行离散傅里叶变换等效于在多普勒域采用匹配滤波器 $\tilde{\boldsymbol{a}}(\nu_i)^*$ 进行处理。因此，对式（5.72）的分解处理具有类似的功能。当目标的多普勒频率不在离散网格上时，匹配滤波器 $\tilde{\boldsymbol{a}}(\nu_i)^*$ 受到一个额外的预处理 $\tilde{\boldsymbol{P}}_i^*/(\tilde{\boldsymbol{a}}(\nu_i)^{\mathrm{T}}\tilde{\boldsymbol{P}}_i^*\tilde{\boldsymbol{a}}(\nu_i)^*)$，从而导致一定的信噪比改善倍数的损失。

5.5.4　算法实现和计算复杂度分析

本节讨论的 OffSeDoD 方法，采用空域谱估计和最小二乘算法实现目标速度和距离的序贯估计。任何相关的空域谱估计技术都可以用来估计目标的多普勒频率。本节以 ESPRIT 算法[88]为例实现目标的多普勒频率估计。但是，在距离估计方面，式（5.74）定义的非线性最小二乘问题，不仅目标时延和反射系数是未知的，同时目标的个数（也就是式（5.74）的最小二乘阶数）也是未知的。因此，传统的最小二乘算法不能够直接用于求解式（5.74）。正如 2.3 节讨论的，在压缩感知领域，人们提出了多种不同的求解方法，如贪婪类算法和凸松弛类算法等。本节采用 5.3 节介绍的 PPOMP 算法[77]实现目标时延的估计。OffSeDoD 方法计算流程如表 5.3 所示。

表 5.3　OffSeDoD 方法计算流程

输入：
雷达参数、测量矩阵和采样数据 $\tilde{\boldsymbol{Y}}$。
计算：
（1）根据 $\tilde{\boldsymbol{Y}}$，形成等效线阵测量数据 $\tilde{\boldsymbol{Y}}^{\mathrm{T}}$；
（2）根据 $\tilde{\boldsymbol{Y}}^{\mathrm{T}}$，采用阵元空间波达方向估计技术，获得多普勒频率的估计 $\hat{\nu}_i$（$i=1,\cdots,K_\nu$）；
（3）根据 $\tilde{\boldsymbol{Y}}$ 和 $\hat{\nu}_i$，形成 K_ν 个降维压缩测量（5.73）；
（4）采用压缩域参数估计技术，求解式（5.74）获得时延的估计 $\hat{\tau}_{ij}$（$i=1,\cdots,K_\nu$，$j=1,\cdots,K_{\nu,i}$）。
输出：
目标距离和速度。

ESPRIT 算法用于目标速度估计的计算复杂度为 $\mathcal{O}(ML^2+L^3)$[88]。在估计时延时，我们首先根据式（5.72）的分解处理从数据矩阵 $\tilde{\boldsymbol{Y}}$ 中提取出所有的 $\tilde{\boldsymbol{y}}^{\nu_i}$，其对应的计算复杂度为 $\mathcal{O}(KLM+K^2L+K^3)$；而对于每个 $\tilde{\boldsymbol{y}}^{\nu_i}$，求解问题（5.74）的计算复杂度为 $\mathcal{O}(PMN)$，其中，P 是 PPOMP 算法中非线性优化子问题的最大迭代次数。因此，OffSeDoD 方法的计算复杂度为 $\mathcal{O}(ML^2+L^3)+\mathcal{O}(KLM+K^2L+K^3)+\mathcal{O}(K_\nu PMN)$。对于正交压缩采样雷达或其他压缩采样雷达，$K<$

$L < P \ll M < N$。在极端情况下，即任意两个目标的时延和多普勒频率均不相同的情况，问题（5.74）需要求解K次，$K_v = K$。因此，OffSeDoD 方法的计算复杂度约为$\mathcal{O}(KPMN)$。

与 5.4 节的 OffSeDeD-1 和 OffSeDeD-2 计算复杂度（分别为$\mathcal{O}(N^3)$和$\mathcal{O}(DMN^2)$，$K < D < L$）相比，本节 OffSeDoD 方法的计算复杂度显著下降。

5.6　目标参数序贯估计方法性能仿真

本节仿真分析了 OffSeDeD 方法、OffSeDoD 方法、PPOMP 算法以及 CoSaPD 方法的目标估计性能，分别从估计精度、分辨性能和计算时间（复杂度）三个方面进行了仿真实验。

雷达仿真参数如 4.4.3 节所述。雷达发射信号为线性调频信号，载频$F_{\mathrm{RF}} = 10\mathrm{GHz}$，信号带宽$B = 100\mathrm{MHz}$，脉冲宽度$T_{\mathrm{b}} = 10^{-5}\mathrm{s}$，脉冲重复间隔$T = 10^{-4}\mathrm{s}$，相关处理间隔$L = 100$。对应这些雷达参数，雷达回波信号的不模糊时延和多普勒区域分别为$0 \sim 90\mu\mathrm{s}$和$-5 \sim 5\mathrm{kHz}$，时延分辨率τ_{res}和多普勒分辨率ν_{res}分别为$0.01\mu\mathrm{s}$和$0.1\mathrm{kHz}$。除非特别说明，仿真目标的时延和多普勒频率随机均匀分布在区间$(0,10)\mu\mathrm{s}$和$(-5,5)\mathrm{kHz}$内，反射系数幅度相同，相位随机均匀分布于$(0, 2\pi]$内。对于正交压缩采样系统，扩频序列$p(t)$由变化间隔为$1/B$的随机二相码组成；带通滤波器是带宽为$B_{\mathrm{cs}} = 25\mathrm{MHz}$的理想滤波器，对应的采样速率为$1/4$奈奎斯特采样率。

在雷达参数估计精度仿真实验中，采用相对根均方误差（rRMSE）来度量算法的估计性能。令$\hat{\tau}_k$和$\hat{\nu}_k$分别为第k个目标时延和多普勒频率的估计值，时延和多普勒频率的 rRMSE 分别为

$$\mathrm{rRMSE}_{\tau} = \frac{1}{\tau_{\mathrm{res}}}\sqrt{\frac{1}{K}\sum_{k=1}^{K}(\hat{\tau}_k - \tau_k)^2}$$

$$\mathrm{rRMSE}_{\nu} = \frac{1}{\nu_{\mathrm{res}}}\sqrt{\frac{1}{K}\sum_{k=1}^{K}(\hat{\nu}_k - \nu_k)^2}$$

对于K个目标的雷达场景，我们将估计出的所有目标中K个幅度最大的目标参数作为估计值。

图 5.2 给出了本章讨论方法的 rRMSE 随目标 SNR 变化曲线，其中，目标个数为 10。从图 5.2 可以看出，本章提出的参数估计方法与 CoSaPD 方法相比，显著提升了估计精度。其中，OffSeDeD-1 中时延和多普勒频率估计均采用参

数化谱估计技术，因此具有最好的估计精度；OffSeDeD-2 中时延估计采用谱 MUSIC 方法实现，估计精度由 MUSIC 谱搜索时的时延间隔决定；OffSeDoD 中时延估计采用压缩域一维参数估计方法实现（本节仿真中采用的是 PPOMP 算法），其估计精度受到数值算法终止条件的影响。为了便于比较，图 5.2 还给出了 PPOMP 同时进行时延-多普勒频率参数估计时的性能，以及基于式（5.31）计算的 CRLB。可以看出本章提出的参数序贯估计方法与参数同时估计方法的估计精度相当，且接近于时延-多普勒频率参数估计的 CRLB。应当指出，与同时估计方法相比，由于子空间类谱估计技术的信噪比门限效应影响，序贯估计方法的抗噪声性能有所下降。

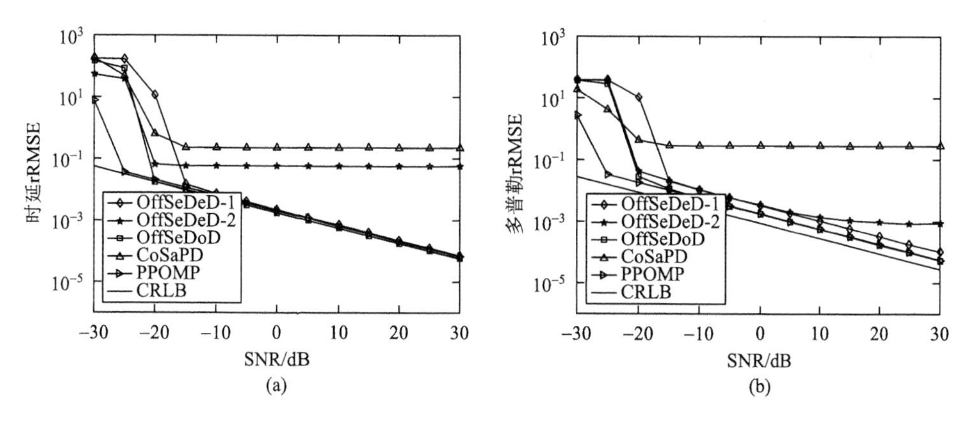

图 5.2　不同算法的压缩域时延和多普勒频率估计性能

（a）压缩域时延；（b）多普勒频率

图 5.3 仿真分析了上述方法分辨两个相邻目标的能力，其中，假设两个目标的 SNR 均为 20dB。图 5.3（a）在两个目标具有相同的多普勒频率情况下，给出了 rRMSE_τ 随两个目标的归一化时延间隔 $|\tau_1-\tau_2|/\tau_{\mathrm{res}}$ 的变化情况。其中，目标的多普勒频率和第一个目标的时延随机产生。可以看出，OffSeDeD-1 方法具有高的目标时延分辨能力，这是因为该方法中采用了具有高分辨能力的波束空间求根 MUSIC 进行实验估计。与之不同的是，OffSeDeD-2 的时延分辨能力受到波束空间谱 MUSIC 方法的限制，当目标时延间隔小于 $\tau_{\mathrm{res}}/2$ 时，难以在 MUSIC 谱上出现两个谱峰；而 OffSeDoD 的时延分辨能力受到了 PPOMP 算法的限制。由图 5.3 可以看出，PPOMP 的参数分辨能力较低，OffSeDoD 仅采用 PPOMP 算法估计时延，部分减轻了该算法对分辨能力的影响；CoSaPD 的时延分辨能力由离散网格间隔决定。图 5.3（b）假定两个目标具有相同的时延，给出了 rRMSE_ν 随两个目标的归一化多普勒频率间隔 $|\nu_1-\nu_2|/\nu_{\mathrm{res}}$ 的变化情况。与

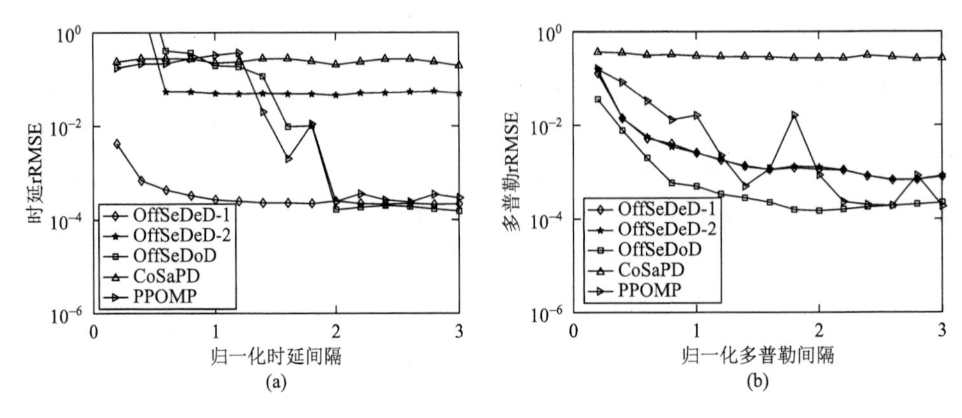

图 5.3　不同算法对两个相邻目标的时延分辨性能和多普勒频率分辨性能

（a）时延性能；（b）多普勒频率性能

时延估计不同，本章提出的方法均具有较好的多普勒频率分辨能力，这是因为 OffSeDeD-1、OffSeDeD-2 和 OffSeDoD 均采用参数化谱估计技术估计多普勒频率。同样地，CoSaPD 的多普勒分辨能力由离散网格间隔决定。

在计算复杂度方面，分析比较了各种方法的 CPU 计算时间。算法的仿真环境为 64 位 MATLAB 2011b，采用的计算机配置为 Intel(R)Xeon(R)Gold 5120 2.20GHz CPU 和 128 GB RAM。图 5.4 给出了不同算法的 CPU 计算时间随目标个数的变化关系，其中，SNR 为 20dB。从图中可以看出，OffSeDoD 的 CPU 计算时间最少，由于其调用 PPOMP 的次数由目标个数决定，OffSeDoD 的计算时间随目标个数线性增长；CoSaPD 和 PPOMP 的计算时间也均与目标个数有

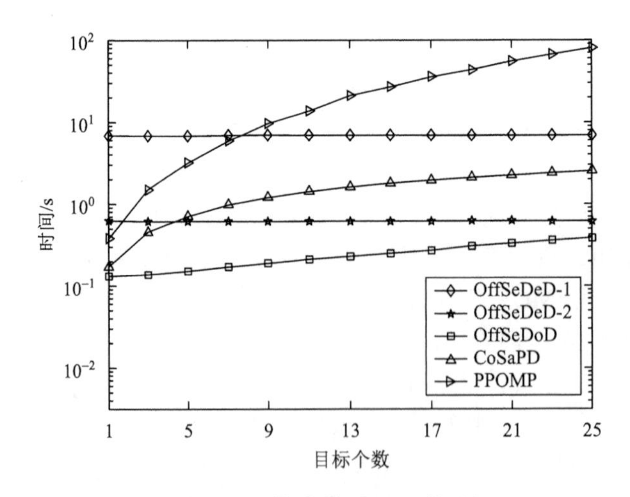

图 5.4　不同算法的 CPU 计算时间

关，随着目标个数的增加而增加。与此不同的是，OffSeDeD-1 和 OffSeDeD-2 的 CPU 计算时间与目标个数无关，由 5.4 节的理论分析可知，这两种算法的计算复杂度取决于压缩采样个数、脉冲个数和奈奎斯特采样个数。

上述分析表明，在所提出的序贯估计方法中，OffSeDoD 和 OffSeDeD-2 具有低的计算复杂度，在目标个数较多的情况下低于 CoSaPD；OffSeDeD-1 的计算复杂度较高，但具有高的参数估计精度和分辨能力。在实际使用中，可根据应用需求选择不同的参数序贯估计方法。

5.7　本 章 小 结

本章主要讨论了正交压缩采样脉冲多普勒雷达非网格上目标参数估计问题。首先，建立了非网格上目标回波参数化稀疏表示及其压缩测量模型，并推导了时延-多普勒频率参数的 CRLB，为参数估计方法的性能评估提供了理论基准。然后，根据目标的不同分组方式，分别给出了目标时延-多普勒和多普勒-时延参数序贯估计方法。这些方法的显著特点是采用了空域/时域谱估计技术实现相应的参数估计，极大地提高了目标参数估计精度和目标分辨能力，同时降低了目标参数同时估计的计算量。最后，通过计算机仿真实验证明了本章方法的正确性和有效性。

雷达目标参数估计是雷达信号处理的基本问题；与其他雷达信号处理问题相结合[90-92]，可发展雷达信号处理问题的新方法和新技术。本章方法可以非常方便地融入雷达成像、目标跟踪等应用领域。应当指出，本章的方法及理论分析是基于正交压缩采样系统发展起来的。但是，本章讨论的序贯估计方法也可以应用到其他类型的模信转换系统，相关讨论可参考文献[57]、[58]。

参考文献

[1] Richards M A. Fundamentals of Radar Signal Processing. 2nd ed. New York：McGraw-Hill Education，2014.

[2] Peebles P Z. Radar Principles. New York：John Wiley & Sons，Inc.，1998.

[3] Mahafza B R. Radar Systems Analysis and Design Using MATLAB. 3rd ed. London：Taylor & Francis Group，2013.

[4] Weiss L G. Wavelets and wideband correlation processing. IEEE Signal Processing Magazine，1994，11（1）：13-32.

[5] Levanon N，Mozeson E. Radar Signals. New York：John Wiley & Sons，Inc.，2004.

[6] Jr Brown J L. On quadrature sampling of bandpass signals. IEEE Transactions on Aerospace and Electronic Systems，1979，AES-15（3）：366-371.

[7] Kay S M. Fundamentals of Statistical Signal Processing：Detection Theory. New York：Prentice Hall，1993.

[8] Mitra S K. Digital Signal Processing：A Computer-based Approach. 2nd ed. New York：McGraw-Hill，2001.

[9] Vaughan R G，Scott N L，White D R. The theory of bandpass sampling. IEEE Transactions on Signal Processing，1991，39（9）：1973-1984.

[10] Leclere J，Jr Landry R，Botteron C. How does one compute the noise power to simulate real and complex GNSS signals. InsideGNSS，2016.

[11] Prony R. Essai experimental et analytique sure les lois de la Dilatanilite des fluiodes elastiques et sur celles de la Force expansive de la vapeur de I'eau et de la vapeur de I'alkool a differentes temperatures. Journal of l'Ecole Ploytechnique，Floreal et Prairial III，1795，1（2）：24-76.

[12] Caratheodory C. Uber den Variabilitatsbereich der Fourierschen Konstanten von positive harmonischen Funkionene. Rendiconti Del Circolo Matematico Di Palermo，1911，32：193-217.

[13] Rao B. Signal processing in the sparseness constraint. Proceedings of IEEE International Conference Acoustics Speech，and Signal Processing（ICASSP），Seattle，1998：1861-1864.

[14] Feng P，Bresler Y. Spectrum-blind minimum-rate sampling and reconstruc-tion of multiband signals. Proceedings of IEEE International Conference Acoustics，Speech，and Signal Processing（ICASSP），Atlanta，1996.

[15] Vetterli M，Marziliano P，Blu T. Sampling signals with finite rate of innovation. IEEE Transactions on Signal Processing，2002，50（6）：1417-1428.

[16] Candes E，Romberg J，Tao T. Robust uncertainty principles：Exact signal reconstruction from highly incomplete frequency information. IEEE Transactions on Information Theory，2006，52（2）：489-509.

[17] Candes E，Romberg J，Tao T. Stable signal recovery from incomplete and inaccurate measurements. Communications Pure and Application Mathematics，2006，59（8）：1207-1223.

[18] Donoho D. Compressed sensing. IEEE Transaction on Information Theory，2006，52（4）：1289-1306.

[19] Elad E. Sparse and Redundant Representations. New York：Springer，2010.

[20] Davenport M. Random Observations on Random Observations：Sparse Signal Acquisition and Processing. Houston：Rice University，2010.

[21] Foucart S，Rauhut H. A Mathematical Introduction to Compressive Sensing. New York：Springer，2013.

[22] Candes E，Tao T. Decoding by linear programming. IEEE Transactions on Information Theory，2005，51（12）：4203-4215.

[23] Donoho D，Elad E. Optimally sparse representation in general（nonortho-gonal）dictionaries via l1 optimization. Proceedings of the National Academy of Sciences，2003，100（5）：2197-2202.

[24] Rosenfeld M. In praise of the Gram matrix//The Mathematics of Paul Erdos II. Berlin：Springer，1996：318-323.

[25] Cohen A，Dahmen W，DeVore R. Compressed sensing and best k-term approximation. Journal of the American Mathmatical Society，2009，22（1）：211-231.

[26] Herman M，Strohmer T. High-resolution radar via compressed sensing. IEEE Transactions on Signal Processing，2009，57（6）：2275-2284.

[27] de Vore R. Deterministic constructions of compressed sensing matrices. Journal of Complex，2007，23（4）：918-925.

[28] Vershynin R. Introduction to the non-asymptotic analysis of random matrices//Compressed Sensing：Theory and Applications. Cambridge：Cambridge University Press，2011.

[29] Tropp J，Wright S. Computational methods for sparse solution of linear inverse problems. Proceedings of IEEE，2010，98（6）：948-958.

[30] Chen S，Donoho D，Saunders M. Atomic decomposition by basis pursuit. SIAM Journal of Scientific Computation，1998，20（1）：33-61.

[31] Grant M，Boyd S. CVX：MATLAB software for disciplined convex programming（web page and software）. http://stanford.edu/～boyd/cvx[2008-03].

[32] van den Berg E，Friedlander M P. SPGL1：A solver for large-scale sparse reconstruction. https://friedlander.io/spgl1/[2007-06].

[33] https://github.com/tiepvupsu/FISTA.

[34] Mallat S G，Zhang Z. Matching pursuit with time-frequency dictionaries. IEEE Transactions on Signal Processing，1993，41（12）：3397-3415.

[35] Cai T T，Wang L. Orthogonal matching pursuit for sparse signal recovery with noise. IEEE

Transactions on Information Theory，2011，57（7）：4680-4688.

[36] Needell D，Tropp J. CoSaMP：Iterative signal recovery from incomplete and inaccurate samples. Applied Computation Harmonic Analysis，2008，26（3）：301-321.

[37] Dai W，Milenkovic O. Subspace pursuit for compressive sensing signal reconstruction. IEEE Transactions on Information Theory，2009，55（5）：2230-2249.

[38] Chen C，Cheng Z，Liu C，et al. A blind stopping condition for orthogonal matching pursuit with applications to compressive sensing radar. Signal Processing，2019，165：331-342.

[39] Donoho D，Elad E，Temlyahov V. Stable recovery of sparse overcomplete representations in the presence of noise. IEEE Transactions on Information Theory，2006，52（1）：6-18.

[40] Ragheb T，Kirolos S，Laska J，et al. Implementation models for analog-to-information conversion via random sampling. The 50th Midwest Symposium on Circuits and Systems，2007：325-328.

[41] Tropp J A，Wakin M B，Duarte M F，et al. Random filters for compressive sampling and reconstruction. Proceedings of IEEE International Conference Acoustics，Speech，and Signal Processing（ICASSP），Toulouse，2006：872-875.

[42] Tropp J A，Laska J N，Duarte M F，et al. Beyond Nyquist：Efficient sampling of sparse bandlimited signals. IEEE Transactions on Information Theory，2010，56（1）：520-544.

[43] Mishali M，Eldar Y C. From theory to practice：Sub-Nyquist sampling of sparse wideband analog signals. IEEE Journal of Selected Topics in Signal Processing，2010，4（2）：375-391.

[44] Xi F，Chen S Y，Liu Z. Quadrature compressive sampling for radar signals. IEEE Transactions on Signal Processing，2014，62（11）：2787-2802.

[45] Juhwan Y，Turnes C，Nakamura E，et al. A compressed sensing parameter extraction platform for radar pulse signal acquisition. IEEE Journal on Emerging and Selected Topics in Circuits and Systems，2012，2（3）：626-638.

[46] Mishali M，Eldar Y C，Elron A J. Xampling：Signal acquisition and processing in union of subspace. IEEE Transactions on Signal Processing，2011，59（10）：4719-4734.

[47] Tang G G，Bhaskar B N，Shah P，et al. Compressed sensing off the grid. IEEE Transactions on Information Theory，2013，59（11）：7465-7490.

[48] Tan Z，Yang P，Nehorai A. Joint sparse recovery method for compressed sensing with structured dictionary mismatches. IEEE Transactions on Signal Processing，2014，62（19）：4997-5008.

[49] Xi F，Chen S Y，Liu Z. Quadrature compressive sampling for radar echo signals. Proceedings of International Conference on Wireless Communication and Signal Processing（WCSP），Nanjing，2011.

[50] Xi F，Chen S Y，Liu Z. Quadrature compressive sampling for radar signals：Output noise and robust reconstruction. IEEE China Summit & International Conference on Signal and Information Processing（ChinaSIP），Xi'an，2014.

[51] 刘中，陈胜垚. 正交压缩采样系统时域分析. 南京：南京理工大学，2020.

[52] Zhang S，Xi F，Chen S，et al. Segment-sliding reconstruction of pulsed radar echoes with

sub-Nyquist sampling. Proceedings of IEEE International Conference on Acoustics，Speech and Signal Processing（ICASSP），2016：4603-4607.

[53] Zhang S，Xi F，Chen S，et al. Segment-sliding reconstruction of pulsed radar echoes with sub-Nyquist sampling. Science China Information Sciences，2016，59（12）：122309.

[54] Liu C，Xi F，Chen S Y，et al. A Pulse-Doppler signal processing scheme for quadrature compressive sampling radar. 2014 19th International on Conference on Digital Signal Processing（DSP2014），Hong Kong，2014.

[55] Liu C，Xi F，Chen S Y，et al. Pulse-Doppler signal processing with quadrature compressive sampling. IEEE Transactions on Aerospace and Electronic Systems，2015，51（2）：1216-1230.

[56] Xi F，Chen S，Zhang Y，et al. Gridless quadrature compressive sampling with interpolated array technique. Signal Processing，2017，133：1-12.

[57] Chen S，Xi F，Liu Z. A general sequential delay-Doppler estimation scheme for sub-Nyquist pulse-Doppler radar. Signal Processing，2017，135：210-217.

[58] Chen S，Xi F，Liu Z. A general and yet efficient scheme for sub-Nyquist radar processing. Signal Processing，2018，142：206-211.

[59] Yang H，Chen S，Xi F，et al. Quadrature compressive sampling SAR imaging. IEEE International Geoscience and Remote Sensing Symposium，2018：5847-5850.

[60] Yang H，Chen C，Chen S，et al. Sub-Nyquist SAR via quadrature compressive sampling with independent measurements. Remote Sensing，2019，11（4）：472.

[61] Chen S，Xi F，Liu Z，et al. Quadrature compressive sampling of multiband radar signals at sub-Landau rate. IEEE International Conference Digital Signal Processing（DSP），2015：234-238.

[62] Chen S，Cheng Z，Yang H，et al. Sub-Nyquist sampling with independent measurements. Signal Processing，2020，170：107435.

[63] Haque T，Yazicigil R T，Pan J L，et al. Theory and design of a quadrature analog-to-information converter for energy-efficient wideband spectrum sensing. IEEE Transactions on Circuits Systems I，Regular Papers，2015，62（2）：527-534.

[64] Shi G，Lin J，Chen X，et al. UWB echo signal detection with ultra-low rate sampling based on compressed sensing. IEEE Transactions on Circuits Systems II，Express Briefs，2008，55（4）：379-383.

[65] Ho K C，Chan Y T，Inkol R. A digital quadrature demodulation system. IEEE Transactions on Aerospace and Electronic Systems，1996，32（4）：1218-1227.

[66] Baraniuk R，Davenport M，deVore R，et al. A simple proof of the restricted isometry property for random matrices. Constructive Approximation，2008，28（3）：253-263.

[67] Zhang P，Gan L，Sun S，et al. Modulated unit-norm tight frames for compressed sensing. IEEE Transactions on Signal Processing，2015，63（15）：3974-3985.

[68] Tropp J A，Dhillon I S，Heath R W，et al. Designing structured tight frames via an alternating projection method. IEEE Transactions on Information Theory，2005，51（1）：188-209.

[69] Arias-Castro E，Eldar Y C. Noise folding in compressed sensing. IEEE Signal Processing Letters，2011，18（8）：478-481.

[70] Chi Y J，Scharf L L，Pezeshki A，et al. Sensitivity to basis mismatch in compressed sensing. IEEE Transactions on Signal Processing，2011，59（5）：2182-2195.

[71] Fannjiang A，Tseng H C. Compressive radar with off-grid and extended targets. https://www.math.ucdavis.edu/～fannjiang/home/papers/cs-radar.pdf[2012].

[72] Bar-Ilan O，Eldar Y C. Sub-Nyquist radar via Doppler focusing. IEEE Transactions on Signal Processing，2014，62（7）：1796-1811.

[73] Davenport M A，Boufounos P T，Wakin M B，et al. Signal processing with compressive measurements. IEEE Journal of Selected Topices in Signal Processing，2010，4：445-460.

[74] Davenport M A，Duarte M F，Wakin M B，et al. The smashed filter for compressive classification and target recognition. Proceedings of SPIE 6498，Computational Imaging V，64980H，2007，doi：10.1117/12.714460.

[75] Ekanadham C，Tranchina D，Simoncelli E P. Recovery of sparse translation-invariant signals with continuous basis pursuit. IEEE Transactions on Signal Processing，2011，59（10）：4735-4744.

[76] Fyhn K，Duarte M F，Jensen S H. Compressive parameter estimation for sparse translation-invariant signals using polar interpolation. IEEE Transactions on Signal Processing，2015，63（4）：870-881.

[77] Teke O，Gurbuz A C，Arikan O. Arobust compressive sensing based technique for reconstruction of sparse radar scenes. Digital Signal Processing，2014，27（4）：23-32.

[78] Bajwa W U，Gedalyahu K，Eldar Y C. Identification of parametric underspread linear systems and super-resolution radar. IEEE Transactions on Signal Processing，2011，59（6）：2548-2561.

[79] Manolakis D G，Ingle V K，Kogon S M. Statistical and Adaptive Signal Processing. Boston：Artech House，Inc.，2005.

[80] Stoica P，Moses R L. Spectral Analysis of Signals，Upper Saddle River. New York：Prentice-Hall，2005.

[81] Chen S，Xi F. Cramer-Rao bounds for the joint delay-Doppler estimation of compressive sampling pulse-Doppler radar. Journal of Systems Engineering Electronics，2018，29（1）：58-66.

[82] Golub G H，van Loan C F. Matrix Computations. 2nd ed. Baltimore：The Johns Hopkins University Press，1989.

[83] Stoica P，Nehorai A. Comparative performance study of element-space and beam-space MUSIC estimators. Circuits Systems and Signal Processing，1991，10（3）：285-295.

[84] Zoltowski M D，Kautz G M，Silverstein S D. Beamspace root-MUSIC. IEEE Transactions on Signal Processing，1993，41（1）：344-364.

[85] Xu G，Silverstein S D，Roy R H，et al. Beamspace ESPRIT. IEEE Transactions on Signal Processing，1994，42（2）：349-356.

[86] Shan T J，Wax M，Kailath T. On spatial smoothing for direction-of-arrival estimation of coherent signals. IEEE Transactions on Acoustics Speech，Signal Processing，1985，33(4)：806-811.

[87] Friedlander B，Weiss A. Direction finding using spatial smoothing with interpolated arrays. IEEE Transactions on Aerospace and Electronic Systems，1992，28（2）：574-587.

[88] Roy R，Kailath T. ESPRIT-estimation of signal parameters via rotational invariance techniques. IEEE Transactions on Acoustics Speech，Signal Processing，1989，37（7）：984-995.

[89] Press W H，Teukolsky S A，Vetterling W T，et al. Numerical Recipes：The Art of Scientific Computing. 3rd ed. Cambridge：Cambridge University Press，2007.

[90] 杨俊刚，黄晓涛，金添. 压缩感知雷达成像. 北京：科学出版社，2014.

[91] 刘振，魏玺章. 调制压缩感知雷达信号设计与处理. 北京：科学出版社，2015.

[92] de Maio A，Eldar Y C，Haimovich A M，et al. Compressed Sensing in Radar Signal Processing. Cambridge：Cambridge University Press，2020.

附录 A　脉冲压缩波形

雷达波形设计是雷达信号处理研究的一个重要方面，它与雷达处理性能密切相关。有关雷达波形和设计方面的知识，可参考经典的雷达著作[5]。在本附录中，介绍两种典型的雷达波形，即线性调频信号和相位编码信号。

A.1　线性调频脉冲压缩波形

基带线性调频脉冲信号定义为

$$x(t)=\cos\left(\pi\frac{B}{T_b}t^2\right),\quad 0\leqslant t\leqslant T_b \tag{A.1}$$

其中，B 是信号带宽；T_b 是脉冲宽度。式（A.1）的复数形式为

$$x(t)=\exp\left(j\pi\frac{B}{T_b}t^2\right)=\exp(j\phi(t)),\quad 0\leqslant t\leqslant T_b \tag{A.2}$$

线性调频的瞬时频率是式（A.2）中相位 $\phi(t)$ 的导数：

$$f(t)=\frac{1}{2\pi}\frac{d\phi(t)}{dt}=\frac{B}{T_b}t,\quad 0\leqslant t\leqslant T_b \tag{A.3}$$

瞬时频率随时间呈线性变化关系，如图 A.1（a）所示，其变化斜率 B/T_b 称为斜坡率或扫描率。线性调频脉冲信号时域波形如图 A.1（b）所示。

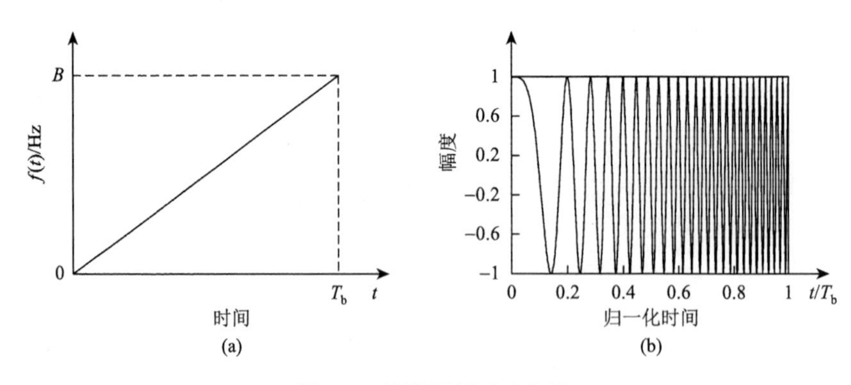

图 A.1　线性调频脉冲信号

（a）瞬时频率；（b）时域波形（实部）；$BT_b=50$

线性调频脉冲信号时域形式简单，但是却难以给出其傅里叶谱的闭式形式。业已证明，当时宽带宽积足够大（如 $T_b B > 20$）时，线性调频信号具有平坦谱结构和良好的自相关特性，如图 A.2 所示，其瑞利分辨率接近 $1/B$。因此，与简单脉冲信号相比，分辨率提高了 $T_b B$ 倍。

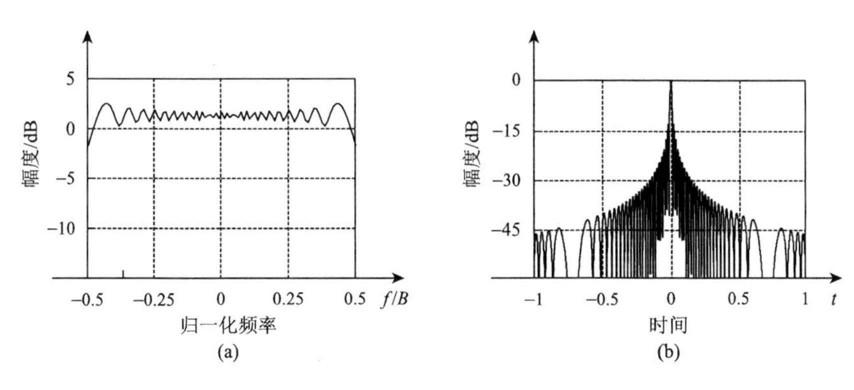

图 A.2　线性调频脉冲信号

（a）频谱；（b）自相关函数；$BT_b = 50$

A.2　相位编码脉冲压缩波形

对给定的宽度为 T_b 的脉冲，可将其划分为 N 个宽度为 τ_{chip} 的子脉冲（$T_b = N\tau_{chip}$），如图 A.3 所示。当按照一定的规律设计子脉冲的相位分布时，所获得的波形称为相位编码波形。子脉冲也称为码片。记每个码片的编码相位为 ϕ_n，则每个脉冲的复幅度为 $\tilde{a}_n = \exp(\mathrm{j}\phi_n)$，$\{\tilde{a}_n\}$ 称为编码序列，在数学上可表述为

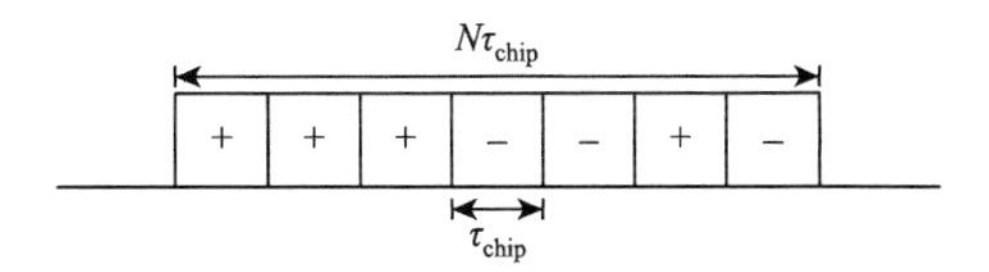

图 A.3　脉冲分解结构

$$\tilde{x}(t) = \sum_{n=0}^{N-1} \tilde{x}_n (t - n\tau_{chip}) \tag{A.4}$$

其中

$$\tilde{x}_n(t) = \begin{cases} \exp(\mathrm{j}\phi_n), & 0 \leqslant t \leqslant \tau_{chip} \\ 0, & \text{其他} \end{cases}$$

雷达发射的射频信号为

$$x_{\mathrm{RF}}(t)=\cos(2\pi F_{\mathrm{RF}}t+\phi_n(u(t-n\tau_{\mathrm{chip}})-u(t-(n+1)\tau_{\mathrm{chip}}))) \tag{A.5}$$

其中，$0\leqslant n\leqslant N-1$；$u(t)$是单位阶跃函数。

相位编码波形可分为二相码波形和多相码波形。二相码具有两个相位状态，即$\phi_n=0°$或$\phi_n=180°$；多相码具有多个相位状态。在同等长度下，多相码具有比二相码低的旁瓣。相位编码波形的分辨率与编码形式密切相关。常用的二相巴克码瑞利带宽为$1/\tau_{\mathrm{chip}}$，因此减小码片宽度可提高距离分辨率。有关相位编码波形的设计和分析，可参考文献[5]。

附录 B　雷达仿真参数

雷达仿真参数定义如下：
天线：全向天线，增益等于 1；
传播损失：0 损失；
波段：X 波段，射频频率 $F_{\mathrm{t}} = 10\mathrm{GHz}$；
信号带宽：$B = 100\mathrm{MHz}$；
脉冲重复间隔：$T = 100\mu\mathrm{s}$；
脉冲宽度：$T_{\mathrm{b}} = 10\mu\mathrm{s}$；
相干处理脉冲个数：$L = 100$。
除非特别说明，本书有关雷达的所有仿真都是按照上述参数进行的。